Androidアプリ 開発の極意

プロ品質を実現するための現場の知恵とテクニック

Principles for Effective Android Application Development

木田学
おかじゅん
渡辺考裕
荒川祐一郎
小林正興
著

テックファーム
監修

技術評論社

はじめに

2014年に『良いAndroidアプリを作る139の鉄則』という本を執筆させていただきました。非常に好評で、テックファームの新入社員やお客様から「書店でよくみかける」と言われました。前回苦労して執筆したメンバーや素晴らしい編集をしていただいた技術評論社に本当に感謝しております。

とりわけ第1章が特に好評で、ほかの開発会社向けに、「Androidプロジェクトの進め方」というセミナーを何回か開催する機会もうまれました。受講者からAndroidプロジェクトの開発の進め方について多くの質問を受けました。出版後の反応を体感して、もっと開発会社として伝えられることがあるのではないか？ということを考えるようになりました。

また出版後、Android L、M、NとOSがバージョンアップされ本を出した当初と開発手法や開発のはまりポイントも変わってきました。前回はAndroid 2.1〜4.4を中心とした内容になっていましたが、2017年2月現在市場で使用される端末はAndroid 4.1〜6.0の割合が多くなっています。

そんな中、前回の書籍の内容をバージョンアップする本の改版というありがたいお話をいただきました。そこで、今回は前回の書籍から一新して最新のOSを中心に対応ポイントや開発手法などを紹介しています。

さらに、開発会社という視点で開発を行う場合に気をつけなければいけないことや話せる限りの実体験も踏まえて、開発会社としてどうAndroidを開発していかなければいけないのかという内容をより濃く伝えたいと思っています。前回好評だったAndroidプロジェクトの進め方ももう少し突き詰めて、

- もっと円滑にAndroid開発を進めるにはどうしたらよいか？
- 顧客に納得してもらう価値のあるAndroid開発のポイントとは？

といったテーマを中心に解説しました。

2017年3月　著者代表　木田学

目次 Contents

第6章 不必要な処理を切り分ける 223

第9章 品質向上のための開発とテスト 377

第10章 Google Play でアプリを安全にリリースする 435

第1章

開発を円滑に進めるためのコツ

1 顧客の理解を得る

個人でAndroidアプリを作って公開するのとは違い、仕事としてアプリ開発を受託した場合には、顧客という「注文や要望」を出す人たちがいます。顧客は当然「よりメリットのある」内容を要望してきます。ところが、顧客はAndroidに関してくわしいわけではないので、無理難題を言ってくることもあります。

よく出る要望には、次のようなものがあります。

- スマートフォンもタブレットも含め、すべての解像度の端末にも対応したい＝画面サイズの違いがあってもデザイン面を何とかしたい
- 古いAndroid端末にも対応したい
- Androidだけでなく、iOSでも同じサービスを提供したい＝プラットフォームが違っても差異をなくしたい

ほかにも、「iOSの○○アプリと同じようなアプリをAndroidで作ってほしい」「すでにある○○を流用して新しいアプリを作ってほしい」といったように、曖昧だったり、いろいろな都合や前提がある要望もあります。場合によっては「キャリアによって内容を変えたい」という要望が出ることもあります。

このような希望は理解できますが、実現できないこともたくさんあります。ここで重要なのは、「何でもやります」と言うことではなく、きちんと顧客に説明をして、AndroidというOS（Operating System）に限界があることを理解してもらうことです。

そして、「限界があるからできません」ではなく、「これは無理ですが、こうするとよくなります」と提案をすることです。アプリ開発を依頼された時は、こうして顧客の理解を得つつ、要件を明確にすることが重要です。

2 対象端末を選定する

より多くのユーザーにアプリを使ってもらうために、当然、顧客はより多くの端末で動くアプリを期待します。しかし、2017年時点で、世に出回っているAndroid端末の種類はすでに膨大な数で、すべての端末に対応するのは非常に困難です。そこで、対応端末の型番を決めたり、対応端末の条件を決めて、顧客に同意を取っておくことが重要になります。

対応端末を明確にしておくことは、開発だけでなく、テスト、アプリ公開後のサポート業務などにも影響します。対応端末が多いと、以下のような点でコストが増加します。

- Androidバージョンに応じた処理を追加
- 対応する画面サイズの数だけ画面レイアウトを設計
- 対応する画面サイズの数だけ画像リソースを作成
- 試験対象端末および試験工数の増加
- サービスイン後のサポート業務の複雑化

特に、試験工数は、試験に必要な端末の調達や試験人員の確保も含め、コストに大きく影響します。試験を極力自動化することで、ある程度のコスト削減は可能ですが、自動化できる範囲には限度があります。くわしくは第9章を参照してください。

開発費用を抑えたい時は、古いAndroidバージョンを対応から外すのも1つの手でしょう。古いAndroidバージョンをサポートすると、新しい機能が使えなくなるというデメリットもあります。

さらに、開発後の運用でも、対応端末が多いとサポートにかかるコストが増加するので、ランニングコストが増大します。アプリ公開後にエンドユーザーから問い合わせが来た時に「アプリの対応端末の条件に合致していない」と言えなければ、サポート業務が増えてしまいます。

このように、対応端末を明確にしておくことは、顧客側にもメリットがあります。きちんと説明すれば、対応端末を決めることに顧客の同意を得られるはずです。

3 マルチスクリーンの対応可否を決める

対応端末を決める基準の1つが、画面のサイズです。

iOSと違い、Androidはさまざまなメーカーからさまざまなスペックの端末が発売されているため、画面サイズの種類がたくさんあります。2017年2月時点で日本国内に出回っている端末のうち、スマートフォンのおもな画面サイズ（単位：ピクセル）は以下になります。

- WVGA　：480x800
- FWVGA：480x854
- qHD　：540x960
- HD　：720x1280
- XGA　：768x1024
- WXGA　：800x1280
- FullHD　：1920x1080

タブレットのおもな画面サイズ（単位：ピクセル）は以下になります。

- WXGA　：1280x800
- FullHD　：1920x1080
- WUXGA：1920x1200
- WQXGA：2560x1600

これらのサイズを網羅すれば、国内の端末に関しては安心してよいでしょう。

1つのアプリでスマートフォンとタブレットの両方に対応する場合は、これらすべての画面サイズに対応することになります（第8章参照）。

■画面を出し分ける

スマートフォンとタブレット両対応のアプリでは、スマートフォンかタブレットかで画面デザインを出し分けることがよくあります。その場合、アプリは1つでもデザインは2倍用意しなければならないので、その分コストがかかります。

また、プログラム量もその分増えるので、メンテナンスコストが上がります。

そこで、対象端末を「HD以上のスマートフォン」や「タブレットのみ」に限定すれば、コストを削減できるでしょう。画面に表示するコンテンツの量が多いアプリなら、高解像度の端末のみを対象とすることで、画面デザインの制限が減るといったメリットも生まれます。

Google PlayのMultiple APK機能を用い、設定を適切に行えば「大きい画面の端末（タブレット）にはこのバージョン、小さい画面の端末（スマートフォン）にはこのバージョンをダウンロード」といった出し分けも可能です（第10章参照）。

ただし、出し分ける場合は、管理するアプリバイナリ、およびソースコードの数が増えたり、バージョン番号の付与方法を考慮する必要があったり、バージョンアップ時のアップロード作業が増えたり、メンテナンスにかかる費用が増えたりする可能性があります。

GoogleのMultiple APKを解説したサイトでは、バージョン番号付与のガイドなどが掲載されています。

▼**URL** Multiple APK Support

`https://developer.android.com/google/play/publishing/multiple-apks.html#VersionCodes`

ここでは、7桁のバージョン番号を用いる手法が紹介されています。

- 先頭2桁でAPI Levelを切り分ける
- 次の2桁で画面サイズやOpenGLテクスチャなどの要素を切り分ける
- 最後の3桁でアプリバージョンを表す

このようにメンテナンス面のデメリットもあるため、Googleの指針としては、極力「1つのアプリは1つのapkファイルにする」ことを推奨しています。

複数apkに分けた場合には、それぞれのapkファイルサイズが肥大化するのを抑えられたり、ソースコードを分けられるので、処理の複雑化をある程度防げるメリットがあります。しかし、管理するソースの量は増え、何か改修が必要な場合はそれぞれに適用する必要があったり、リリースもapkの数だけ行うことになるといったデメリットもあります。

このように、マルチスクリーンに対応しようとすると、考慮すべきことが増えます。アプリの内容とコストに見合った対象端末を選びましょう。

Android のバージョンを選定する

2007 年に最初のバージョンが発表されてから現在まで、Android は何度もバージョンアップを繰り返しています。当然、バージョンが上がることで、古いバージョンで使えない新機能が追加されています。

表 1.1 2017 年 2 月現在の Android バージョンと対応する API Level の例

Platform バージョン	API Level
Android 7.1, 7.1.1	25
Android 7.0	24
Android 6.0	23
Android 5.1	22
Android 5.0	21
Android 4.4W（ウェアラブル用）	20
Android 4.4	19
Android 4.3	18
Android 4.2, 4.2.2	17
Android 4.1, 4.1.1	16
Android 4.0.3, 4.0.4	15
Android 4.0, 4.0.1, 4.0.2	14
Android 3.2	13
Android 3.1.x	12
Android 3.0.x	11
Android 2.3.3, 2.3.4	10
Android 2.3, 2.3.1, 2.3.2	9
Android 2.2.x	8
Android 2.1.x	7
Android 2.0.1	6
Android 2.0	5
Android 2.0	4
Android 1.5	3
Android 1.2	2
Android 1.0	1

▼**URL** Android Developers - API Level

https://developer.android.com/guide/topics/manifest/uses-sdk-element.html#ApiLevels

新旧のバージョンに対応させるために、1つのアプリ内で各バージョンに合った処理の実装が必要になることもあります。もしくは、古いバージョンは同等の機能が実装できないと判断して、古いバージョンを切り捨てる（対応しない）こともあります。

各バージョンに合った処理を実装するには、android.os.Build.VERSIONクラスのSDK_INT値を判定して処理を切り分けます。

▼**リスト** バージョンで切り分ける

```
public void switchProcessPerOsVer(){
  if(Build.VERSION.SDK_INT < Build.VERSION_CODES.ECLAIR){
    // Android 2.1未満の処理。
  } else {
    // Android 2.1かそれ以降の処理。
  }
}
```

SDK_INT値は、API Level 4（Android 1.6）から導入されたフィールドなので、さらに古いAndroid（Android 1.5）に対応させるには、SDKフィールドを使用します。なお、現在、SDKフィールドの利用は、推奨されていません。

▼**リスト** SDKフィールドを使用する例

```
public void switchProcessPerOsVer(){
  int sdkVersion = Integer.parseInt(Build.VERSION.SDK);
  if(sdkVersion < Build.VERSION.ECLAIR){
    // Android 2.1未満の処理。
  } else {
    // Android 2.1かそれ以降の処理。
  }
}
```

バージョン2.1未満のAndroidと、それ以上のバージョンでは「コンタクトデータ（電話帳データ）」の扱いが大きく変更されたため、Android 2.1の端末が出回った頃にはこの手法が必要になるケースがありました。最近では、2.1のシェアは少なくなっているので、もう無理してサポートする必要はないかもしれません。

「より多くのユーザーを得たいと思ったら、より幅広いバージョンに対応すべき」と思うかもしれませんが、無理にコストをかけてまで古いバージョンをサポートする必要はありません。なぜなら、Androidには「OTA（On The Air）アップデート」の機能があるので、古いバージョンのAndroid端末はどんどん減っていくからです。GoogleはAndroidの各バージョンのシェアを公開しているので、その情報を参考にして、最もメリットの大きい範囲のバージョンをサポートするのがよいでしょう。

version	codename	API	Distribution
2.3.3-2.3.7	Gingerbread	10	1.0%
4.0.3-4.0.4	Ice Cream Sandwich	15	1.1%
4.1.x	Jelly Bean	16	4.0%
4.2.x		17	5.9%
4.3		18	1.7%
4.4	KitKat	19	22.6%
5.0	Lollipop	21	10.1%
5.1		22	23.3%
6.0	Marshmallow	23	29.6%
7.0	Nougat	24	0.5%
7.1		25	0.2%

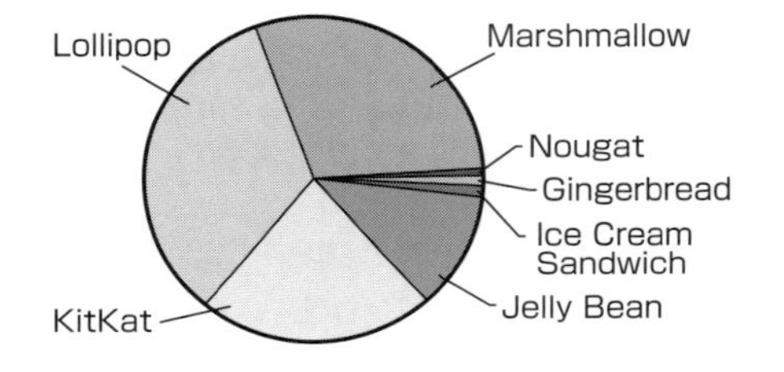

図1.1　Androidの各バージョンのシェア
※2017年1月上旬の集計データです。

▼URL　Android Developers - Platform Versions
`https://developer.android.com/about/dashboards/index.html#Platform`

なお、Android OSは、すべての端末で同一ではなく、キャリアやメーカーの意向で部分的に変更が加えられています。たとえばパナソニックの一部端末で、ログが出力されないという特殊な処理が施されていたことがありました。これが、一部の画面ロック系アプリに大きな影響を及ぼしました。

このように、あるAndroidバージョンに対応したつもりでいても、特定の端末だけうまく動作しないこともあります。しかも、機種ごとの特徴は必ずしも一般に告知されていません。そういった事情も含め「全端末に完璧に対応」するアプリはないと言えるでしょう。このような状況をふまえて、対応端末および試験対象端末を慎重に選び、明確にしたうえで開発に入ることは非常に重要です。

COLUMN 大画面タブレット

スマートフォンのための OS として開発された Android ですが、タブレットで利用しているという人も多いはずです。ライバルの iOS には 12.9 インチ画面の iPad Pro がある一方、Android タブレットは 7 から 10 インチ程度の画面サイズが中心で、大画面は意外に選択肢がありません。

電子書籍を対象に考えると、文庫本を読むには 7 インチクラスが、ハードカバーは 10 インチが、実物に近く違和感がありません。しかし同じ考えで週刊誌を読むには 12 インチが、タブロイド紙には 19 インチが、日本の新聞を読むには 28 インチが必要になる計算です。持ち歩くのは困難にしても、大型タブレットで新聞を読んだり、会議で多くの参加者と共有しながら利用するというニーズはないのでしょうか。

日本で発売された大画面 Android タブレットには表 1.2 のような商品があるようですが、2017 年 2 月現在販売しているのは、シャープと SAMSUNG の 2 機種だけのようです。Android バージョンもやや古く、新しいもの好きが飛びつくような状況ではなさそうです。

新聞で紙面ビューアアプリをこぞって投入しているのは日本の新聞社だけで、Web コンテンツもレスポンシブ・レイアウトが主流になってきた今、大きな画面サイズのニーズはそれほど高くないのかもしれません。

表 1.2　大画面タブレット

メーカー	機種名	Android	画面サイズ	解像度	重量
ASUS	Portable AiO P1801-T	4.2	18.4	1920x1080	2.4kg
HP	Slate21	4.2	21.5	1920x1080	5.0kg
シャープ	AQUOS HC-16TT1	4.4.4	15.6	1366x768	1.9kg
SAMSUNG	Galaxy View	5.1	18.4	1920x1080	2.6kg

5 責任範囲を明確にする

Androidアプリの開発を委託されることは、当然Androidアプリを作るのを任されることですが、アプリを世に出すには、作ること以外の要素も多々含まれます。その中で、どこまでを任され、どの部分が顧客側の管理になるのか、責任範囲を明確にしておくことも重要です。

責任範囲に関して決めておくとよい項目を以下にまとめます。

- デザインを決めるのはだれか
- Google IDを管理するのはだれか
- アプリ証明書を用意するのはだれか
- リリース作業（Google Playへのアップロード）を行うのはだれか

開発が始まってから「えっ!?　これって御社でやってくれるんじゃないの？」といったやりとりが発生しないよう、事前に各々の役割をなるべく細かく決めておきましょう。

■ デザイン素材を上手にやりとりする

作業分担の面でよくあるのが「デザインはウチでやるから、プログラムだけ作ってほしい」という要望です。

この場合、デザイン担当者には、事前に次のことを伝えておく必要があります。

- ファイルフォーマット
- ファイル名の命名規約
- 透過処理
- 提供時期
- 対応画面サイズが複数ある場合はそれぞれのサイズ

Androidアプリ内で使用する画像ファイルフォーマットは「png」が推奨形式になります。デザイン素材を提供してもらう際にjpegやgifなどにならないよう、デザイン担当者と意識を合わせておきましょう。

また、Androidでは「9-patch」という、pngに特殊な効果を施した画像も利用します。これはボタンの背景画像のように、縦横のサイズが変動する画像素材のことで、SDKに付属するツール「Draw 9-patch」を使ってpng形式の画像を加工したものです。デザイン担当者はこのような技術やツールの存在を知らない可能性があるので、事前にこれらの情報も共有しておくとよいでしょう。9-patchについては、第8章でも触れています。

■ IDや証明書を管理する

顧客の要望で「この情報はウチで管理する」という指示が出ることもあります。たとえば「アプリ開発は任せるが、Google IDは自分たちで管理したいので、アプリのGoogle Playへのアップロードも自分たちでやる」というケースがあります。Androidの場合、Google Playにアプリを載せるには、証明書でアプリに署名する必要があるので、その証明書をどう管理するかも、事前に顧客と合意を取っておかなくてはなりません。

顧客側で管理する（開発会社に公開しない）情報が増えるほど、顧客の行う作業が増えます。たとえば顧客がGoogle IDの共有を望まない場合、アプリをGoogle Playへアップロードする作業も顧客が行うことになります。また、アプリ証明書の共有を望まないのであれば、顧客がアプリ署名を行う環境（jarsignerツールの導入など）を整える必要があります。システム担当者がいるような顧客であれば、安心してそれらの管理を任せられますが、専門知識を持たない顧客もいます。その場合は、どの要素にどんな管理が必要なのかを事前にしっかり説明し、情報の扱いにルールを設け、開発に入るのがよいでしょう。

「サービスインするまではGoogle IDを共有し、サービスイン時に情報を破棄する」という契約を交わすこともありますし、「Google IDは共有するが、利用するたびに何らかの方法で記録を取り、定期的に報告する」といった取り決めをすることもあります。顧客の知識レベルや機密情報管理体制に応じて適切なルールを提案してあげるのがよいでしょう。

6 サービスインまでのスケジュールを立てる

スケジュールを組むのはとても重要です。おおまかなスケジュールは、それこそ受託開発受注前の営業、提案段階で決まっていることが多いでしょう。スケジュールを組む時点で、次のポイントはしっかり考慮しておきます。

まず、サーバ通信を行うアプリは、Android アプリのリリースより前に、サーバ側の Web アプリがリリースされている必要があります。Web アプリ開発のスケジュールと慎重に足並みをそろえましょう。

また、Android アプリを Google Play に登録した際、登録作業から実際に公開されるまで数時間のタイムラグがあります。その点も考慮してリリーススケジュールを組みます。

Android と iOS の両方に対応したアプリの場合、顧客から「同時リリース」を希望されることもあります。しかし、iOS アプリを App Store に申請しても、申請が通らず、リジェクトされる可能性もあります。そのようなリスクも考慮して、スケジュールを立てます。

7 顧客と調整すべきことを考慮する

対応端末と責任範囲以外にも決めておくべき事項はたくさんあります。Android開発に限定した内容ではありませんが、顧客と調整しておくべき項目をあげます。

- 顧客との定期ミーティングは必要か
- アルファ版、ベータ版納品、もしくは定期リリースを行うか
- 試験用端末はどう調達するか
- 顧客側でも試験を行うか
- 最終納品物は何か
- 多言語対応の必要があるか
- 他アプリとの連携は想定しているか
- 外部サービスとの連携は想定しているか
- ライセンス費用が発生する要素はあるか
- 特許に関わる要素はあるか
- 利用規約の内容はどうするか
- アプリのバージョンアップは想定しているか
- アプリのサービス終了予定時期はあるか
- アプリの対向サーバをどう選定するか
- サーバ管理はだれが行うのか
- エンドユーザーのサポートはどのように行うのか
- サービス開始までのスケジュールはどうするか

■ 定期ミーティングは必要か

要件定義やスケジュールがしっかりしていて、顧客に「後はアプリが完成するまで待っていてください」と言えるのであれば、それでも構いません。しかし、基本的には、どんなに下準備をしっかりしていても、顧客と定期的にミーティングを行ったほうが得策です。多かれ少なかれ、「やってみないとわからない」ことはあります。顧客としても「開発の経過を見て気づくこと」があるかもしれま

せん。そういった気づきは、遅くなるほど厄介になります。また、定期的にミーティングを行うことで、開発の進み具合が顧客に伝わるので、顧客としても安心感があります。

問題が見つかったら、できるだけ早く顧客と共有しましょう。後ろめたい問題ほど、正直に伝えたほうがスムーズな対応が可能になります。物理的に遠いなど、ミーティングを行うのが難しい時は、情報共有のツールを活用します。メーリングリストのようなシンプルなものから、テレビ会議、BacklogやTracのようなプロジェクト管理ツールなどがあります。そうして定期的な報告、情報共有ができる体制を整えましょう。

■段階リリースを検討する

アルファ版やベータ版のリリースを検討しましょう。開発期間が長い場合は、もっと何回にも分けて段階リリースをするのもよいでしょう。

リリースする各版には、それぞれの実装状況を決めておきます。たとえば「アルファ版では機能Aと機能Bが実装され、機能Cに関しては画面のみ用意します」というように、なるべく具体的に決めておきます。そうすることにより、顧客側もリリースされたアプリのどの部分を重点的に確認すればよいのかが明確になります。

また、リリース時には、単なるテキストファイルで構わないので、必ずリリースノートを付けましょう。開発者の観点からも、目標がより明確になるので、実装の優先度をつけやすくなります。もちろん、開発スケジュールがあり、その線表に沿って開発者は作業するわけですが、アルファ版やベータ版で「顧客はこの機能を確認する」という具体的な目標があると、どの部品が必要かがより明確になります。

■試験端末はだれが調達するのか

携帯アプリ開発を請け負ったら、ほぼまちがいなくアプリの試験も請け負うことになります。試験の内容や実施方法は開発会社で決めることですが、試験に使う携帯端末の調達は顧客と認識を合わせておきましょう。

顧客が端末を貸し出してくれるケースもあります。その場合は、貸し出し、利用、保管方法、返却方法を事前に決め、管理を徹底しましょう。

端末を調達してもらえない時は、開発会社で用意するしかありません。もちろん、携帯アプリ開発を手がける会社であれば、試験用に携帯端末を豊富に保有している可能性はあります。それでも「全Android端末を保有」するのはほぼ不可能でしょうし、「日本国内で発売されたAndroid端末」に限定したとしてもすべてそろえておくのは大変なことです。

アプリの試験対象機種が少なく、対象端末を開発会社側ですべて用意できれば一番よいのですが、そうでない場合は携帯端末レンタル業者に頼る方法や、オンラインのクラウド実機テストサービスを用いる方法などがあります。クラウドサービスには「AWS Device Farm」「AppThwack」「Xamarin Test Cloud」などがあります。レンタルでもクラウドサービスでも、いずれの場合も費用はかかるので、事前に試験コストのことを顧客に伝えておきましょう。

■スケジュールに受け入れ試験を組み込む

顧客側でもアプリの試験を行いたいと希望されるケースがあります。これは基本的によいことです。発注者の観点で希望どおりのアプリになっているのか確かめるのですから、これ以上確かな試験はありません。ここで注意すべきは顧客側の試験期間を開発スケジュールに織り込んでおくことです。

開発会社側での試験が終わった後に顧客側に試験してもらうのか。アルファ版やベータ版リリース直後に行うのか。何日間試験を行うのか。

それらを確認し、開発スケジュールに反映しておきます。

顧客の試験で不具合が発覚した時は、その改修、確認期間も必要です。そういった期間もしっかり盛り込んでおきましょう。

■納品物を明確にする

顧客の要望に添ってアプリを開発し、試験し、Google Play上に公開してサービスを無事開始したら、最後に開発会社から顧客に納品物を提出します。

顧客によっては「アプリができていればそれでよい」という極端にシンプルな場合もありますが、たいていは設計書、試験項目書、試験実施結果、ソースコードなどを納品します。

納品物一覧を明確にしておくのも重要ですが、さらに、設計書などの資料は、粒度もできるだけ明確にしておきましょう。納品後に顧客から「もっと細かい資料を期待していた」と言われてトラブルになることもあります。また、Google Playへのアプリ登録方法や運用方法の手順書が欲しいと言われることもあります。資料の作成にはコストがかかるものです。顧客の希望とかけられるコストから、よいバランスを取りましょう。

■ 多言語対応は必要か

Google Playで公開されるAndroidアプリは、特に指定がなければ世界中のAndroidユーザーに公開されます。そのため、多言語対応を期待されることもあります。

内容にもよりますが、場合によっては翻訳作業を外部の会社に委託する必要があります。翻訳作業にも時間やコストがかかります。多言語対応の要否を事前に確認しておくとよいでしょう。

■ アプリ連携で確認しておくべきことは

Androidは、「Intent」というしくみのおかげで、アプリ連携が容易に行えます。そのため、自アプリの開発コストを削減するために、一部機能を別アプリに任せる手法を取ることができます。たとえば、画像ビューアアプリを作成する場合、画像を選ぶアプリと、画像を表示するアプリを分けて、連携させて使うことが考えられるといった具合です。

アプリ連携を行う時、呼び元アプリと呼び先アプリ両方を同じ会社で開発する時は問題が起きにくいのですが、他社のアプリと連携する時には注意が必要です。連携先のアプリだけいつのまにかバージョンアップして、連携方法が変更されてしまい、結果、うまく連携できなくなるといったリスクが発生します。他アプリと連携するアプリは、連絡体制の整備なども含め、顧客と事前に体制を調整しておきましょう。

■ 外部サービスを利用する

MBaaS（Mobile Backend as a Service）が普及し、携帯アプリが外部サービスと連携するような設計もあたりまえになりましたが、MBaaSにも一長一短があるので、顧客に特徴を説明したうえで利用するかどうかを明確にしておく必要があります。

「Firebase」「Parse」「ニフティクラウドmobile backend」など、さまざまなサービスがあり、うまく活用すれば開発コストを下げることができますが、サービス側に制限事項や不具合、障害があるとアプリ側で対処しきれないといった注意点もあります。

■ ライセンス費用の負担を決めておく

世の中にはAndroid向けライブラリが数多く公開されています。その多くは無償ですが、エンコード、データ解析、暗号化などのセキュリティ関連処理、画像加工等のライブラリには有償のものも存在します。有償のライブラリを使う時は、費用面や、そのライブラリのサポートがどうなっているか事前に確認しておきましょう。また、無償ライブラリであっても、「LGPLライセンス」を適用している場合は、アプリのソースコード公開が必要になるケースもあるので注意が必要です（おもなライセンス形態に関して、第8章のコラムで触れています）。

ライブラリ以外にも、開発ツールにライセンス費用がかかるケースがあります。難読化ツール（第7章を参照）やデバッグツール、ライセンス費用はだれがどこまで負担するのか、顧客としっかり認識を合わせておきましょう。

■ 特許を確認する

まれなケースかもしれませんが、開発した技術が何らかの特許を侵害する可能性も配慮しておきましょう。たとえばNFCやWi-Fiダイレクトなど、比較的最近登場した機能を用いて実現した技術は、すでに特許申請されている可能性があります。

登録されている特許は検索できるので、革新的なサービスを実現した時には確認しておきましょう。

▼URL　特許情報プラットフォーム

```
https://www.j-platpat.inpit.go.jp/web/all/top/BTmTopPage
```

身近な技術も登録されています。たとえば、音楽などのデジタルオーディオデータを保存するフォーマットの1つであるMP3のエンコードは、ドイツのFraunhofer IIS-AとフランスのThomson Multimediaが各種特許を取得しています。MP3でエンコードしたコンテンツを販売したり配信する際は、同社にライセンス料を支払う必要があります。

■ 利用規約を用意する

必須事項ではありませんが、利用規約を用意し、アプリ内のどこかで閲覧できるようにしておくとよいでしょう。

想定外の利用方法でアプリを悪用されたり、アプリが改ざんされて不正利用されたり、アプリの公開終了やサービス終了した時などに、ユーザーから何らかのクレームがくる可能性があります。利用規約を適切に記載することで、責任問題が発生するのを防ぐことができます。

なお、オープンソースソフトウェアを活用する場合はライセンス規約の表示が必須になる場合もあるので、注意が必要です。

■ バージョンアップを想定する

Androidに限らず、アプリケーションプログラムはバージョンアップを繰り返すことがよくあります。機能の追加、向上や、リソースの変更など、アプリをバージョンアップする理由はいろいろあります。もともとバージョンアップを予定していなかったとしても、アプリに致命的な不具合が見つかった時には、バージョンアップせざるを得ません。

Androidは、比較的バージョンアップがしやすい環境です。ユーザーが意図的にバージョンアップ通知を止めるよう設定しない限り、ユーザーにアプリのバージョンアップ通知が届きます。しかし、注意しなければならないのは「それでもバージョンアップしないユーザーはいる」ことです。予定がなくてもバージョンアップを想定し、その場合の処理を予測しておくこと、また、バージョンアップ後も古いアプリを使い続けるユーザーがいるのを想定しておくことが重要です。

■ サービス終了（クロージング）を想定しておく

アプリの維持には、多かれ少なかれコストがかかります。場合によってはコストに見合ったメリットがなく、サービスを終了する判断をすることもあるでしょう。もしくは、期間限定のキャンペーン向けアプリなどは、キャンペーン終了後にアプリも終了させます。

Google Play上でアプリを非公開にする作業自体には、それほど時間も手間もかかりません。しかし、ユーザーへの告知、通信を行うアプリであれば、サーバの終了、アプリが何らかの著作物を含んでいる時はライセンス契約の終了、サーバ上にユーザー情報等を格納している場合はデータの消去など、サービスの終了にはそれなりにコスト（手間、時間）がかかります。長く続ける想定のサービスであっても、終了時にどういった作業が発生するか、ある程度把握しておくとよいでしょう。

■ サーバの形態を決める

今ではクラウドサービスが普及しているので、サーバを構築する場合もハードウェアを用意してデータセンターに設置するのか、選択肢があります。ハードウェアかクラウドかで必要な作業が変わるので早い段階で明確にしておく必要があります。

クラウドサービスも、Amazon Web Services や Microsoft Azure、Google Cloud Platform といったように種類が多くあるので、どのサービスにするのかも顧客と話し合っておきましょう。

■ 保守、運用体制を明確にする

Android アプリは、公開後、基本的に放っておいても問題ありません（サポート業務は発生するでしょうけれど）。しかし、通信を行う Android アプリの場合、通信先のサーバを放っておくことはできません。サーバが正常稼働しているか監視するしくみを用意し、何らかの障害が発生したら担当技術者が対応する体制を取っておく必要があります。監視から一時対応までを保守専門の業者に委託することもあります。そのような運用体制の費用と責任の両面について、顧客と事前に明確にしておくことが重要です。

サーバ自体に問題がなくとも、ミドルウェアに問題が発生する可能性（Apache httpd や Java 実行環境のセキュリティホールなど）や、クラッカーからの攻撃を受けた場合など、保守が必要なケースは多々あります。普段はサーバが安定稼働しているとしても、保守担当者は気を抜かず、可能な限り情報収集をして、もしもの状況に備えましょう。

■ ユーザーサポート体制を検討する

アプリがサービスインしたら、エンドユーザーからの問い合わせにも対応する必要があります。ユーザーサポートのマニュアルやサポート担当者のトレーニングなどが必要になるでしょう。だれがどう対応するのか、事前に顧客と意識を合わせておきましょう。

「顧客側でサポートセンターを用意するが、技術的に難易度の高いサポートが必要になった時は開発会社に問い合わせる」といった体制も考えられます。対応可能な時間、問い合わせの方法、担当者を決めておくとよいでしょう。

■ サービスインまでのスケジュールを組む

ここまでさまざまな開発プロジェクトの要素を見てきましたが、これらを十分に考慮して、サービスインまでのスケジュールを組み、顧客と意識合わせをしておきましょう。祝祭日や休暇も考慮に入れることを忘れないでください。顧客側の休みもできるだけ把握しておきましょう。「仕様を確認しないと進められない事態なのに、顧客側の担当者が夏季休暇に入ってしまった」といったことにならないよう調整しましょう。

■ ワンストップサービスとは

純粋にアプリ開発だけを委託されることもありますが、ここまで述べたような開発の前後の工程である要件定義、設計、開発、試験、導入、運用まで、全体を網羅するいわゆる「ワンストップサービス」を提供できると大きな強みになります。

ワンストップサービスを提供する際、特に重要なのは、前述した調整項目の顧客との連携（ミーティングや定期リリース）です。頻繁に意識合わせをすることで、顧客から「要望したかったのはこういう機能じゃない」と指摘される可能性を軽減できるからです。

COLUMN バージョンの定義をすりあわせる

「アルファ版」「ベータ版」という言葉は比較的よく聞く表現ですから、技術者でない人にも割と通じるでしょう。しかし、アルファとベータ以外にも、いくつかの状態を示す名称があります。開発の規模や、開発のどの範囲に関わるかによっては、これらの名称を使うことがあります。バージョン名とその意味を見てみましょう。

Pre-alpha（もしくは development release、nightly build）
開発段階でのリリース

Alpha
実装が完了していない機能もある状態で、使い勝手や最終的な仕様を確定する段階

Beta
基本的な実装は完了していて、バグや性能を確認する段階

Release Candidate
リリース候補。問題がなければこのバージョンがリリースされる

Release To Manufacturing（もしくは Release To Marketing、Gold Master、Golden Master）
製品として量産時に CD-ROM や DVD-ROM に焼き込むマスターとして使用するバージョン

General Availability
実際にリリースされ、ユーザーが手にするバージョン

いろいろな名称がありますが、それぞれの定義はやや曖昧です。そこで、リリース時には「これがベータ版です」と言って提出するのでなく、事前に顧客と「ベータ版というのはこういう状態を指します」という認識合わせをしておきましょう。ここに記した各状態の定義は、あくまでも一般的な定義として捉えてください。

顧客と解釈がずれていると、「え？　アルファ版ではこの機能がまだできてないの？！」といったやりとりが発生しかねません。コミュニケーションは難しいですね。

他社開発アプリを引き継ぐ時に注意すること

やや特殊なケースですが、新規開発でなく、他社が開発した既存アプリのバージョンアップを依頼されることもあります。この場合、顧客と調整しておくべき内容として、以下のような要素も発生します。

- 既存の資料は提供してもらえるか
- 既存アプリを開発した会社と連絡は取れるか
- 既知の不具合はあるか

まずは上記の点を顧客に確認しましょう。特に「既存の資料」は慎重に確認してください。Android アプリ開発では、アプリ証明書が非常に重要です。これがないとアプリのバージョンアップが行えず、Google Play 上、別のアプリとして公開せざるを得なくなります。

また、資料にソースコード、要件定義書、各種設計書、開発環境構築手順書、試験項目書、運用手順書といった書類がそろっているかも重要なポイントになります。開発環境構築手順書がない場合は、いろいろと推測しながら構築することになります。必要な資料がそろわない時は、その分、引き継ぎ完了までに時間と労力がかかることを顧客にも伝えておくとよいでしょう。

他社アプリを引き継いだ場合、バージョンアップするにせよ、不具合を改修するにせよ、開発環境を整えて、いつでもアプリをビルド、解析できる環境を整えることが重要です。なるべく早い段階でアプリをビルドするところまで環境をそろえておきましょう。

アプリの保守・運用を引き継ぐケースのほかにも、「運用だけ引き継ぎたい」「不具合改修だけお願いしたい」「コードレビューだけ行ってほしい」など、さまざまな依頼があり得ます。どんな依頼でも、事前に調整項目を洗い出し、顧客としっかり連携して意識を合わせておくことが重要です。

9 チーム内のルールを決める

自社内でも、複数名で開発にあたる時はある程度の調整をしておく必要があります。

Web アプリの開発に比べると、携帯用のアプリは比較的規模が小さいことが多いので、場合によってはプロジェクトマネジメントから開発、試験、導入まで1人でできてしまうこともあります。特に、端末スペックが低かった頃は、携帯端末上で実現可能な機能が限られていたので、1人で行う小規模開発もありました。しかし、現在は端末のスペックも上がり、実現可能なサービスも幅が広がったことから、携帯アプリの開発規模も大きくなってきています。1人で開発するケースは減り、複数人でチームを組んで開発にあたることが増えています。

そこで、チームの中で事前にある程度ルールを設け、足並みをそろえることが重要になってきました。

開発規模やかけられるコストによってルールの内容も変わってきますが、以下の点を考慮すると開発が円滑に進みます。

- 開発モジュールの分担
- 開発環境をそろえる
- アプリ証明書をそろえる
- コーディング規約
- バージョン管理方法
- エラー処理の方法
- ログ出力の基準
- 進捗の管理方法

■ 開発を分担する

比較的よくある分担方法に「画面単位で作業を分担する」方法があります。

さらに、Android では、画面レイアウト（XML）と処理（Java ソース）を分担して製作を進めることも可能です。Activity と Service、Content Provider など、機能形態で分ける方法もあります。

分担基準を画面にするにせよ、機能にするにせよ、インターフェースを明確にしておくことが重要です。たとえば、画面Aから画面Bに遷移する時に何らかのパラメータを渡す場合、そのパラメータの渡し方、数や種類を明確にしておくことが重要です。かんたんな図を用意して開発者間で共有しておくだけでも、機能同士を結合した時の不具合がぐっと減ります。作業分担と同時に、パッケージの分け方もある程度具体的に決めておくとよいでしょう。

■ 開発環境をそろえる

開発環境をそろえるのは重要なことです。最初に開発環境を構築する際に、開発環境構築の手順を細かく記録しておくことをおすすめします。手順だけでなく、インストールが必要なソフトを一式保存し、共有するのもよいでしょう。

Android SDKもバージョンアップを繰り返しているので、付属するツールが変わることがあります。開発環境がバラバラだと「××さんの環境には△△ツールがない」といった思わぬ事態を招く可能性があります。

また、開発環境構築手順書があると、開発メンバーが増えた時や、開発メンバーの入れ替えが発生した時に、新しいメンバーの受け入れを素早く行えます。新メンバーの開発環境の準備にはあまり時間（コスト）をかけるべきではないので、可能な限り、わかりやすい資料を残しておきましょう。立派なマニュアルを作る必要はなく、かんたんなテキストファイルに手順を箇条書きにするだけでも後々とても役立ちます。

■ 開発用のアプリ証明書を用意する

Androidのアプリを開発する際、特にアプリ証明書を用意しなくても、Android Studioが自動的にデバッグ用の証明書を生成してくれます。そのため、開発中はアプリ証明書がなくても大丈夫なように思えます。

しかし、Google Maps APIやFacebook APIなどを利用する時には、アプリ証明書に紐づくAPIキーを取得する必要があります。たとえばGoogle MapsのAPIキーを取得する際は、Googleのサイトにアプリ証明書のキーハッシュを入力する必要があります。つまり、開発の時点でアプリ証明書が必要になるのです。

もちろん、開発者1人1人が自分のdebug.keystoreファイルのデバッグ証明書を用いてAPIキーを取得することも可能です。しかし、開発者がそれぞれの証明書でAPIキーを取得してしまうと、開発者ごとに違うAPIキーを使うことになり、ソースが管理しづらくなります。このような状況を避けるため、開発チーム内で共通で利用する開発用のアプリ証明書を生成しておきましょう。

■ コーディング規約を作る

全体のフォーマット（インデントや括弧の位置など）は、Android Studio のソースコード整形機能を使えば統一できるので、あまり規約を必要としないかもしれません。しかし、変数名やメソッド名の付け方は、ちょっとしたルールを設けておくだけで、ソースの可読性が大きく改善することがあります。Android のソースコードに関しては、Google がガイドラインを公開しています。

▼URL　Code Style Guidelines for Contributors

`http://source.android.com/source/code-style.html`

必ずしもこのガイドに沿う必要はありませんが、ソースコードの書式（インデントや括弧、コメントなど）に関するガイドだけでなく、変数名の付け方やエラー処理に関するガイドも記載されているので、部分的にでもチーム内で共有し、開発中に適用するとよいでしょう。

また、Android Studio には標準でソースコード整形の機能が搭載されていますが、より細かいチェックができる「Checkstyle」ツールの導入を検討してもよいでしょう。「Checkstyle」はソースコード整形ツールで、さまざまな IDE 用のプラグインという形でも提供されています。以下から入手可能です。

▼URL　Checkstyle

`http://checkstyle.sourceforge.net/`

ルールを増やすと、開発に着手する前の準備に時間がかかってしまうので、むやみにルール付けすると逆効果になりかねません。しかし、ソースコードの可読性向上や不具合の防止にもつながるので、アプリの規模に適ったルールをチーム内で検討しましょう。

コメントの量に関しては、さまざまな意見があると思いますが、ソースコードから読み取れないような事柄は積極的に記載するとよいと思います。ただし、ソースコードを最終的に顧客に納品する時は、納品前に不要なコメントを削除するのを忘れないようにしましょう。

■ バージョンを管理するには

ソースコードの管理ツールはいろいろありますが、代表的なのは「CVS」「SVN（Subversion）」「Git」あたりでしょうか。ここで重要なのは、どのツールを使うかより、そのツールを使ってどうソースコードを管理するかです。

コミットする時は、必ず正常にビルドが通ることを確認する、コミットコメントを必ず記入する、競合した時はどうするか、といったことを事前にチーム内で決めておくとよいでしょう。ソースコードだけでなく、資料の版の管理方法も事前に決めておくとよいでしょう。

■ エラーの処理方針を決める

前述したGoogleガイドラインにも、エラーに関する基準が記載されていますので、その内容を取り入れるとよいでしょう。それ以外にも、アプリ全体でエラーの処理方法を統一したい時は、エラーに対する処理方針を決めて、共有するとよいでしょう。

■ ログ出力を制御する

android.util.Logクラスを用いたログ出力は非常に便利な機能ですが、リリース時のアプリではログを出力しないようにするのが基本です。

それでも「致命的なエラーはリリース版でも出力しておきたい」など、アプリによってポリシーがあるでしょうから、事前に開発者間で明確にしておくとよいでしょう。

ログ出力に関するおもなポイントとして、以下のような項目があげられます。

- タグ名の付け方を決めておく
- 必ずログを出力する条件を決めておく（例外処理のcatchブロックでは必ず出力するなど）
- 各ログレベルでどのような内容を出力するか決めておく
- リリース時に残すログレベルを決めておく

リリース時に不要なログをソースコードから削除するのは効率のよいやり方ではありません。アプリ全体のログ出力を1カ所で制御できるしくみを早い段階で用意しておくのがよいでしょう。Logのラッパークラスなどを用意しておくと、汎用的に利用でき、別の開発でも応用がきくので便利です。

■ ミーティングを円滑に行う

顧客との連携も重要ですが、チーム内の連携も非常に重要です。案外単純なことがチーム連携に影響するものです。たとえば、「席が近い」というだけで開発効率が上がったりもします。開発チームの席がバラバラな時は、席替えも検討してみましょう。もしくは「Slack」といったチャットツールを導入するのもよいかもしれません。

チーム内で定期的にミーティングを行うのは当然として、そのミーティングの進め方にもいくつかポイントがあります。

- 絶対に「言いにくい」雰囲気を作らない
- ミーティングで話すテーマを決めておく
- 極力ホワイトボードを活用する

悩みごとがあるのに「大丈夫です」と言ってしまったり、完成していないのに「できています」と言ってしまう、そんなことはないでしょうか。自分がそうでなくても、周りもそうでないと言い切れるでしょうか。チームが疲弊していたり、苛立っていたりすると、その中で思うように発言できない人が出てくる可能性があります。また、チームの大半が非常に優秀で、多くを語ることなく通じ合っているような場合、技術レベルの高くない人は話題についていけず、取り残される可能性も否定できません。

ミーティングで進捗を報告するのは定番ですが、それ以外にも、技術的問題はないか、どんなバグがあったか、残業時間への影響具合など、話す内容を決めておくと、聞き漏らすことを減らせます。また、ミーティングの内容を決めておくことで、無駄な時間を減らすこともできます。せっかく集まるのですから、充実した時間にしたいですよね。

ホワイトボードの利用は、仕様を再確認する時に非常に有効です。言葉だけだと、開発者間で認識の齟齬が発生する可能性がありますが、図にすることでその可能性を大きく下げることができます。クラスの構成、データの流れ、画面デザイン、どんな内容であっても、少しでも疑問があったら図にして共有してみましょう。

内容のあるミーティングをしっかり行い、お互いの進捗を確認し、円滑な開発を目指しましょう。

これは必ずしもAndroidに特化した内容ではありません。Android開発以外の案件でも考慮しておくとよいでしょう。

10 アプリ開発中に押さえるべきポイント

実際にアプリの開発に入ってからもさまざまなポイントがあります。次のポイントを押さえておくと、開発をスムーズに行うことができます。

- 顧客との連携
- 連絡先
- 定例ミーティング
- 連携用ツール
- 検証用端末

■顧客と連携する

開発前に、顧客と細かい取り決めをしていたとしても、開発中や試験時、導入後にもいろいろなリスクが潜んでいます。常に顧客と連携を密にして、思わぬトラブルを避けられるようにしておくことが大切です。

以下のようなポイントを事前に押さえておき、顧客と円滑に連携しましょう。

- 自社の窓口担当者を決める
- 顧客側の連絡先を決める
- 決まった間隔、決まった場所でミーティングを行う
- ミーティングで報告する内容を決めておく
- 直接会ってミーティングできない時は、メーリングリストの利用など、ほかの手段を用意する
- 顧客に実機でアプリを触ってもらえるようにしておく

アプリの使い勝手や動作など、実際にある程度開発が進んだ時点にならないと気づきにくい点があります。そういった点について、顧客から「こうしてほしい」と追加要望が出る可能性があります。「もっと早くわかっていれば楽に対応できたのに」という状況にならないよう、できるだけ顧客と状況を共有しておくとよいでしょう。

■ 連絡先を明確にする

開発規模が大きくなると、必然的に関係する人数も増えていきます。人数が多くなると、だれが何の担当で、どの質問をだれにすればよいのか、把握しづらくなります。問い合わせや確認など、連絡をよりスムーズに行うためにも、「何かあったらとにかく××まで連絡ください」というように、だれか１人を窓口担当として決めておくと連絡がスムーズになります。

ただし、連絡にメールを使う場合、個人メールアドレスを使うのは避けましょう。その担当者が不在の時に連絡がそこで止まってしまうので非常に危険です。窓口担当者を明確にしつつも、連絡先はメーリングリストを使うようにして、情報が1カ所で止まらず、全体に共有されるしくみを用意しましょう。そしてもちろん、窓口担当が不在の場合は、チーム全体でサポートし、だれかほかの人が迅速に対応しましょう。

自社側の窓口や連絡方法を明確にしたら、もちろん顧客側への連絡方法も明確にしておきましょう。顧客側で窓口担当を１人に集約できないようであれば、顧客側担当者の一覧を用意するなどして、だれが何の担当なのか把握できるようにしておくとよいでしょう。

■ 定例ミーティングを行う

ミーティングというのは、じつはそれなりにコストのかかる作業です。資料を人数分用意し、移動し、1カ所に集まり、いろいろ話し合いつつ議事録を取ったり、そして帰りもまた移動し……それを繰り返すのですから、費やす時間や費用は無視できません。それでも、可能であれば定期的に顧客と顔を合わせ、実際にアプリを動かし、状況や問題を共有し、認識のずれを起こさないよう開発を進めるのが理想的です。

「定期的」であることは意外と重要です。「次はいつにしましょう」などの調整が不要になるうえに、「その日は定例の日だ」と思い出しやすくなり、ほかのスケジュールが入ってしまう事態を避けやすくなります。

ミーティングは、コストをかけて集まる場ですから、その時間で何をするのかを明確にしておきます。基本的には進捗の報告になると思いますが、仕様の確認や課題管理など、話す議題（アジェンダ）をまとめておきます。ミーティングが終わってから「あの話をするの忘れてた！」ということにならないようにします。可能であれば、議題の項目ごとにどの程度時間をかけるのかも見積もっておくとよいでしょう。

■ 連携用ツールを活用する

顧客との物理的距離が非常に遠いなど、直接会ってミーティングを行うのが難しい時には、何らかの連絡ツールを用意する必要があります。もちろん、ミーティングを定期的に行っているとしても、随時連絡を取る必要は出てくるので、いずれにせよ何かツールを用意します。

シンプルな内容の開発なら、電話とメールぐらいでこと足りる場合もあるでしょう。しかし、複数人で連携して開発するなら、最低限でもメーリングリストは必要です。

また、サイズの大きなファイルのやりとりを行う時、メールへの添付が難しいこともあります。ファイルのやりとりなども想定したツールを用意する必要があります。場合によっては、導入の比較的楽な「wiki」でもよいでしょう。しかしたいていの場合は、ユーザー管理、タスク管理、ガントチャート、通知、掲示板といった機能が必要になるので、状況に合ったツールを選定します。

「Trac」「JIRA」「Redmine」「Backlog」「Google Groups」「Basecamp」など、プロジェクト管理をサポートするツールはいろいろあります。比較検討することになりますが、ここで重要なのが「顧客の環境でも使える」ことです。ブラウザ上で操作できるタイプのツールであればたいていは大丈夫でしょうが、それでも会社によっては「ウチは社内で使うブラウザは×××に決まっていて、そのツールは使えない」といったケースもあります。顧客側の環境も配慮したうえでツールを選定しましょう。

■ 検証用端末を用意する

開発側と顧客側とで「同じモノを見る」ことは重要です。たとえば、「開発者は実機で画面確認しているけれど、顧客はエミュレータで確認している」という状況はあまり好ましくありません。顧客側でも開発側と同じ端末でアプリを確認する環境、およびアプリをバージョンアップする環境をそろえてもらいましょう。

フィーチャーフォンアプリ開発を行っていた際、au/KDDIのBREWアプリを端末にインストールするのが比較的めんどうだったために、開発者が端末にアプリをインストールして、バイク便で顧客まで送るというやりとりをしていたことがあります。それに対し、Androidには開発中のアプリを端末にインストールする方法がいくつかあるので、顧客側でもアプリを随時導入できるよう、体制を整えておきましょう。サーバ上に.apkファイルを配置するのでも、メールに.apkを添付して送る方法でも構いませんが、顧客側でスムーズに導入できるようにしておきます。なお、サーバ上に配置する場合は、第三者に.apkを取得されないよう、何らかの保護をかけておきましょう。Basic認証だけでも使うのと使わないのでは随分違います。

11 サービスイン後に押さえておくべきポイント

サービスイン後を見据えて、アプリを開発しておくと、よりよいアプリを作ることができます。ポイントは次の4つです。

- 運用を見据えたアプリ設計
- サーバの運用・保守
- アプリの使い方に関する問い合わせ
- アプリの不具合に関する問い合わせ

■ 運用を見据えたアプリ設計をする

アプリ開発のみ請け負った場合は、その後のサービス運用には基本的に関わらないわけですが、運用の時点でどういったことが起きるのか知っていると、よりよいアプリ設計ができます。

アプリ設計時には「いかに機能要件を満たすか」に意識が行きがちですが、いわゆる「非機能要件」もしっかり意識しておきましょう。非機能要件とは、アプリに求められる「機能」以外の、パフォーマンス、拡張性、セキュリティや運用性といった点に関する要件です。中でも運用性は、開発とは別の、運用のノウハウも必要とされます。アプリが完成し、サービスインした後に「どんなことが起き得るか」を幅広い観点で予測する必要があります。

通信を行うAndroidアプリであれば、サーバ運用の観点からも留意点があるでしょう。何らかのエラーが発生した時は、サポートセンターも関わってきます。アプリ設計時には、各分野の専門家からも意見を集めるとよいでしょう。

場合によっては、アプリのサービス終了を見据える必要があります。たとえば何かのキャンペーン向けアプリなどは、キャンペーン期間が終わったらアプリの公開も終了させます。アプリのダウンロードを止めるだけであれば、Google Playコンソール上で公開を停止するだけですが、ユーザー端末にインストール済みのアプリの扱いをどうするか、サーバ側はいつ停止するか、告知は必要かなどまで見据えておきましょう。

■ サーバを運用・保守する

サーバ通信を行う Android アプリでは、Android アプリのサービスインと同時にサーバ保守が始まり、そこからは基本的に 24 時間 365 日サーバが稼働することになります。サーバ通信に失敗してもアプリの動作に大きく影響しない時は、サポート体制も 24 時間 365 日にする必要はないかもしれません。しかし、通信に強く依存するアプリでは、サーバ障害が発生した際に 1 秒でも早く復旧させなければなりません。

サーバを監視していて、何らかの問題が検知された際には、何がいつ発生したのかを迅速に記録し（タイムテーブルの作成）、該当時間帯のサーバログを保存・解析する対応を取ることになります。Android アプリがどのような動作をしているのか、アクセスログを見るだけである程度把握できるような作りにしておくと調査がしやすくなります。たとえば、POST 通信する時にも、あえて何らかの GET パラメータを接続先 URL に付与する、もしくは機能ごとに URI を必ず分ける作りにしておくと、アクセスログが追いやすくなります。もちろん、不用意に重要な情報を GET パラメータに載せてしまうとセキュリティホールになりかねないので、注意が必要です。

■ アプリの使い方に関する問い合わせに対応する

ユーザーをサポートする方法はいろいろあります。

具体的には、サポートセンターを設けて電話応対する、Web サイトを用意して問い合わせフォームを設ける、メールで問い合わせを受け付けるなど、いくつかのサポートレベルが考えられます。最低でも、メールは受け付けることになります。アプリを Google Play に登録する際に、連絡用メールアドレスを登録しますが、そのアドレスは Google Play 上に公開されるからです。問い合わせのメールを無視するわけにはいきませんから、結局何らかのサポートコストは発生します。

そこで、少しでもサポートのコストを下げる工夫を考えておきましょう。

まず、似たような問い合わせにかんたんに答えられるよう、テンプレートを用意します。また、Web 上に FAQ や細かいマニュアルを用意しておき、ユーザーをそこに誘導するのもよいでしょう。

もちろん、一番よいのは問い合わせが来ないことです。そのためには、アプリ自体をわかりやすいデザインにし、かつ、アプリ内に何らかのマニュアルやヘルプを用意しておくのがベストです。

■アプリの不具合に関する問い合わせに対応する

ユーザーが増えれば増えるほど、隠れている不具合が表面化する可能性が高くなります。アプリの不具合に気づいたユーザーは、そのままアプリを使うことを止めるかもしれません。そして、Google Playにレビューを投稿してアプリの評価を下げるかもしれません。また、サポートセンターに問い合わせて、不具合の内容について報告してくるかもしれません。

ユーザーからの問い合わせが来た際に、心しておくべきは「基本的にユーザーはエラーメッセージを読まない」ということです。もちろん、律儀にエラーダイアログの内容を細かくメモして、その内容を伝えてくれるユーザーもいますが、非常にまれです。エラーダイアログに「エラー番号××をサポートセンターにお伝えください」と表示し、ものすごく目立つようにエラー番号を示すという対応も考えられますが、それでも100%その情報がサポートセンターに届くとは限りません。

アプリが強制終了していなければ、アプリからエラー通知をサーバに送信するしくみを組み込んでおくのも1つの手です。しかし、アプリに時限的な不具合（特定の日時で発生してしまうエラーなど）があった場合は、サーバ通知が一斉に発生してしまうので、慎重になる必要があります。

また、エラーログをアプリの領域内に保存しておき、アプリの次回起動時にそのログをサーバに送るといった手法も考えられます。

ユーザーがサポートに報告しやすいしくみ、もしくは直接報告しなくてもエラー内容がサポートに届くようなしくみを考慮するとよいでしょう。

■平和が一番

次章以降では、アプリのエラー処理や、ユーザーが快適にアプリを使えるようにするためのテクニックを紹介しています。これらのテクニックを活用して、トラブルの起きないアプリ作成の手助けになれば幸いです。

COLUMN コードネームがお好き

どんな業界でも、プロジェクトにコードネームをつけるというのはよく行われますが、ハイテク産業は特にコードネームが好きなようです。

もともとAndroidというOSの名称も、コードネームのようなものですが、後にグーグルに買収されたアンドロイド社を創業したアンディ・ルービンのロボット好きが高じて、この名前を付けたと言われています。

Androidのスマートフォンが日本国内で発売されたのは、2009年のドコモHT-03Aです。初めて日本語に対応したバージョン1.5は、Android OSに初めてのコードネームが付けられたバージョンでもあります。

Androidのコードネームは表1.3のような変遷をたどってきました。

短い時間で、どんどん前進するのはシリコンバレーのハイテク企業の共通文化ですが、常に新しさを演出して買い換えを促す狙いもありそうです。いつ出るのか、どんな新しい機能が搭載されるのか、コードネームにもワクワクしながら想像力を膨らませていた頃に比べて、2012年以降は年次リリースの様相が強くなり、安定感が増してきた一方で、コードネームへの関心も薄れてきたようです。

VR（仮想現実）やAR（拡張現実）系デバイスの普及が予測され、2040年にはIoT機器は1兆台になるとも言われています。今のペースで年次リリースを続ければ、2028年にZに達してしまうその前に、コードネームも大転換するときが来るのかも知れません。

日本ではあまり馴染みのないヌガーを食べながら、ゆったりと未来を想像してみるのがよさそうです。

表1.3 Androidのコード名の変遷

リリース年	Androidのバージョン	コードネーム
2009年	1.5	Cupcake
2009年	1.6	Donut
2009年	2.0-2.1	Eclair
2010年	2.2	Froyo
2010年	2.3	Gingerbread
2011年	3.0-3.2	Honeycomb
2011年	4	Ice Cream Sandwich
2012年	4.1-4.3	Jelly Bean
2013年	4.4	KitKat
2014年	5.0	Lollipop
2015年	6.0	Marshmallow
2016年	7.0	Nougat

第2章

意図しない動作を回避する

12 最適な起動モードとフラグを選ぶ

Activityは、利用シーンに応じて、起動方法や履歴（BackStack）の制御が必要です。起動モードや起動フラグを使うことで、Activity起動時の振る舞いや履歴を制御できます。

しかし、起動モードや起動フラグは理解しづらく、設定しなくても正しく動作するように「見える」ことが多いので、起動モードや起動フラグの設定は見落とされがちです。Activityの制御に、フラグや起動モードを活用せずに、コード上でやりくりしてしまうケースを見かけることがあります。コード上でActivityやStackの制御を行うと、バグの元になったり、コードが複雑になりやすいので、起動モードやフラグの使用を検討しましょう。

Activityの管理と起動モードやフラグを正しく設定することで、アプリのナビゲーションをよりよくし、ユーザビリティを高められます。また、起動モードやフラグを使うほうが、コードからActivityの性質や意図を読み取りやすくなります。

ActivityやStackを制御したい時は、利用シーンに合った起動モードや起動フラグがないか、まず確認してください。Androidは、さまざまなOSバージョン、スペックの端末があるので、特定の端末で予期しない動作をする場合があります。たとえば、画面遷移が遅い端末は、ボタンを少し速くタップするだけで、Intentが2回発行され、Activityが二重に開いてしまいます。Activityの挙動を保証する意味でも、適切な設定をすることが大切です。

起動モードや起動フラグを適切に設定するためには、Activityの管理方法を理解する必要があります。ただ、TaskやStack、Affinityといった、抽象的でやや難解な概念を学ばなければならないので、少し難しい印象を持たれるかもしれません。ここでは、Activityの管理方法（TaskやStack、Affinity）のイメージをつかみましょう。

■ Stackとは

Androidは、起動したActivityをStackに並べて管理します。

Stackは日本語で「積み重ねる」の意味で、LIFO（Last In First Out、後入れ先出し）の構造でActivityを保持しています。Activityを起動するたびに、Stackという箱にActivityが積み重ねられるイメージです。

Stackは、起動するActivityを上に積み重ねていき、不要なActivityは上から破棄されます。たとえば、メールアプリで「受信メール一覧Activity→メール詳細Activity→メール編集Activity」と遷移すると、図2.1のようにActivityがStackされます。また、不要なActivityは図2.2のように最上部のStackから破棄されます。

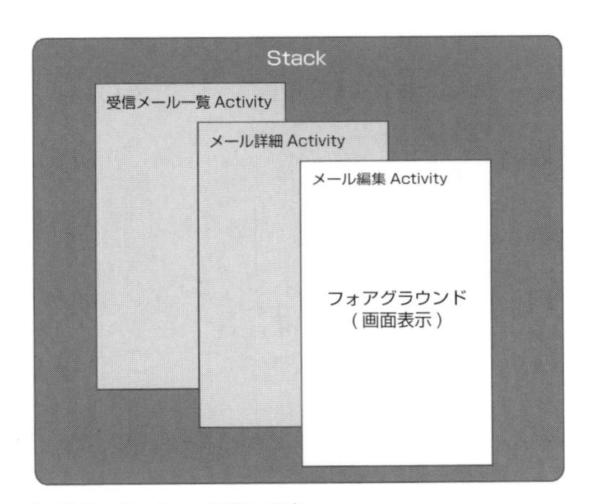

図2.1　Stackへの積まれ方

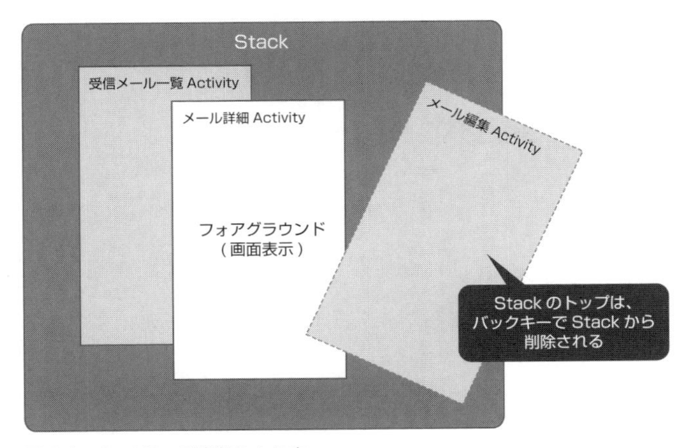

図2.2　Activityの破棄のされ方

■ Task とは

Activity はグループごとにまとめられて管理されます。この Activity のグループが Task です。

Task は、基本的にアプリ単位です。「メール Task」や「メディアプレイヤー Task」のように、アプリごとに分類されます。

Stack と Task の意味を整理すると、以下のようになります。

- Stack → Activity や Task を管理する箱のようなもの（LIFO）
- Task → Activity の集まり

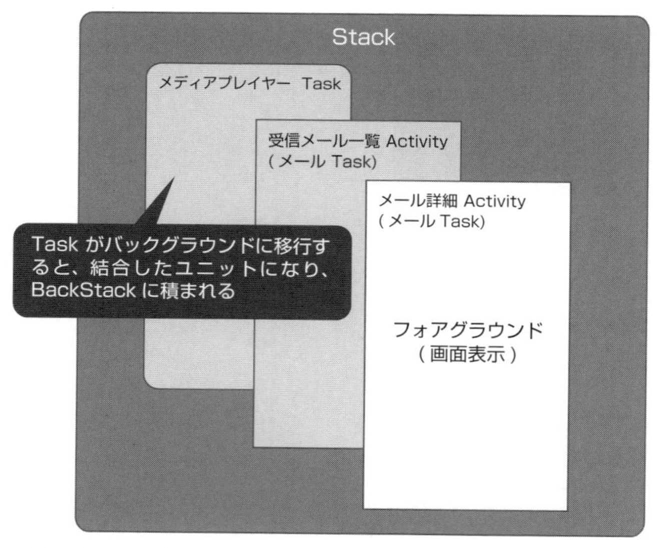

図 2.3 Task と Stack

■ Activity はどの Task に属するか

Task は基本的にアプリ単位と説明しました。公式サイトでは、正確には「ユーザーの視点から見たアプリ単位」と説明されています。

▼**URL** <activity> | Android Developers

`https://developer.android.com/guide/topics/manifest/activity-element.html`

では、「ユーザーの視点から見たアプリ単位」とは何でしょうか。

メールアプリがギャラリーアプリと連携して画像添付をするシーンを例に考えてみましょう。

[メールアプリ] メール作成画面

⬇ 添付の画像を選ぶボタンを押す

[ギャラリー] 写真選択画面

⬇ ユーザーが画像を選択する

[メールアプリ] メール作成画面（画像のパスを受け取る）

図 2.4　メールアプリの画像添付の例

この時、ユーザーは、「メール作成 Activity（メールアプリ）と写真選択 Activity（ギャラリーアプリ）は同一アプリである」と認識しますから、写真選択 Activity（ギャラリーアプリ）は、メールアプリの Task に属します。連携先の画像選択 Activity をメールアプリと同じ Task 内に含むことで、ユーザーはシームレスな動作を行うことができます。この挙動は、Android がアプリ同士のスムーズな連携を目指していることのあらわれです。

この「ユーザーの視点から見たアプリ単位」という Task の考え方を理解しないと、別アプリの Activity を起動した時に、意図せず同じ Task に属してしまう可能性があります。メールの画像添付のような別アプリとの連携ではなく、単純に他アプリを起動する導線を提供する場合は、別 Task で起動する必要があります。起動フラグ FLAG_ACTIVITY_NEW_TASK を使用することで、別の Task として Activity を起動できます。

▼リスト FLAG_ACTIVITY_NEW_TASK の使用例

```
Intent intent = new Intent(MediaStore.ACTION_IMAGE_CAPTURE);
intent.setFlags(Intent.FLAG_ACTIVITY_NEW_TASK);
startActivity(intent);
```

■ Affinity とは

Affinity は、日本語で「親和性」や「類似性」「親近感」と訳されるもので、起動 Activity は同じ Affinity の Task に属そうとします。Affinity を Task 名と置き換えて考えるとわかりやすいでしょう。

ただ、前述のとおり、他アプリから起動された Activity は同じ Affinity 以外の Task に属するケースもあります。ですから、「Affinity=Activity が属する Task 名」ではないことに注意してください。

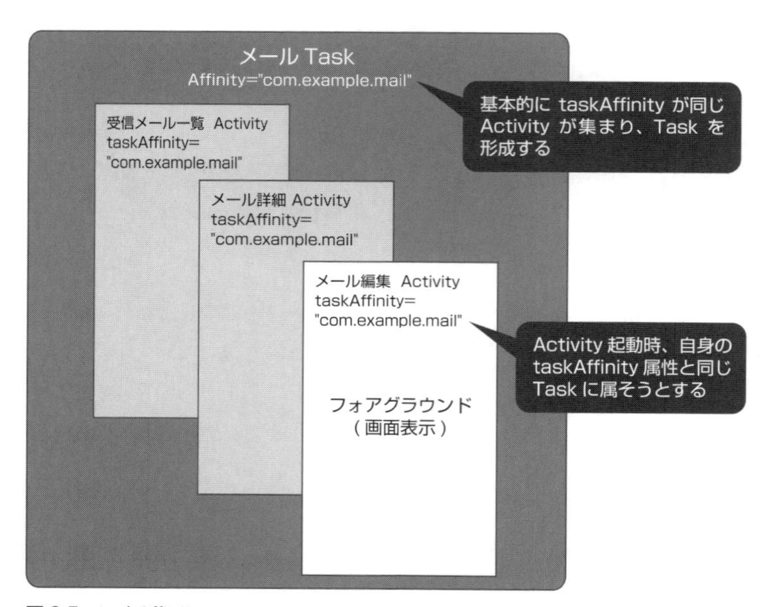

図 2.5 taskAffinity

■ Affinity を制御する

Affinity は、manifest で taskAffinity 属性を使って指定できます。

▼構文

```
<activity android:taskAffinity="string"……>
```

taskAffinity は、文字列で指定します。

taskAffinity のデフォルト値はパッケージ名です。したがって、taskAffinity を指定しない場合、アプリ内すべての Activity は同じ taskAffinity になり、基本的にすべて同じ Task に属します。

たとえば、システムのギャラリーアプリにはカメラ機能があります。カメラ機能は画像閲覧を提供するギャラリーとは性質が違います。そのため、taskAffinity="com.android.camera.CameraActivity" を設定してカメラ機能を独立したアプリのようにしています。

アプリ内に独立性の高い機能がある場合は、taskAffinity を個別に設定することを検討しましょう。

■ Activity の起動モード

起動モードは、Activity を呼び出した時のインスタンス生成や Task を制御できます。Activity は、デフォルト（standard）の起動モードでは、Intent が呼ばれるたびに Activity のインスタンスを生成します。

▼構文

```
<activity android:launchMode = ["standard" | "singleTop" | "singleTask" |
"singleInstance"] .../>
```

各起動モードの特徴を見てみましょう。

表 2.1　起動モードについて

起動モード	複数インスタンス可	説明
standard	○	デフォルト値。システムは常に新しいインスタンスを Task 内に生成する
singleTop	条件による	対象の Task の最上部にすでに Activity のインスタンスがある場合は、新たなインスタンスを生成せずに、すでにあるインスタンスの onNewIntent() を呼び出す
singleTask	×	Activity を新たな Task にルート Activity として起動する。ほかの Task の一部になることはない。Activity がすでに存在する場合は、新たな Activity を呼ぶ代わりに、既存の Activity の onNewIntent() を呼び出す。つまり、Activity のインスタンスは常に 1 つのみ
singleInstance	×	singleTask と基本的に同じだが、システムはインスタンスを保持している Task にほかの Activity を起動しない。Task 内の Activity は常に 1 つのみ

▼ **URL**　<activity> | Android Developers

`https://developer.android.com/guide/topics/manifest/activity-element.html`

使用する頻度が高いのは、standard と singleTop です。singleTask と singleInstance は、開発サイトにも「一般的な使用には推奨しない」と記載されているので、あまり気にする必要はありません。standard と singleTop でうまく制御ができない時に使用を検討しましょう。外部から呼ばれる Activity は、Task 制御の必要性が高まるので、より慎重に選択する必要があります。

■ Activity の起動モードについて

各起動モードで Activity を操作した場合の挙動例を見てみましょう。

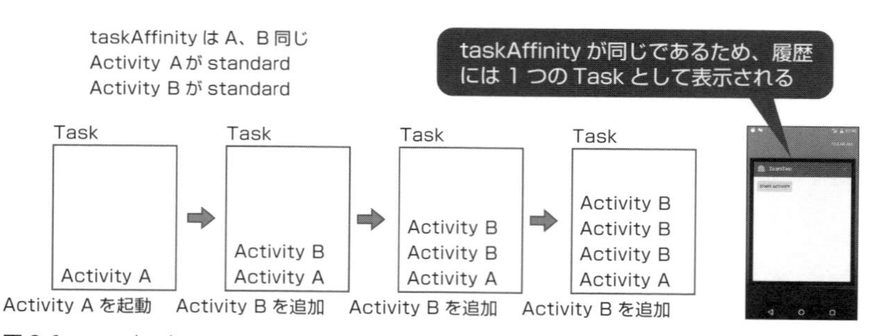

図 2.6　standard

launchModeをstandardにした場合は、常に新しいActivityが生成され、Stackに積まれます。

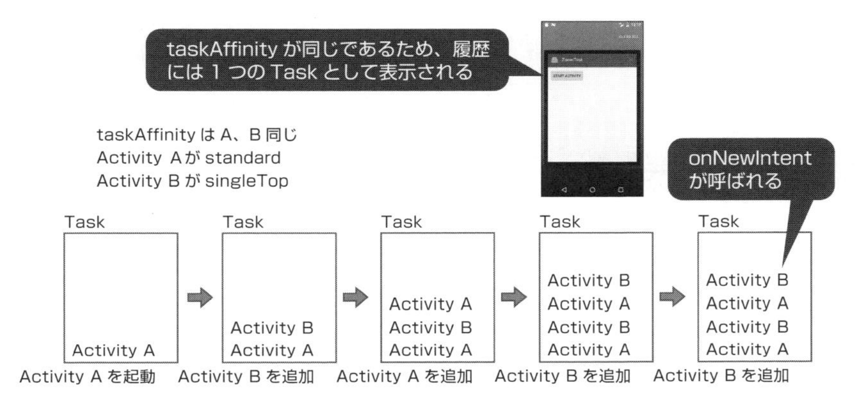

図2.7　singleTop

singleTopを指定すると、そのActivityがTaskの最上部にある場合に、同Activityを呼び出しても新たにインスタンスは生成されず、そのActivityのonNewIntentが呼ばれます。

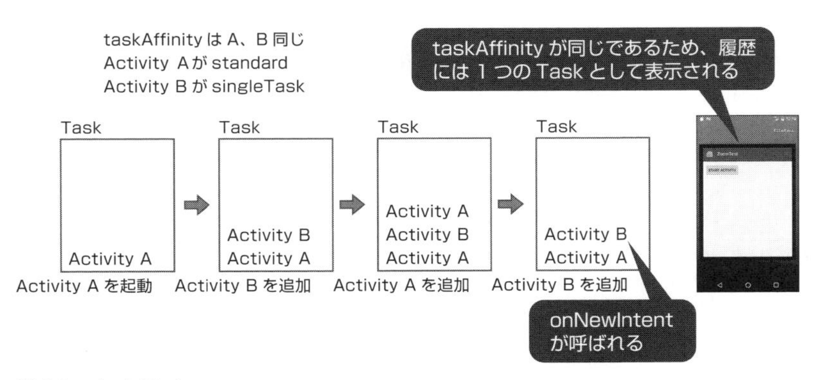

図2.8　singleTask

singleTaskを指定した場合、Task内に同じActivityが存在するとそのActivityを呼び出します。

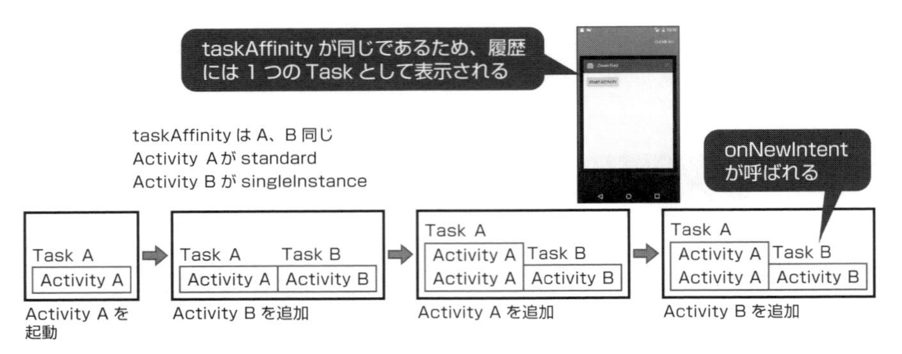

図2.9 singleInstance

singleInstanceを指定した場合、そのActivityを起動すると別Taskが作成され、別Task内で起動されます。そのActivityを再度起動した場合は、その同じインスタンスを呼び出します。アプリ内でインスタンスが複数生成される事がなくなります。Taskは別になってもtaskAffinityが同じであればオーバービュー画面（アプリの履歴）では1つのTaskにまとめられます。

launchModeの次はtaskAffinity設定の効果を見てみます。Activityに異なるtaskAffinityを指定すると以下のような挙動になります。

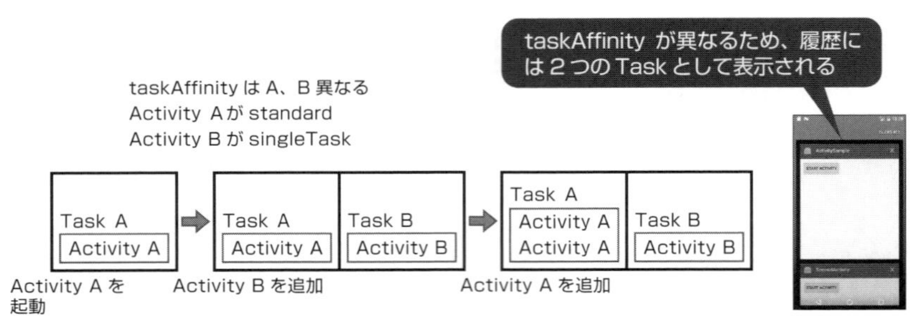

図2.10 singleTaskでtaskAffinityが異なる場合

launchModeを全種類紹介しましたが、基本的には前述のとおり、standardとsingleTopを最も使います。ウィザードのような、画面遷移の流れを制御したい場合にsingleTaskが活用できそうに思えますが、launchModeでsingleTaskを使わず、起動フラグを用いて同じようなことが実現できます。

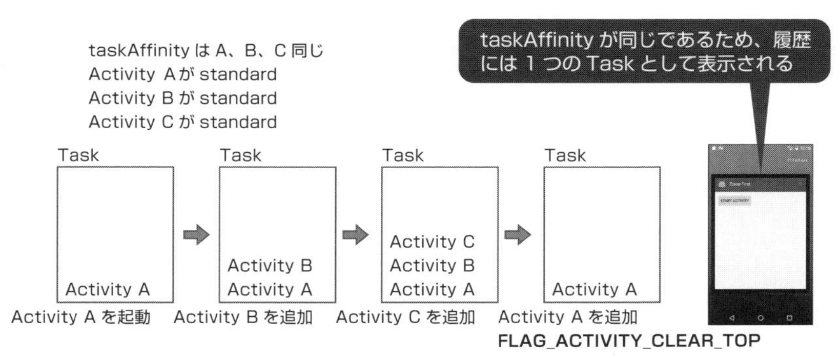

図 2.11　standard のウィザードの例

このように launchMode を standard のままにしても、期待する動作は実現可能なことが多いため、むやみに standard や singleTop 以外の起動モードを使用するのは避けましょう。

■ Android L から追加された documentLaunchMode について

Android 5.0 から、Document を各 Task で管理できるように、documentLaunchMode という起動モードや新たな起動フラグが追加されました。たとえば、同じアプリケーションで複数のファイル（Document）を開いた時に、オーバービュー画面では各ファイルが別 Task として表示され、ファイルを指定してアプリを再表示できます。表 2.2 は documentLaunchMode の挙動です。

表 2.2　起動モードについて

起動モード	説明	フラグ	launchMode
intoExisting	Activity は既存の Task を再利用して Document を表示する	起動 Intent に FLAG_ACTIVITY_NEW_DOCUMENT を指定し、FLAG_ACTIVITY_MULTIPLE_TASK を指定しない場合と同様の挙動	standard にする必要あり
always	すでに開かれている Document を開く場合でも Activity は新しい Task を生成する	起動 Intent に FLAG_ACTIVITY_NEW_DOCUMENT と FLAG_ACTIVITY_MULTIPLE_TASK の両方を指定した場合と同様の挙動	standard にする必要あり
none	デフォルトのモード。Activity は新しい Task を作成しない	なし	なし
never	Activity を起動する Intent に FLAG_ACTIVITY_NEW_DOCUMENT が指定されていたとしても、新しい Task を作成しない	FLAG_ACTIVITY_NEW_DOCUMENT と FLAG_ACTIVITY_MULTIPLE_TASK 指定が上書きされる	なし

図 2.2 は documentLaunchMode を always にした場合の挙動を示す図です。新しい Task が Activity のルートとして作成されます。

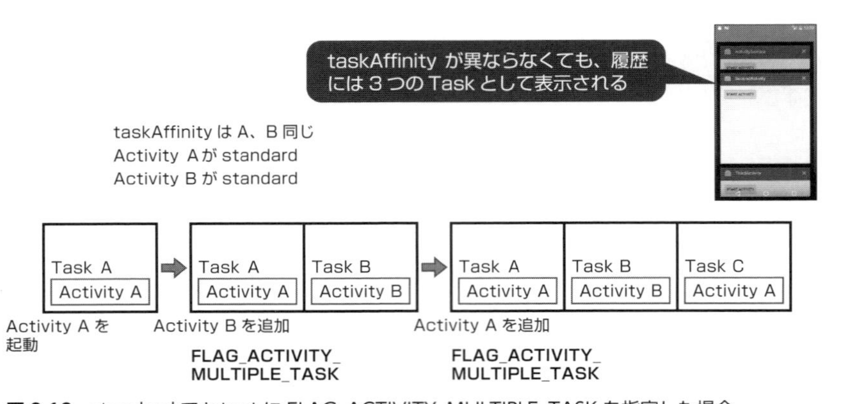

図 2.12　standard で Intent に FLAG_ACTIVITY_MULTIPLE_TASK を指定した場合

taskAffinity が同じでもオーバービュー画面には複数 Task として表示されます。

■ タスクを削除する

AppTask クラスの finishAndRemoveTask() メソッドを使用すれば、タスクを削除し、かつ関連する Activity もすべて終了させることができます。

▼**リスト**　関連するタスクを削除するコード

```
ActivityManager mActivityManager =
    (ActivityManager) getSystemService(Context.ACTIVITY_SERVICE);
List<ActivityManager.AppTask> tasks = mActivityManager.getAppTasks();
for (ActivityManager.AppTask task : tasks) {
    task.finishAndRemoveTask();
}
```

■ Activity の二重起動を防ぐ

次に、Activity の二重起動について考えましょう。デフォルトの起動モードである standard では、Activity が Intent で呼び出されるたびにインスタンスが生成されます。つまり、何度も連続で同じ Activity が呼び出された場合、同じ Activity がいくつも重なって起動されるので、バックキーを押しても同じ Activity が表示されてしまいます。たとえば、Broadcast や Notification を導線にする Activity は、連続して呼び出される可能性があり、上記のような多重起動が起きてしまいます。

回避策は、launchMode="singleTop" を設定することです。singleTop を設定すると、2 回目以降の Intent 呼び出しでインスタンスが生成されなくなります。singleTop の Activity が Stack のトップにある時に同じ Activity が呼び出された場合、onCreate() が呼ばれる代わりに、Activity の onNewIntent() が呼ばれます。singleTop の Activity は、onNewIntent() をオーバーライドすることで、二度目以降の Intent 呼び出しを検知できます。

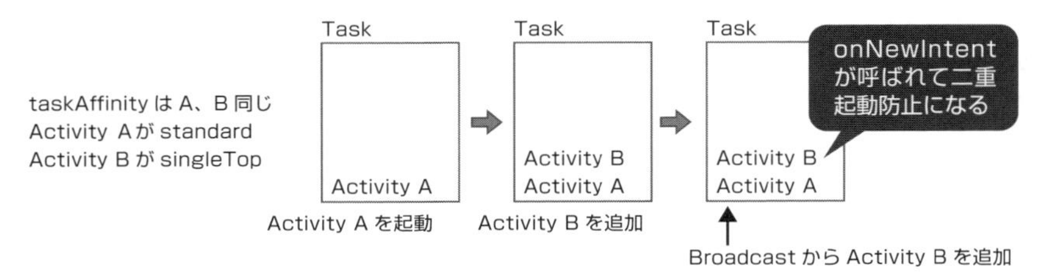

図 2.13　singleTop 指定で二重起動防止

このように連続で呼び出される可能性がある Activity には、singleTop の起動モードを検討するべきです。Broadcast や Notification 以外にも、端末の挙動が遅いときなど、画面遷移のボタンを連続してタップできてしまうケースもありえます（ボタンをタップしてから実際に画面遷移するまでに間が空いてしまうような状態）。それは、Android では、すべての Activity で連続呼び出しの可能性があることを意味します。外部から呼び出される Activity でなくても、二重に起動すると困る Activity は singleTop の起動モードを検討しましょう。

13 Activity Aliasで名称の変更に対応する

アプリの機能追加を行っていくと、Activity名（クラス名やaction名）と機能が一致しなくなることがあります。

アプリのリリース後にパッケージ構成やActivity名を変更すると、ほかのアプリは、呼び出す時のActivity名を変更しなくてはなりません。ショートカットに使用するActivity名を変更すると、アプリをバージョンアップした途端に今までのショートカットが使えなくなります。

これらのような問題を回避するために、AndroidではActivityにエイリアス（別名）を付けることができます。Activity Aliasを使うことで、旧Activity名と新Activity名の両方のIntentに反応でき、旧Activity名と互換性を保てます。

■ Activity Aliasとは

Activity Aliasは、Activityに対するエイリアスです。つまりActivityに別名を付けられるのです。Activity Aliasを使用すると、新たに作成した「com.example.project.NewActivity」は新旧両方のActivity名で呼び出しが可能になります。

▼リスト　変更後の新しい名前のActivity

```
<activity android:name="com.example.project.NewActivity" >
...
</activity>

<!--旧Activity名のactivity-aliasを作り、android:targetActivityで新しいActivityを
指定する-->
<activity-alias android:name="com.example.project.OldActivity"

android:targetActivity="com.example.project.NewActivity" >
...
</activity-alias>
```

元のActivityは、エイリアスの前に宣言されている必要があります。また、Activity AliasにはtargetActivityと異なるIntent Filterや属性を指定できます。

エイリアスの対象のActivityはtargetActivity属性で指定します。また、activity-aliasタグでActivityの互換性の保ち方を示します。

▼リスト　activity-aliasの構文

```
<activity-alias android:enabled=["true" | "false"]
                android:exported=["true" | "false"]
                android:icon="drawable resource"
                android:label="string resource"
                android:name="string"
                android:permission="string"
                android:targetActivity="string" >
...
</activity-alias>
```

Activity Aliasには互換性の確保以外にも効果的な使い方があります。Activity Aliasの有効な使い方を以下にまとめました。

■ Activity名変更後も旧Activity名で呼び出せる

前述のとおり、Activity名を変更する時にActivity Aliasを設定しておくことで、旧バージョンとの互換性を保つことができます。

アプリでショートカットを提供している場合は、アップデートでパッケージ名を変更するとショートカットから呼び出せなくなるので、Activity Aliasを使って対応します。

■ Intent Filterのaction名ごとにアイコンや名前を変える

通常、1つのActivityに複数のIntent Filterがあると、どのIntent Filterから起動したかに関わらず、アイコンや名前は基本的にすべて同じになります。しかし、1つのActivityが複数の機能を持っている場合に、呼ばれるaction名ごとにアイコンや名前（ラベル）を変えたい時があります。

そこで、アイコンや名前を変えたいaction名にactivity-aliasタグを使うことで、1つのActivityでもaction名ごとにアイコンや名前を変更することができます。これはActivity AliasがIntent FilterやActivityの属性をoverrideできることを利用した方法です。

標準のカメラアプリ（カメラ、ビデオ）やダイアル（発着信履歴とダイアル）がよい例です。カメラアプリは1つのActivity（CameraActivity）にカメラ機能とビデオ機能を実装しています。Activity Aliasを使うことで、カメラのIntentにはアプリ名「カメラ」とカメラアイコンを表示し、ビデオのIntentが呼ばれた場合はアプリ名「ビデオ」とビデオアイコンを表示する出し分けを実現しています。

図 2.14 Intentでアイコンが変わる例

▼**リスト** カメラとビデオのアイコンを変える

```
<!-- オリジナルのカメラActivity -->
<activity android:name="com.android.camera.CameraActivity"
        android:taskAffinity="com.android.camera.CameraActivity"
        android:label="@string/camera_label"
        android:theme="@style/Theme.Camera"
        android:icon="@mipmap/ic_launcher_camera"
...>
...
<intent-filter>
    <!-- CameraActivityのintent-filterに"android.media.action.IMAGE_CAPTURE"
    と指定することで、カメラの画像（ic_launcher_camer）のiconを指定している -->
    <action android:name="android.media.action.IMAGE_CAPTURE" />
    <category android:name="android.intent.category.DEFAULT" />
    </intent-filter>
</activity>
```

```
<!-- CameraActivityに"com.android.camera.VideoCamera"という
エイリアスを設定している。
iconはビデオの画像（ic_launcher_video_camera）を指定している -->
<activity-alias android:icon="@mipmap/ic_launcher_video_camera"
                android:label="@string/video_camera_label"
                android:name="com.android.camera.VideoCamera"
                android:targetActivity="com.android.camera.CameraActivity" >

    <intent-filter>
        <!-- intent-filterに"android.media.action.VIDEO_CAPTURE"
        を指定している -->
        <action android:name="android.media.action.VIDEO_CAPTURE" />
        <category android:name="android.intent.category.DEFAULT" />
    </intent-filter>
</activity-alias>
```

引用元　/packages/apps/Gallery2/AndroidManifest.xml　(OS android-4.3.1_r1.0)

また、Intent Filterの上書きは、ショートカットでも効果があります。1つのActivityに複数の機能があり、機能ごとにショートカットを作成したい場合に有効です。たとえば、時計アプリのように、1つのActivityに時計機能、アラーム機能、ストップウォッチ機能、世界時計機能があり、それぞれショートカットを提供しています。Activity Aliasを使用することで、機能ごとに異なるアイコンと名前を設定できます。

Chooserに表示するアイコンや名前の変更はIntent Filterにラベルやアイコンを定義することでも実現可能です。

▼リスト　複数のショートカットを設定する

```
<activity android:name="com.android.camera.CameraActivity"
    …>
    <intent-filter android:label="intentfilter 1"
                   android:icon="@drawable/icon_1" >
    …
    </intent-filter>

    <intent-filter android:label="intentfilter 2"
                   android:icon="@drawable/icon_2" >
    …
```

```
    </intent-filter>
</activity>
```


Intent Filterには、ラベルやアイコンを設定できますが、その方法だとChooserでの表示は切り替わっても、起動後のAction Barに表示するラベルとアイコンは切り替わりません。しかし、Activity Aliasで切り替えた場合は、Action Barの表示名も切り替わります。利用方法に応じて、Activity Aliasを使うか、Intent Filterにラベルやアイコンを設定するかを選択しましょう。

■ Activityの起動モードを条件ごとに使い分ける

Activity Aliasにオリジナルと別の起動モードを定義することで、起動モードを使い分けることができます。

Android標準のメッセージ（Messaging）アプリを例に説明します。編集画面（ComposeMessageActivity）はメッセージの履歴表示と、メッセージの書き込みができるActivityです。二重に起動する必要がないので、起動モードにsingleTopが定義されています。

しかし、編集画面には転送機能があります。転送機能はメッセージのコピーを初期入力した状態で編集画面を呼び出しています。編集画面から再び編集画面（転送画面）を起動する必要がありますが、転送画面と編集画面が同じActivityなので、singleTopの制限を受けてしまいます。転送画面でバックキーを押下した時は編集画面に遷移したいのですが、singleTopだと編集画面と転送画面が同じインスタンスなので、転送画面からバックキーでトップ画面に遷移してしまいます。

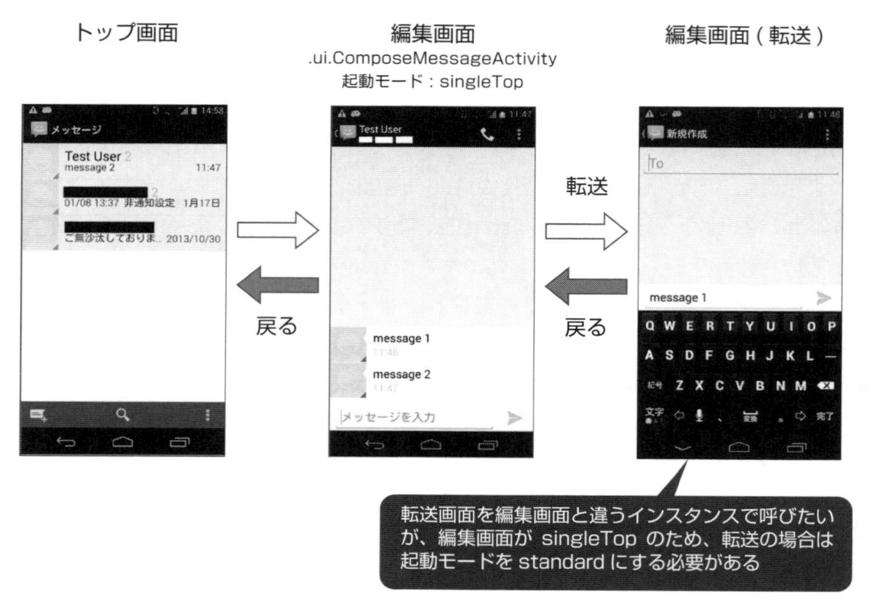

図 2.15　転送時の遷移

転送時に ComposeMessageActivity を呼び出す時は、起動モードを standard で呼びたいので、ComposeMessageActivity（編集画面）の Activity Alias（ForwardMessageActivity）を作成し、ComposeMessageActivity の起動モードを singleTop から standard に上書きしています。こうすることで、編集画面から新しいインスタンスを生成して転送画面を起動できます。

▼ **リスト**　activity-alias で挙動をコントロールする

```
<!-- 編集画面 -->
<activity android:name=".ui.ComposeMessageActivity"
      android:launchMode="singleTop" >
...
</activity>

<!-- 編集画面（転送）
     起動モードをstandardに上書きする
-->
<activity-alias android:name=".ui.ForwardMessageActivity"
        android:targetActivity=".ui.ComposeMessageActivity"
```

```
            ... >
</activity-alias>
```

引用元　/packages/apps/Mms/AndroidManifest.xml　(OS android-4.3.1_r1.0)

以上のようにActivity Aliasを使用することで、呼び出すルートでアイコンや挙動を変化させることができます。

14 他アプリから使用させないようにする

コンポーネント（Activity、Service、Broadcast Receiver、Content Provider）を公開状態にしていると、すべてのアプリからIntentを受け付けてしまいます。このため、悪意のあるアプリから攻撃されたり、不正に利用される危険性があります。危険を回避するには、コンポーネントの公開範囲を可能な限り狭めるべきです。

コンポーネントのexported属性を設定することで、公開範囲をコントロールできます。exported属性をfalseに設定すると、そのコンポーネントは自アプリか同じuser idのアプリからしか起動できなくなります。自アプリからしか呼ばないコンポーネントは非公開にすることを推奨します。

▼構文

```
android:exported=["true" | "false"]
デフォルト値: true(intent-filter有)
             false(intent-filter無)
```

exported属性のデフォルト値はintent-filterタグの有無で変わります。intent-filterを含んでいる場合はexported="true"になり、intent-filterを含んでいない場合はexported="false"になります。

intent-filterを含んでいないということは、明示的Intentでしか呼び出すことはできないので、外部からの呼び出しはない（exported="false"）と見なされます。intent-filterを含んでいる場合は、ほかのアプリからActivityが呼び出されると見なされるので、exported="true"になります。intent-filterを含むが外部から直接呼ばれることはないコンポーネントは、悪用されることを防ぐためにexported="false"にするべきです。intent-filterの有無でデフォルト値が変わることを自分は理解していても、知らない人もいるため、すべてのコンポーネントで明示的にexportedを宣言することを推奨します。

カスタムパーミッションでも、同様に外部からの呼び出し制限は可能です。他アプリからの呼び出し制限は、android:protectionLevel="signature"のカスタムパーミッションを作成することでも実現できます。protectionLevelをsignatureに設定することで、自分自身と同じ署名のアプリのみが起動できるようになります。

▼リスト　カスタムパーミッションで制限する

```
<permission android:name="com.example.project.ACCESS_ALLOW"
                    android:protectionLevel="signature">
</permission>

<application>
    <activity android:name="com.example.project.Activity"
                  android:label="@string/app_name"
                  android:permission="com.example.project.ACCESS_ALLOW"
        <intent-filter>
        ...
        </intent-filter>
    </activity>
</application>
```

Activityを自アプリでしか使用しない場合は、exported="false"が有効ですが、そもそも暗黙的Intentではなく、明示的Intentが使用できないかを検討することも必要です。暗黙的Intentでは、exported="false"で他アプリからの不正な呼び出しは防げますが、悪意あるアプリに同じAction名のintent-filterを持つ偽アプリを作られると、偽アプリへ誘導される危険性があるからです。上のケースでは、画面遷移の時に自アプリと偽アプリのActivityがintentに反応するので、Chooserに2つのアプリが表示されてしまいます。ユーザーが偽アプリを選ぶと、自アプリから偽アプリへ遷移してしまいます。他アプリに勝手に遷移しないようにすることも大切です。遷移先が1つの場合は、明示的Intentを使用しましょう。

15 Fragment の BackStack を理解する

Fragment は Activity の部品のようなものです。最近の開発手法では、Activity でなく Fragment にコンポーネントを配置する画面構成も多く、また、1 つの Activity で複数の Fragment を管理することもあるため、Fragment の管理方法を覚えておく必要があります。

■ Transaction で管理する

Fragment は切り替えたり、追加したり、削除したりといった操作が可能です。この一連の操作のことを Transaction と呼んでいます。FragmentTransaction クラスに Fragment を操作する機能が含まれています。たとえば FragmentTransaction クラスの addToBackStack メソッドを使用すると、Fragment は Stack に積まれ、popBackStack メソッドを実行することで最後に積んだ Fragment が Stack から取り除かれます。

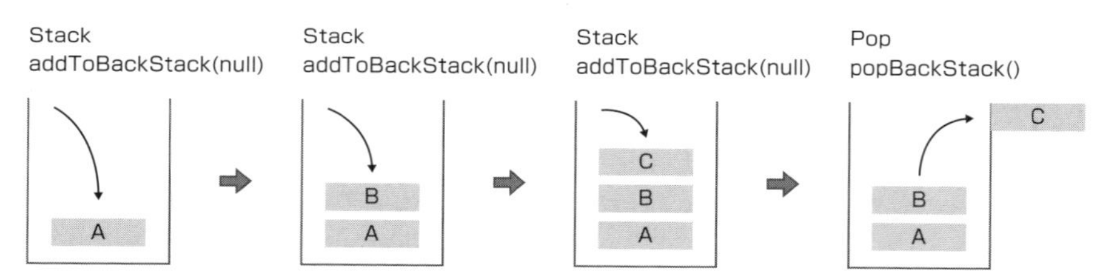

図 2.16 Fragment の Stack

Transaction 処理は Activity に以下のようなコードを実装することで実現します。

▼リスト Fragment のスタック操作

```
//Stackコード
Fragment fragment = new Fragment();
FragmentTransaction transaction = getFragmentManager().beginTransaction();
transaction.replace(R.id.fragment_layout, fragment);
transaction.addToBackStack(null);
transaction.commit();
```

↓

```
//破棄のコード
getFragmentManager().popBackStack();
```


■任意の画面に戻る

Fragmentを実装していると、Stack内の任意のFragmentを取り出したい場合がでてくると思います。たとえばウィザードなどを実装する場合にA→B→CとFragmentがStackに積まれ、Cが最後の画面になっているとき、AのFragmentに戻りたいと思うことがあるでしょう。その際にpopBackStack()で1画面ずつ戻るのではなく、A画面に直接戻る方法があります。BackStack状態にオプション名をつけることです。

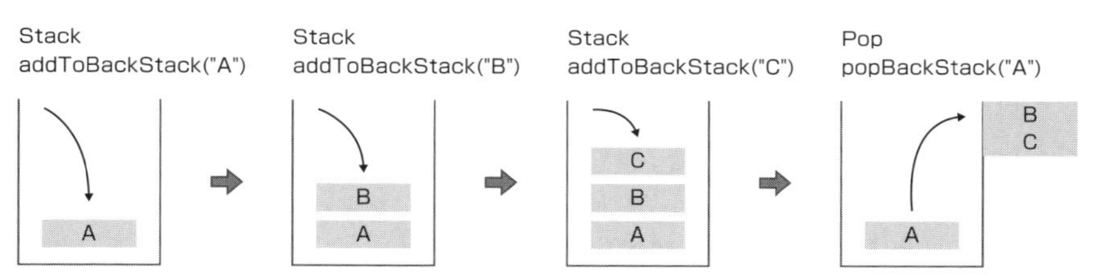

図2.17　オプション名を用いたFragmentのStack状態遷移

実装は以下のようになります。「A」「B」「C」といった名称を割り振って、後で操作する際に操作したいオプション名を指定できます。

▼**リスト**　任意のFragmentに戻る

```
//Stackコード
…中略…
transaction.addToBackStack("A");
…中略…
transaction.addToBackStack("B");
…中略…
transaction.addToBackStack("C");
```

↓

```
//A画面に戻る
getSupportFragmentManager().popBackStack("A");
```

16 Serviceがkillされることを考慮する

比較的長い期間Serviceを起動したいケースがあります。しかし、AndroidのServiceはメモリ不足時にシステムにkillされたり、Taskキラーで終了される可能性があります。また、履歴（Androidの「最近使ったアプリ一覧」表示）からアプリをスワイプしてもプロセスはkillされます。Serviceを作成する時は、システムからkillされることを考慮しなくてはなりません。

絶対にkillされないServiceは作れませんが、killされづらいServiceにしたり、killされた時の挙動を設定したりすることで対応できます。

対策として、以下が考えられます。

- Foreground Serviceにして優先度を上げる（killされにくいServiceにする）
- onStartCommandで強制終了後の動作を設定する

■ Foreground Serviceにして優先度を上げる

Foreground Serviceは、通常のBackground Serviceと違い、優先度がフォアグラウンドのActivityと同等のServiceです。NotificationにServiceの状態を表示できるので、ユーザーはServiceの状態を認識できます。

Foreground Serviceは、ユーザーが認識しているので優先度が高く、メモリ不足でもkillされることは基本的にはありません。極端なメモリ不足でkillされることは考えられますが、考慮に入れる必要はありません。本当にkillさせたくないServiceはユーザーにとっても優先度が高いはずなので、Foreground Serviceを使用して、ユーザーにServiceの状態、処理の進行状況を通知することを検討しましょう。

▼リスト　Foreground Serviceの使い方（Serviceを継承したクラス）

```
Notification notification = new NotificationCompat.Builder(context)
        .setContentTitle("title")
        .setContentText("text")
        .setSmallIcon(R.drawable.icon)
        .build();
startForeground(NOTIFICATION_ID, notification);
```

Foreground Serviceは、Notificationを表示する必要がありますが、メモリ不足でkillされることがほぼないので、積極的に検討しましょう。

Notificationの表示は、ユーザビリティを高めることにつながります。ダウンロードを行うServiceでは、Notificationにダウンロードの進捗を表示できます。ミュージックの再生では、Notificationに再生中の音楽の情報が表示できます。また、Android 4.0からはNotification内にボタンの配置が可能になり、停止やスキップができるようになりました。

■ onStartCommand()メソッドで強制終了後の動作を設定する

Serviceがkillされた場合、通常、Serviceは再起動されます。Serviceが停止した時の挙動をonStartCommandの戻り値で定義できます。Serviceの性質にあったonStartCommandの戻り値を選ぶことで、Serviceの安定性が向上します。再起動時に再配信されるIntentや再起動の時間に違いがあるので、Serviceの特性にあった設定にしましょう。

onStartCommandは、API Level 5（Android 2.0）以上からService起動時に呼ばれるメソッドです。API Level 5（Android 2.0）以降は、onStartメソッドの代わりにonStartCommandの使用が推奨されています。

▼構文

```
public int onStartCommand (Intent intent, int flags, int startId)
```

onStartCommandに設定可能な戻り値を見てみましょう。

- **START_NOT_STICKY**
  Serviceがkillされても Serviceは再起動しません

- **START_STICKY（デフォルト[注1]）**
  Serviceがkillされた場合、Serviceの再起動を行います。再起動の際、前回起動時のIntentは再配信されません。複数個Serviceを起動している場合も、再起動するServiceは1つです。Pending Intentが存在する場合はPending Intent

注1 デフォルト値はtargetSdkVersionで異なります。targetSdkVersionが5（Android 2.0）未満の場合はSTART_STICKY_COMPATIBILITY、6以上ではSTART_STICKYがデフォルト値です。

を使用します。API Level 5（Android 2.0）以降のデフォルト値です
使用例：ジョブを待っているメディアプレーヤ
使用注意点：START_STICKY は再起動後に intent が null で返ってくることがあるため、以下のように intent の null チェックを必ず入れてください

▼リスト
```
@Override
public int onStartCommand(Intent intent, int flags, int startId) {
    if (intent != null) {
      …
    }
    return START_STICKY;
}
```

- **START_REDELIVER_INTENT**
  Service が kill された場合、Service の再起動を行います。再起動の際、最後に使用した Intent を使用します。Service を複数起動している場合は、すべて再起動します
  使用例：ダウンロード
- **START_STICKY_COMPATIBILITY**
  START_STICKY の互換バージョンです。Service が kill された後に基本的に再起動されますが、保証はされていません。API Level 5（Android 2.0）未満のデフォルト値です

17 Serviceのクラッシュ対策をする

長時間起動するServiceは、端末状態などをActivityよりも考慮する点が多くなり、テストも難しくなります。Serviceはデバッグが難しいので、クラッシュへの注意がより必要です。たとえば、Serviceがkillされた後に再起動した時のIntentが想定と異なることもありますし、ハードウェアにアクセスする場合は端末の差異もあるので、思わぬ挙動や値が返ることがあります。

まずは、Serviceがクラッシュしないように、エラーハンドリングをしっかりと行いましょう。UncaughtExceptionHandlerを使えば、try-catchから漏れた例外を処理できます。くわしくは第3章を参照してください。

テストも注意深く行う必要があります。テストについては第8章で扱いますが、ここではService特有のテストの注意点を見てみましょう。開発サイトでも言及されています。

まず、startService()かbindService()に対して、onCreate()が呼ばれることを保証しましょう。また、stopService()かunbindService()、stopSelf()、stopSelfResult()に対して、onDestroy()が呼ばれることも保証しましょう。

startService()からServiceが複数回呼び出されても正しく動作するかも、テストしてください。最初のService呼び出しのみonCreate()が呼び出されます。すべてのService呼び出しで呼び出されるのはonStartCommand()です。2回目以降のstartService()では、Serviceのインスタンスがすでにあるのでお onCreate()は呼ばれません。

startService()の呼び出しは、ネストしません。Serviceのインスタンスは1つです。したがってstopService()やstopSelf()の1回の呼び出しでServiceは停止します（stopSelf(int)は違います）。Serviceが正しい箇所で停止することをテストするべきです。

そして、Serviceが実行するすべてのビジネスロジックをテストしましょう。値のバリデーションや計算が正しいかなどのチェックも必要です。

▼**URL** Testing Your Service | Android Developers

```
https://developer.android.com/training/testing/integration-testing/service-testing.html
```

万が一例外が発生して、Serviceがクラッシュした場合の挙動も知っておきましょう。

Serviceがクラッシュした場合にも、killされた時のように救済があります。Serviceがクラッシュすると「～が予期せず停止しました。」というダイアログが表示された後に、システムがクラッシュしたプロセスを再起動します。

しかし、再起動後の二度目のクラッシュでは、基本的にServiceは停止され、Activity ManagerはServiceを再起動しなくなります。

▼実行結果

```
08-02 12:54:54.856: I/ActivityManager(208): Process com.example.onstartcommand
(pid 1551) has died.
08-02 12:54:54.856: W/ActivityManager(208): Service crashed 2 times, stopping:
ServiceRecord{40a5d6c8 com.example.onstartcommand/.StickyService}
```

Serviceが停止状態でもAlarm Managerからの呼び出しであれば、Serviceを起動できます。Alarm Managerに自身のServiceを定期的に登録しておくことで、2回クラッシュした後でもServiceの起動が可能です。Alarm Managerでのクラッシュ対策は、Service停止をできる限り防止したい場合に保険として入れてもよいかもしれません。

ただし、停止状態のServiceを無理やり再起動することはクラッシュへの対症療法でしかありません。クラッシュした原因の分析、修正を行い、解決することが大切です。

18 Broadcastの配信順を考慮する

Broadcastは、その名前から一斉に配信されるイメージがありますが、一斉に配信されるNormal Broadcastと順番に配信されるOrdered Broadcastの2種類があります。それぞれの特徴は以下のようになっています。

- **Normal Broadcast**

  受信可能なBroadcast Receiverに対して一斉に配信されます。配信は非同期で、受信する順番は決められていません。Context.sendBroadcastでBroadcastを発信します

  【例】

  "android.intent.action.SCREEN_ON"

  "android.intent.action.TIME_TICK"

- **Ordered Broadcast**

  受信可能なBroadcast Receiverに順番に配信されます。同時に受信できるBroadcast Receiverは1つで、onReceive()の処理が終わると次のReceiverがBroadcastを受信します。priorityが高いReceiverから順番に受信します。Context.sendOrderedBroadcastでBroadcastを発信します

  【例】

  "android.provider.Telephony.SMS_RECEIVED"

  "android.intent.action.NEW_OUTGOING_CALL"

NormalとOrderedは、一斉配信か順番に配信するかだけでなく、役割や狙いが大きく異なります。この違いを理解することで、それぞれどのように扱うべきかがわかります。そのためには、なぜ順番に配信されるBroadcastがあるのかを知る必要があります。

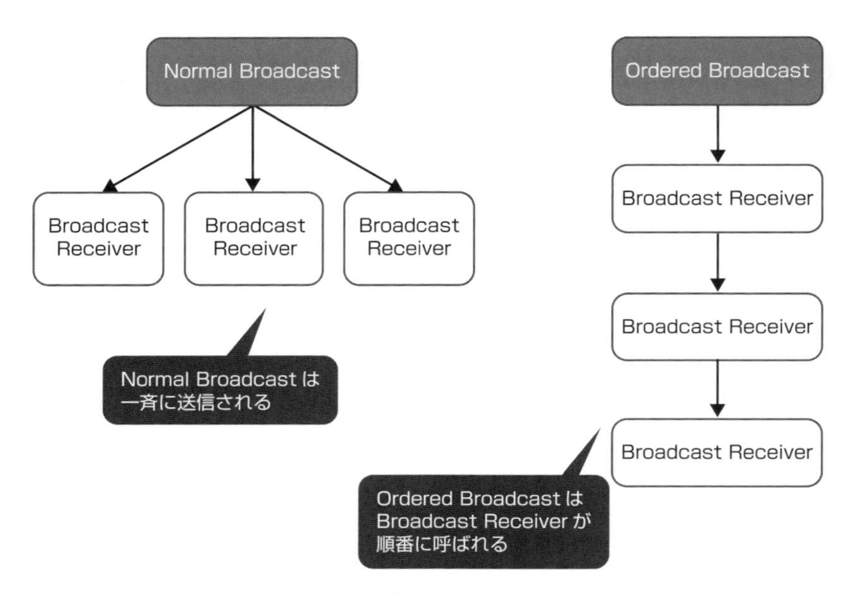

図 2.18 Normal Broadcast と Ordered Broadcast

Normal Broadcast の役割は単純で、多数のアプリにイベントを通知することです。たとえば、電池が少なくなった BATTERY_LOW Intent や、時刻が変化した時の TIME_TICK Intent など、システムの状態が変化したことを「通知」することが目的です。大切なのは、イベントが発生したことの通知をリアルタイムですることです。そのため、すべてのアプリに同時に配信され、配信後は用済みなので Intent は消滅しますが、Sticky Broadcast は消滅しません。

Ordered Broadcast はもう少し複雑です。イベントの通知のほかに「情報の伝達」でも大切な役割を負っています。Ordered Broadcast は、Broadcast を発信する側が情報の処理をさまざまなアプリに委ねることができます。そして、Broadcast の発信者は Broadcast Intent を最後に自身で受け取れるので、ほかのアプリが処理した情報を利用できます。sendOrderedBroadcast() の引数に自身の Broadcast Receiver を含められます。

▼構文

```
sendOrderedBroadcast(Intent, String, BroadcastReceiver, Handler, int, String,
Bundle)
```

Broadcastの送信者は、発信したBroadcast Intent内の情報をほかのアプリが処理することを期待していて、その処理結果を自身で使用することを想定しています。後述しますが、イベントを中断（abort）することもできます。つまり、Ordered Broadcastに含まれる情報は、さまざまなアプリによって手が加えられている可能性があることを考慮する必要があるのです。

■ NEW_OUTGOING_CALL Intentを使いこなす

ユーザーが通話しようとする時に発信されるNEW_OUTGOING_CALL Intentは、Ordered Broadcastです。リファレンスにはIntentの情報について記載があります。

ユーザーが通話しようとする時に発信されるNEW_OUTGOING_CALL Intentは、Ordered Broadcastです。リファレンスにはIntentに関する各種情報が記されていますが、その中に、NEW_OUTGOING_CALL Intentに含まれるEXTRA_PHONE_NUMBERパラメータについても説明があります。受信したIntent内のgetStringExtraメソッドにEXTRA_PHONE_NUMBERを指定して実行すると、ユーザーが実際にダイアルした（入力した）電話番号が取得できます。

Broadcastが終了した時、resultDataを実際に電話する番号に使用します。nullの場合は電話しません。

さまざまなアプリが電話番号を整形して、実際に使用する電話番号になります。たとえば、電話番号を解析し、国際電話の場合は通話をキャンセルするアプリや、電話番号を整形するアプリなどを想定して、NEW_OUTGOING_CALLではOrdered Broadcastが採用されています。NEW_OUTGOING_CALL Intentの情報を利用する場合、使用したい情報が元の値（ユーザーが入力した電話番号）なのか、最終的に使用される電話番号なのかで、参照する値が変わります。元の電話番号はEXTRA_PHONE_NUMBERですし、最終的に使用する値はgetResultDataの値です。また、値（電話番号）が自アプリより前に書き換えられている場合は、その値を使う必要があります。

以下のように、正しく確認しましょう。

▼リスト　特定の電話番号は通話をキャンセルする処理の例

```
@Override
public void onReceive(Context context,Intent intent){
  // getResultData()には前のReceiverの結果が格納されています
```

```
  String phoneNumber = getResultData();

  if(phoneNumber ==null){
    // 前のReceiverが何も設定していない場合は、
    // 送信元が設定したオリジナルの値を使います
    phoneNumber = intent.getStringExtra(Intent.EXTRA_PHONE_NUMBER);
  }

  //通話が許可されていない電話番号の場合
  if(invalidNumber(phoneNumber)){
    setResultData(null);//nullをセットして通話をキャンセルします
  }
}
```

以上のように、Broadcastによって、性質や目的が違います。特にOrdered Broadcastは考慮すべき点が多くあります。Ordered Broadcastを使用する場合は、情報の改変があるので、どの値を参照するべきか気をつけましょう。また、BroadcastReceiver#isOrderedBroadcastで現在Ordered Broadcastを処理しているのか判定できます。

19 受信できないタイミングを考慮する

Broadcastを契機にActivityを起動したりServiceで処理を行うなど、Broadcastがアプリの重要な機能に結びついていることがあります。しかし、AndroidではBroadcastがアプリに確実に到達することを保証してはいません。Broadcastを必ず受け取れる前提でアプリを設計してはいけません。

Broadcastが受け取れなくなる原因としては、以下のことがあげられます。

- アプリが停止状態である（Android 3.1以降）
- Ordered Broadcastで高優先度のアプリがBroadcastを中断する
- プロセスが停止している（動的Broadcast Receiverの場合）

■ アプリが停止状態になる条件

Android 3.1から「停止状態」（stopped state）のアプリは、システムのBroadcastを受け取れなくなりました。アプリの停止状態とActivityの停止状態は異なるので注意してください。

アプリが停止状態なのは、以下の場合です。

- 設定アプリから「強制停止」された後（システムアプリを除く）
- アプリのインストール直後（アプリは停止状態でインストールされる）

アプリが起動すると、停止状態から復帰します。停止状態でなければBroadcastを受け取れるのですが、そもそもアプリは停止状態でインストールされます。起動されるまでの間はBroadcastを受け取れないので、長く起動されない場合は、その間Broadcastをすべて受け取れません。また、設定アプリからユーザーに「強制停止」された場合も、システムからアプリを起動すべきではないと判断され、アプリは停止状態になります。

■ 停止状態に関係するIntentとは

Android 3.1から、Intentに停止状態に関する2つのフラグが追加されました。

- FLAG_INCLUDE_STOPPED_PACKAGES（デフォルト）
  アプリが停止状態の場合も起動候補になる
- FLAG_EXCLUDE_STOPPED_PACKAGES
  停止状態のアプリは起動候補にならない

また、Android 3.1 からシステムが発行する Broadcast Intent に FLAG_EXCLUDE_STOPPED_PACKAGES フラグが設定されるようになりました。このため、停止状態のアプリはシステムの Broadcast を受け取れなくなります。

■ Ordered Broadcast は中断される危険性がある

Ordered Broadcast は、Receiver に順番に送信されますが、Ordered Broadcast は onReceiver 内で BroadcastReceiver#abortBroadcast を使用することで中断できます。中断されると、以降の順番のアプリには Broadcast が通知されないので、注意が必要です。

Broadcast の中断はかんたんにできます。

▼リスト　Broadcast の中断

```
@Override
public void onReceive(Context context, Intent intent) {
    if (intent.getAction().equals( Telephony.Sms.Intents.SMS_RECEIVED_ACTION)) {
        /** broadcastを中断します。
       次の順番のBroadcastReceiverは受け取れなくなります。 */
        abortBroadcast();
    }
}
```

■ priority で優先度を変える

Ordered Broadcast を確実に受け取る対策は、残念ながら存在しません。確実に受け取るにはほかのアプリより先に Broadcast を受け取る必要がありますが、受け取る順番を最初にする保証ができないからです。

しかし、確実に Broadcast を受信することはできなくても、Broadcast Receiver の優先度を上げることで、受け取れる確率を上げることは可能です。Broadcast Intent を受け取る順番は、Intent Filter の priority 属性で決まります。priority が高い Intent Filter を設定することで、受け取る順位を高めることができます。ただし、Broadcastの情報を変更するためになるべく遅く受け取りたい場合は、対処の方法がありません。

▼リスト　Intent Filterの構文

```
<intent-filter android:icon="drawable resource"
               android:label="string resource"
               android:priority="integer" >
......
</intent-filter>
```

priorityはintegerなので、以下のようにintegerの最大値を設定することで、可能な限り高い順番にできます。

▼設定例

```
android:priority="2147483647"
```

開発サイトのIntent.SYSTEM_HIGH_PRIORITYの記載には、「priorityは−1000から1000の間にすること」とあります。しかし、実際にはintegerの上限値まで設定可能で、integerの最大値（2147483647）のほうが1000より先にIntentを受け取ります（Android 4.4の場合）。

■ Ordered Broadcastの順位付け

「Ordered Broadcastはpriorityで順位づけされる」とありますが、priorityが同じ場合はどうでしょうか。ドキュメントでは順位は保証されないとされますが、ある程度のルールがあります。

1. priorityが高いアプリの順位
2. 同じpriorityの場合は、先にインストールされたアプリかシステムアプリを優先

上のように、優先度が同じ場合は、基本的にインストールされた順序が適用されます。インストールの順はコントロールできないため、必ず初めに受け取ることはできません。

Ordered Broadcastを中断するリスクは、アプリ側で根本的に防ぐことはできませんが、可能であれば優先度を設定して、防ぐ努力をしましょう。そして、Broadcastに依存しない代替手段があれば、検討してもよいでしょう。

20 パーミッション要求を適切に行う

Android 6.0（API Level 23）から、ユーザーがアプリの実行中にパーミッションを許可・拒否することができるようになりました。Android 5.0以前はインストール前にユーザーに許可を得ていたのですが、すべてのパーミッションを許諾しなければアプリが使えなかったり、悪意ある用途に使用されるパーミッションが含まれている可能性がある、といった問題があったため、Android 6.0からはユーザーがパーミッションの可否を実行時に選択できる仕組みが導入されました。パーミッション要求を理解していないと「Android 6.0以降の端末でアプリが動作しない」ということになりかねないので、この仕組みに対応する必要があります。

まず、パーミッションにはNormalとDangerousの2種類があります。以下は各種類の説明です。

表2.3 NormalとDangerousの特性

パーミッション	ユーザーの個人情報	データやリソースへの影響	権限例
Normal	含まれていない	他アプリの動作に影響がない	タイムゾーン設定、インターネットアクセス
Dangerous	含まれている可能性がある	他アプリの動作に影響する可能性がある	電話帳へのアクセス、SMS操作、外部ストレージ操作

Android 6.0以降の端末を使用しているユーザーはDangerousなパーミッションを許諾、拒否することができます。またNormalなパーミッションはアプリインストール時にユーザーに許諾確認されます。

表2.4 NormalとDangerousの許諾タイミング

パーミッション	許諾のタイミング
Normal	アプリインストール時に表示される
Dangerous	ユーザー操作で許諾、拒否を決められる

Dangerousなパーミッションはグループ単位に分類されています。また権限要求はグループ単位で行われます。ユーザーが特定の権限グループを許諾する

と、そのグループ内のパーミッションはすべて許可されることになります。表2.5のように、CALENDARのグループにはREAD_CALENDARとWRITE_CALENDARパーミッションが含まれています。

表2.5 パーミッショングループ

Permission Group	Permission
CALENDAR	READ_CALENDAR、WRITE_CALENDAR
CAMERA	CAMERA
CONTACTS	READ_CONTACTS、WRITE_CONTACTS、GET_ACCOUNTS

たとえば、ユーザーはCalendarの権限を許可するとREAD_CALENDAR、WRITE_CALENDARが使用可能となります。

■アプリで判定しなければならないこと

アプリでパーミッション要求を適切に扱うためには3つのAPIを覚えておく必要があります。1つ目は現在のパーミッション状態を確認するAPIです。

▼リスト パーミッション状態を確認する

```
int permission =
    ContextCompat.checkSelfPermission(
        Activity.this,
        Manifest.permission.READ_CALENDAR);
```

引数に渡した権限の状態を次のように取得できます。

表2.6 権限の状態

状態	値
許諾	PackageManager.PERMISSION_GRANTED
拒否	PackageManager.PERMISSION_DENIED

2つ目は権限の要求を行うAPIです。権限の要求を行うと、初回だとOS側のダイアログが表示されてユーザーが権限を選択できます。ユーザーが許諾か拒否を選択するとonRequestPermissionsResultメソッドが呼ばれ、結果が返ってきます。onRequestPermissionsResultはActivity、Fragmentにも実装されており、onRequestPermissionsResultをOverrideして結果に応じた処理を実装します。

CheckPermissionTest に「カレンダーへのアクセス」を許可しますか？

今後表示しない

許可しない　許可

図 2.19　リクエスト要求のダイアログ

▼リスト　権限の要求を行う

```
ActivityCompat#requestPermissions(
    Activity.this,
    new String[]{Manifest.permission.READ_CALENDAR},
    PERMISSIONS_REQUEST_CODE
);
```

↓

```
//結果
@Override
public void onRequestPermissionsResult(int requestCode,
                                       String permissions[],
                                       int[] grantResults) {
    // grantResults値で権限状態を判定
}
```

requestCodeにはrequestPermissionsの第3引数で送信した整数が返却されます。permissionsに要求したパーミッションのリスト、grantResults許諾・拒否の結果が返却されます。

パーミッションが複数必要な場合は以下のように第2引数に配列を指定して要求します。

▼リスト　2つの権限の要求を行う

```
ActivityCompat#requestPermissions(
    Activity.this,
    new String[]{Manifest.permission.READ_CALENDAR, Manifest.permission.CAMERA},
    PERMISSIONS_REQUEST_CODE
);
```

図2.20のように1つ目のパーミッショングループを設定後、2つ目のパーミッションのダイアログが表示されます。

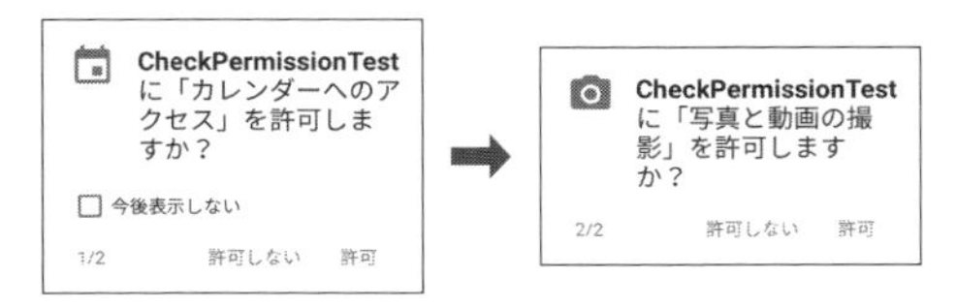

図 2.20　複数の権限を要求した場合

2つ目のダイアログで「許可」「許可しない」のいずれかが押されたらonRequestPermissionsResultは以下の結果が一気に返ってきます。

表 2.7　権限の状態

変数	意味	数値
permissions[0]	権限	Manifest.permission.READ_CALENDAR
permissions[1]	権限	Manifest.permission.READ_CAMERA
grantResults[0]	Manifest.permission.READ_CALENDARの権限の結果	PackageManager.PERMISSION_GRANTED or PackageManager.PERMISSION_DENIED
grantResults[1]	Manifest.permission.READ_CAMERAの権限の結果	PackageManager.PERMISSION_GRANTED or PackageManager.PERMISSION_DENIED

3つ目はパーミッション要求が拒否された場合に対処するためのAPIです。

▼リスト　パーミッション要求が拒否されているか確認する

```
ActivityCompat#shouldShowRequestPermissionRationale(
    Activity.this,
    Manifest.permission.READ_CALENDAR
)
```

requestPermissionsで拒否した場合や、ユーザーがAndroidの設定画面から直接パーミッションを拒否している場合、requestPermissionsを呼び出してもパーミッション要求ダイアログが表示されません。

そのため、requestPermissionsを呼び出す前にshouldShowRequestPermissionRationaleで事前にユーザーが拒否しているか判定して、拒否していたらアプリを使用するためにパーミッションが必要だという理由をユーザーに明示したほうがよいでしょう。

■ 全体フロー

これらのAPIを使用してパーミッション要求処理に対応すると、以下のようなフローになります。

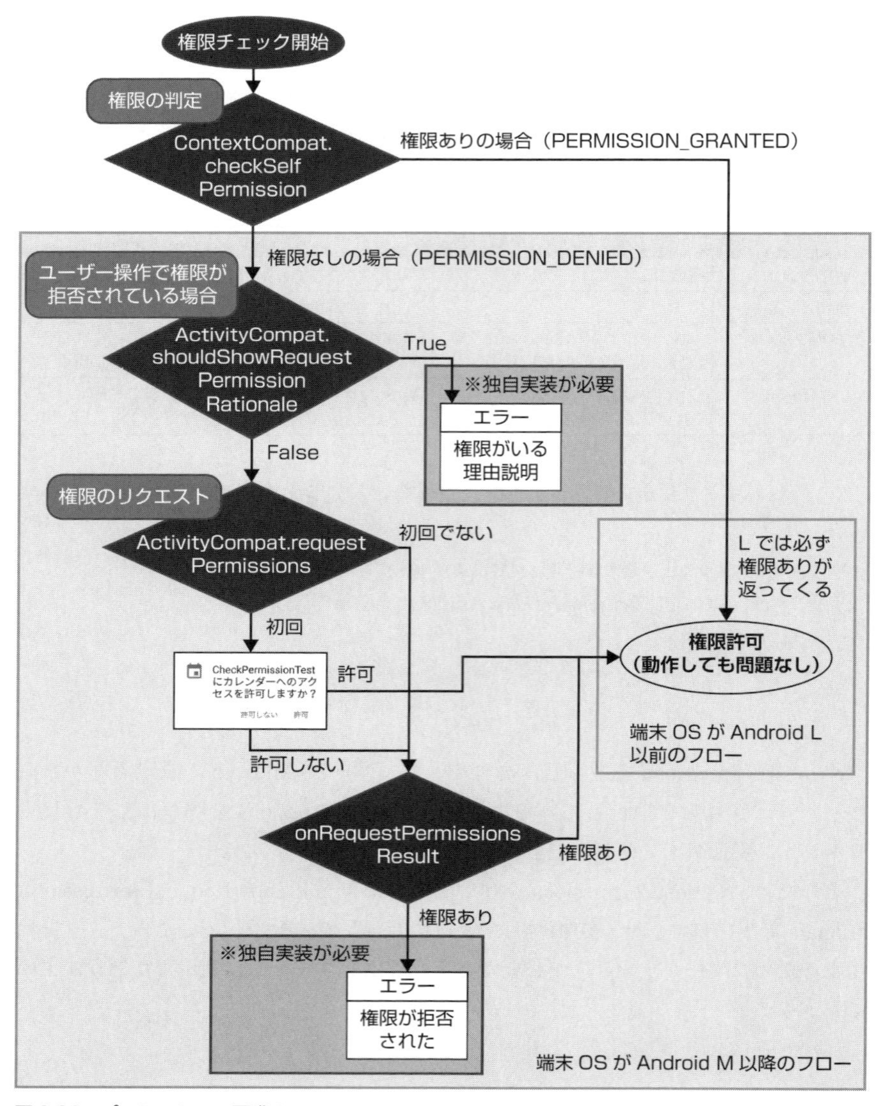

図 2.21　パーミッション要求のフロー

注意点としては、フローの中で独自実装が必要な箇所があり、どう処理するのかを決める必要があります。図2.21はダイアログを出していますが、アプリの設計段階でどうしたいか決めておきましょう。

表2.8　挙動例

API	意味	考えられる挙動例について
ActivityCompat#shouldShowRequestPermissionRationale	一度ユーザーが拒否しているため説明が必要	画面を更新して機能を使用できなくする、ダイアログでユーザーに権限がなぜ必要か伝える、設定画面に遷移させる
ActivityCompat#requestPermissions	ユーザーが権限拒否	画面を更新して機能を使用できなくする、ダイアログでユーザーに権限がなぜ必要か伝える、設定画面に遷移させる

フロー図に従って実装すると下記のようになります。下記はCameraの権限を要求するための処理です。

▼リスト　Camera権限を要求するコード（AndroidManifest.xmlにパーミッションを追記）

```
AndroidManifest.xmlにパーミッションを追記する

    …中略…
    <uses-permission android:name="android.permission.CAMERA" />
    …中略…
```

▼リスト　MainActivity.javaの実装

```
public class MainActivity extends AppCompatActivity {
    /**
     * どのパーミッション要求か識別するためのコード
     */
    public static final int PERMISSIONS_REQUEST_CODE = 1;

    @Override
    protected void onNewIntent (Intent intent) {
        // ※画面の更新
        // カメラ処理
        …省略…
    }

    @Override
```

```
protected void onCreate(Bundle savedInstanceState) {
    super.onCreate(savedInstanceState);
    setContentView(R.layout.activity_main);

    findViewById(R.id.button).setOnClickListener(
        new View.OnClickListener() {
        @Override
        public void onClick(View view) {

            // パーミッションが許諾されていれば
            // PackageManager.PERMISSION_GRANTED (0) 、
            // 許諾されていなければ
            // PackageManager.PERMISSION_DENIED (-1) が返却される
            if (ContextCompat.checkSelfPermission(
                MainActivity.this, Manifest.permission.CAMERA)
                    != PackageManager.PERMISSION_GRANTED) {

                // 許諾ダイアログを表示する必要がある場合
                if (ActivityCompat.shouldShowRequestPermissionRationale(
                    MainActivity.this, Manifest.permission.CAMERA)) {

                    // ここに※独自処理
                    // ユーザーがダイアログで許諾を拒否している場合は
                    // 許可を求める理由を表示する

                    return;

                } else {

                    // 許可ダイアログの表示
                    ActivityCompat.requestPermissions(
                            MainActivity.this,
                            new String[]{Manifest.permission.CAMERA},
                            PERMISSIONS_REQUEST_CODE);
                    return;
                }
            }

            // カメラ処理
            …省略…
```

```
            }
        });
    }

    @Override
    public void onRequestPermissionsResult(int requestCode,
                                           String permissions[],
                                           int[] grantResults) {
        switch (requestCode) {
            case PERMISSIONS_REQUEST_CODE: {
                // 権限が付与された場合
                if (grantResults.length > 0
                    && grantResults[0] == PackageManager.PERMISSION_GRANTED) {

                    // 画面を更新する等の処理
                    Intent intent = new Intent(
                        getApplication(),
                        MainActivity.class);

                    intent.setFlags(Intent.FLAG_ACTIVITY_SINGLE_TOP);

                    startActivity(intent);
                } else {
                    // ※独自処理
                    // 権限が付与されなかった場合
                    // 権限が必要な主旨を伝える
                }
                return;
            }
        }
        super.onRequestPermissionsResult(requestCode, permissions, grantResults);
    }
}
```

■ アプリ実行中のパーミッション変更の対処

アプリ開発時に特に気をつけなければならないのは、パーミッションが必要な機能の実行時判定です。処理効率を考慮した結果、権限判定をAPI使用のたびに行っていないケースをみかけることがあります。たとえばカメラを使用するアプリで、カメラ利用前の画面で権限チェックを入れて、カメラ起動後の処理では権限チェックを入れていない実装が多いです。そのため、途中でユーザーが権限を変更した場合にCamera APIを使用すると、SecurityExceptionが発生します。権限判定の処理を減らした場合でも、最低限SecurityExceptionの例外処理を実装しておけば、アプリ利用中にアプリが例外で終了する事態を避けれられます。

▼リスト　パーミッション許諾されていない前提で例外処理を実装

```
try {
    Camera camera = Camera.open(0);
} catch (SecurityException e) {
    // パーミッション許諾されていない場合の処理
}
```

また、onResumeなどでパーミッションチェックを行うなどの方法もありますが、ライフサイクルメソッドで処理が増えることは好ましくないためあまりおすすめはできません。ただし、カメラアプリのようにonPauseでカメラを一旦終了してonResumeでカメラを再開するなど、ライフサイクル単位で権限判定が必要なAPIを使用しているアプリに関しては、ライフサイクルメソッドで判定するのがよいでしょう。

■パーミッション要求を実装できない場合

開発スケジュールの都合など、何らかの理由で十分なパーミッション実装ができない場合の対処としてターゲットを上げないという手段があります。targetSdkVersionを22以下にしてビルドしたアプリの場合、アプリインストール時にパーミッション確認が行われ、以降は権限が許諾状態になります。targetSdkVersionを23以上にしてビルドしたアプリの場合は、権限がすべて拒否になっている状態になります。targetSdkVersion値22以下でビルドすると、少なくともユーザーがアプリを初回起動した際にセキュリティエラーでアプリが終了することはなくなります。

21 Doze と App Standby を考える

Android 6.0（API Level 23）より Doze と App Standby の 2 つの節電機能が追加されました。Doze は端末を使用していない間、バックグラウンド処理やネットワーク処理を延期させてバッテリー消費を減少させる機能です。App Standby は利用頻度が低いアプリに対してバックグラウンドでのネットワーク処理を制限させるモードです。

さまざまな常駐プログラムが動作する Android では、これまでも電池消費が大きな課題の 1 つでした。Android 端末開発メーカーが独自に節電機能（日本の端末では「エコモード」など）を加えるケースもよくありますが、Android 6.0 からは OS 標準の節電機能が加わったことになります。

■ Doze について

「端末が充電状態ではない」かつ「スクリーン OFF」という状況で、端末を動かさないままでいると、しばらくの間は通信も CPU も通常稼働しますが、一定の時間が経過すると Doze モードになります。

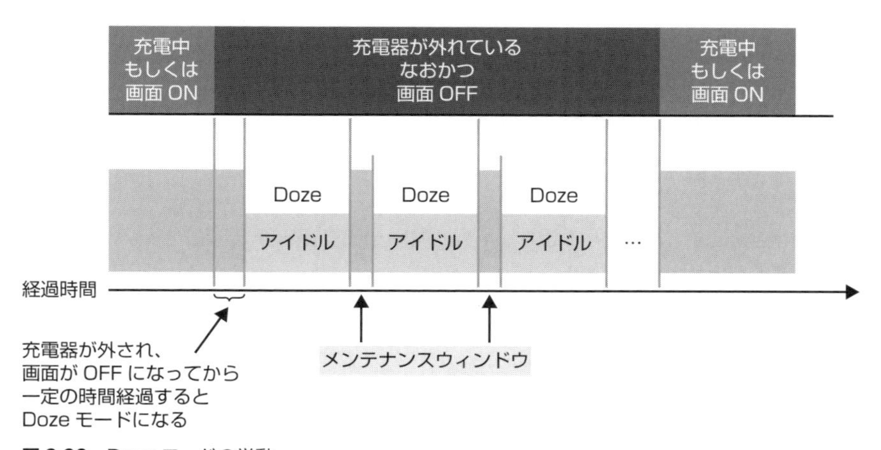

図 2.22　Doze モードの挙動

Dozeモード中は通信やCPU、アラームの処理が制限され、電池消費が抑えられます。Dozeモードに入った後、定期的に、短い期間の間だけ通常稼動に戻り、制限していた同期処理やアラーム処理、通信処理を行います。この通常稼動に戻る短い期間は「メンテナンスウィンドウ」と呼ばれます。メンテナンスウィンドウの期間が終了すると、再度Dozeモードに入り、改めて各種制限がかかります。またユーザーが端末を操作したり充電器に接続したりすると、Dozeモードは解除されます。

Doze中の制限が掛かった期間は「アイドル」と呼ばれています。Dozeモード中はアイドル→メンテナンスウィンドウ→アイドル・・・と定期的に状態変更を繰り返します。

メンテナンスウィンドウの発生間隔は時間の経過と共に長くなっていき、端末の未使用期間が長いほど、メンテナンスウィンドウの発生回数も減っていきます。

Dozeモード中（アイドル時）はアプリの挙動に以下のような制限が加わります。

- 通信が中断される
- WakeLock（画面常時点灯）設定が無視される
- AlarmManagerで設定したアラーム起動タスクは次回のメンテナンスウィンドウ発生時に持ち越される
- Wi-Fiスキャンを実行しない
- SyncAdapterの動作を許可しない
- JobSchedulerの動作を許可しない

AlarmManagerに関しては、setAndAllowWhileIdle()とsetExactAndAllowWhileIdle()を使用すると、Dozeモード中でもアラーム起動するようになります。

以下の図はDozeモードの全体フローです。Dozeモードの中でもさらに「light」期間と「deep」期間があることがわかります。deepのほうが、より多くの制限がかかります。

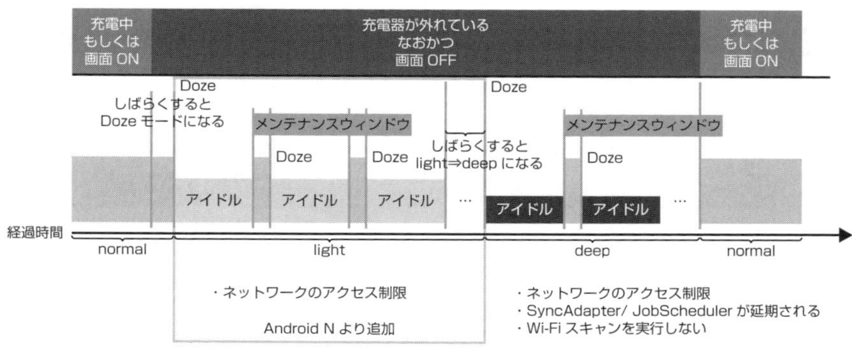

図 2.23 Doze モード中の詳細

Android 6.0（Marshmallow）ではDozeモードになるとlight、deepの振り分けはなく、制限される機能はdeepと同様になります。Android 7.0（Nougat）からはDozeの挙動にさらに拡張があり、端末が静止状態にあるかどうかによってDozeの挙動を分けるようになりました。light状態は静止状態でないケース（ユーザーが端末をポケットに入れて歩いている等）で、一定の時間が経過するとDozeモードになり、通信、同期、JobSchedulerの処理を制限します。deep状態は端末が静止状態にある場合（デスクの上に放置されている等）で、一定時間経過後、Dozeモードになり、通信、同期、JobSchedulerを制限しますが、Dozeの状態のままさらに一定時間が経過すると、残りの制限も有効になります。

Doze状態履歴はadbツールのdeviceidleコマンドで確認できます。Android NとMではコマンドが表示する内容は異なります。

▼**リスト** Doze 状態の履歴

```
adb shell dumpsys deviceidle
```

▼**実行結果** Android N の場合（履歴が見られる）

```
          normal: -6h34m18s796ms
    light-maint: -6h20m27s925ms
     light-idle: -6h20m27s913ms
    light-maint: -6h20m22s747ms
    ………
    light-maint: -5h47m12s869ms
     light-idle: -5h47m7s605ms
      deep-idle: -5h46m32s763ms
```

```
  deep-maint: -4h57m29s792ms
   deep-idle: -4h56m59s391ms
```

▼**実行結果**　Android Mの場合（現在の状況が見られる）

```
Stepped to: 右記のいずれか（Activity、IDLE_MAINTENANCE、SENSING、IDLE_
MAINTENANCE、IDLE）
```

light-idleはlight状態でDozeモードが発生した時間です。light-maintはlight状態のメインウィンドウが発生した時間です。

■ App Standbyについて

Dozeモードとは別に、Android 6.0からApp Standbyという仕組みが加わりました。これはユーザーの利用頻度が低いアプリをアイドル状態と判断し、機能を制限します。

ユーザーがアプリを一定期間使用せず、以下のいずれの操作・動作も行わない場合にアイドル状態と判定します。

- ユーザーが明示的にアプリを起動する
- アプリにフォアグラウンド実行されているプロセス（ActivityやService）がある
- アプリがロック画面または通知トレイに通知（Notification）を表示する

端末を充電すると、アプリはアイドル状態が解除され、通信、保留中のジョブ実行、同期を再開します。アイドル状態が長く続く場合、アイドル状態のアプリはおよそ1日1回程度のみ通信を許可されます。

22 省電力時に機能制限を受けないようにする

基本的にアプリはDozeやApp Standbyを考慮し、適切な通信や同期、アラーム処理などを行うべきですが、機能制限を受けると実現したい機能がうまく実現できないケースもありえます。そのために用意されている機能がホワイトリストです。ホワイトリストは機能制限を受けずに済むアプリの一覧で、ホワイトリストにアプリを登録すると、DozeやApp Standbyによる制限が一部解除され、通信やWakeLockが利用できるようになります。同期やアラームなど、他の制限はホワイトリストに登録していても有効です(制限を受けます)。

■ ホワイトリスト利用の判断について

機能制限がアプリの基本機能を阻害しない限り、基本的にはホワイトリストを利用すべきではありません。ホワイトリストの利用が適切かを判定するためのチャートが用意されているので、当てはまるかどうか事前に調べておくとよいでしょう。

▼URL　Acceptable Use Cases for Whitelisting

```
https://developer.android.com/training/monitoring-device-state/doze-standby.
html?hl=ja#whitelisting-cases
```

かんたんに訳すと以下のような内容になります。

表2.9　ホワイトリスト利用の適合性・訳

アプリ種別	ユースケース	GCM使用可否	ホワイトリスト利用適合	備考
インスタントメッセンジャー、チャット、電話系アプリ	DozeやStandbyモード中でもリアルタイムなメッセージ配信が必要	可	不適合	high-priorityのGCMを使用してアプリを起動し、通信を開始すべき
インスタントメッセンジャー、チャット、電話系アプリ、業務系VoIPアプリ	同上	可、しかしhigh-priorityの利用はなし	不適合	同上

アプリ種別	ユースケース	GCM 使用可否	ホワイトリスト利用適合	備考
オートメーション系アプリ	アプリのメイン機能はインスタントメッセージ送信、音声通話、写真管理、位置情報に応じた処理、といった動作の自動化	可	適合	
周辺機器連携アプリ	アプリのメイン機能は周辺機器と常時接続し、周辺機器とインターネットを連携させること	可	適合	
同上	アプリは定期的に周辺機器に接続し同期を行う、もしくはBluetoothワイヤレスヘッドフォンのように単純に周辺機器との接続のみが必要	可	不適合	

■ ホワイトリストの設定について

ユーザーは「設定」→「電池」→「電池の最適化」からDozeモードのホワイトリストを登録・解除することができます。

設定アプリを起動せず、ユーザーにホワイトリスト登録許可を求めるダイアログを表示する方法があります。Intentを使用すると、ホワイトリスト登録用のダイアログが表示されます。

▼リスト　ホワイトリスト登録許可ダイアログ

```
Intent intent = new Intent(Settings.ACTION_REQUEST_IGNORE_BATTERY_OPTIMIZATIONS);
intent.setData(Uri.parse("package:test.myapplication"));
startActivity(intent);
```

このダイアログを表示するにはREQUEST_IGNORE_BATTERY_OPTIMIZATIONSパーミッションが必要です。

この方法でアプリからダイアログを介してホワイトリスト登録でき、「設定」→「電池」を表示するとアプリが表示されます。ただし、前述のとおり、ユーザー操作でホワイトリストから解除もできるため、基本的にはDozeモードの影響を受ける前提でアプリ設計をしたほうが無難です。

■ FCM／GCMの影響について

FCM／GCMを送信する際に指定するpriority値で、DozeやApp Standbyの影響を受けるか指定することができます。FCM／GCMのpayloadに指定するpriority値にhighを設定すると、DozeモードでもApp Standbyにアイドル判定されている場合でも、アプリに通知が届きます。

▼リスト　Dozeモードの影響を受けないFCM/GCMプッシュの設定（POSTリクエストの内容）

```
{
  …中略（"to", "notification", "data"等）…
  "priority" : "high",
  …中略…
}
```

FCM／GCMから通知を受けたアプリは起動し、通信も行える状態になりますが、Dozeモードが解除されるわけではありません。また、他のアプリも影響を受けません。

第3章

強制終了しないアプリを作る

23 アプリでANRを起こさないために

Androidは、アプリの応答が遅い時に、ユーザーを待たせないために、ANR（Application Not Responding）ダイアログを表示し、アプリの処理を続けさせるか、アプリを強制終了するかをユーザーに問います。たとえアプリが正常に動いていても、アプリの反応が遅いためにANRダイアログが表示されると、「アプリが正常に動いていない」とユーザーに思われてしまいます。そのため、Androidアプリを開発するうえでANRが起こらないように気をつけて実装する必要があります。

■ 入力イベントが待ち状態になる

そもそも、なぜANRが起こるのでしょうか。

ANRは、アプリケーションがユーザーの入力に応答できない場合に発生します。では、どのような時にアプリケーションはユーザーの入力に応答できない状況に陥るのでしょう。

Androidは、UIを操作できるシングルスレッドである「UIスレッド」を持っています。AndroidのUIはUIスレッド上でしか操作できず、それ以外のスレッドで操作すると例外が発生するしくみになっています。たとえば、ライフサイクルメソッド（ActivityのonCreate()やonStop()など）はUIスレッド上で動作するメソッドです。

UIスレッドで処理を行っている最中に、ほかの入力イベントなどが発生すると、発生した入力イベントは待ち状態になります。これがユーザー入力に応答できない状態です。UIスレッドで時間のかかる処理をしているために、ANRが発生する原因になります。

Androidの開発者サイトに記載されているANRの発生タイミングは次の2つです。

- 5秒以内に入力イベント（キー押下、画面タッチのイベント）の反応がない場合
- Broadcast Receiverの処理が10秒以内に完了しない場合

■ UIスレッドで重い処理を行わない

Androidアプリは、UIスレッド上でUIを更新する必要があります。そのため、「UIスレッド上では、重い処理を絶対に行わない」ことがANRの発生を避ける上で大切になります。たとえば、UIで表示するために必要なデータを取得する処理（時間がかかる処理）は別スレッドで行い、UIスレッドはあくまでUIのデータ表示更新のための処理だけをするように実装する必要があります。

開発者サイトには、次のように記載されています。

- 進捗バー（ProgressBar）を利用してユーザーに処理が進んでいることを示す
- ゲームなどで複雑な計算や時間のかかる計算をする場合は専用のスレッドを作る
- 起動時のスプラッシュ画面表示中にリソースの読み込みなどを行う
- パフォーマンスツール（SystraceやTraceview）を使用する

これは、ANRを出さないことのほかにも、ユーザーエクスペリエンスにも気をつけたほうがよいという意図で記載されていると思われます。

一般的に、ユーザーは操作してから100ms〜200ms以上反応がないとストレスを感じると言われています。ところが、ネットワーク処理、データベース処理、画像処理などを行う場合は100ms〜200msで終わらない可能性があります。そのため、以下の対策を検討するとよいでしょう。

■ AsyncTaskを利用する

実際に開発する時は、ANRを出さないために、入力イベントの前後を見ていきます。

入力イベントは、View.OnClickListenerのonClick内でイベント処理を行いますが、onClickはUIスレッド上のメソッドなので、onClick内で重い処理を行わないでください。onClick内で時間のかかる処理をする場合は、AsyncTask#doInBackgroundやThreadを利用して別スレッドで処理することで、ANRの発生を避けることができます。別スレッドで行った処理の結果を受けてUIを更新したい場合は、AsyncTask#onPostExecuteを使用してUIを更新します。AsyncTask#onPostExecuteは、内部的にはUIスレッド上で動くHandlerを用いて実現されています。

以下はANR回避の対策をしていないコードの例です。

▼ **リスト** 対処前 (AsyncTask を使用しない)

```
public class MainActivity extends Activity {

    @Override
    protected void onCreate(Bundle savedInstanceState) {
        super.onCreate(savedInstanceState);
        setContentView(R.layout.activity_main);
        // 画面上のボタンをタップした時の処理を定義
        findViewById(R.id.button).setOnClickListener(new OnClickListener() {
            @Override
            public void onClick(View v) {
                try {
                    // 重い処理
                    Thread.sleep(60 * 1000);
                } catch (InterruptedException e) {
                }

                // UIの更新 (この処理に到達するまでに60秒かかる)
                TextView mView = (TextView) findViewById(R.id.textView);
                mView.setText("This is bad code");
            }
        });
    }
}
```

一方、以下は、ANR 回避のために、AsyncTask を使用したコードの例です。

▼ **リスト** 対処後 (AsyncTask を使用する)

```
public class MainActivity extends Activity {

  @Override
  protected void onCreate(Bundle savedInstanceState) {
    super.onCreate(savedInstanceState);
    setContentView(R.layout.activity_main);
    findViewById(R.id.button).setOnClickListener(new OnClickListener() {
      @Override
      public void onClick(View v) {
        // AsyncTaskを継承したWorkerTaskを用いて非同期に処理を行う。
        new WorkerTask().execute(null, null, null);
```

```
        }
      });
    }
  }

  class WorkerTask extends AsyncTask<Void, Void, Void> {

      @Override
      protected Void doInBackground(Void... params) {
          try {
              // 重い処理
              Thread.sleep(60 * 1000);
          } catch (InterruptedException e) {
          }
          // ここで非同期処理終了。
          return null;
      }

      // このメソッドはUIスレッド上で実行される。
      @Override
      protected void onPostExecute() {

          // UIの更新（ここに重い処理を実装しないこと！）
          TextView mView = (TextView) findViewById(R.id.textView);
          mView.setText("This is good code");
      }
  }
```


Activityのライフサイクルメソッド（onCreate、onResumeなど）もUIスレッド上のメソッドであるため、ネットワークやデータベース処理、複雑な計算、画像のリサイズなど、重い処理をする場合は、入力イベント同様に別スレッドを立てて処理することで、ANRを避けることができます。入力イベント同様に、AsyncTask#doInBackgroundやThreadで重い処理を行い、その処理が終わった後にUIを更新したい場合は、AsyncTask#onPostExecuteやHandlerで行います。

AsyncTaskは非同期処理に対応しているものの、数秒を超える処理は基本的に行わないほうがよいです。長い時間スレッドを確保する必要がある時は、Executor、ThreadPoolExecutor、FutureTaskで処理します。AsyncTaskがActivityと同時に破棄されるしくみであればそれほど問題はありませんが、AsyncTaskとActivityはそこまでつながりがなく、ライフサイクルが違うため、不備が出てしまうケースがあるからです。たとえば、端末の縦横を切り替えると、通常、Activityは破棄されますが、AsyncTaskは破棄されません。その状態で、onPostExecuteでActivityのUIを更新しようとすると、Activityが破棄されているので問題が起こります。もし動いたとしても、AsyncTaskが長時間動き続けることにより、メモリが逼迫する可能性があります。長時間動かす処理は、なるべく行わないほうがよいでしょう。

受信契機の ANR を回避する

入力イベントの際の ANR だけでなく、BroadcastReceiver などで UI を操作する際にも注意が必要です。BroadcastReceiver では、処理が 10 秒以内に完了しない場合に ANR が発生する可能性があるからです。

■ IntentService を利用する

BroadcastReceiver は、短時間で終わる処理を前提に作られています。ですから、BroadcastReceiver 内で時間のかかる重い処理をするのは避けてください。

Service もバックグラウンドで処理できますが、onStartCommand などライフサイクルメソッドで UI スレッドが使用されているため、もし重い処理を実装したいのであれば、IntentService を利用してください。IntentService は、別スレッドで動作する仕様になっているので、時間のかかる処理を安心して任せられます。

以下のコードは、ANR 回避対処前の BroadcastReceiver の処理です。

▼ リスト　対処前 (IntentService 使用なし)

```
public class MyReciver extends BroadcastReceiver {
    public void onReceive(Context context, Intent intent) {
        try {
            // 重い処理
            Thread.sleep(60 * 1000);
        } catch (InterruptedException e) {
        }
    }
}
```

次のソースでは、長時間の処理ができるように IntentService を使用しています。

▼リスト　対処後（IntentServiceあり）

```
public class MyReciver extends BroadcastReceiver {
    public void onReceive(Context context, Intent intent) {
        Intent intent = new Intent(context, MyService.class);
        context.startService(intent);
    }
}

public class MyService extends IntentService {
    @Override
    protected void onHandleIntent(Intent intent) {
        try {
            // 重い処理
            Thread.sleep(60 * 1000);
        } catch (InterruptedException e) {
        }
    }
}
```

IntentServiceは、仕様上、連続してBroadcastを受けた時には並列処理は行わず、順番に処理します。このため、並行処理したい場合は、Service内でスレッドを立てる必要があります。

25 遅くないレイアウトを考える

レイアウトも ANR の原因の 1 つとなり得るため、事前に予防することが大事です。

View クラスは、レイアウト展開時に View を表示するための各種サイズを計算しています。そのため、使う View の数が増えると、その分レイアウトの展開に時間がかかります。

複雑なレイアウトを実現するために、LinearLayout などを多用するケースがあります。LinearLayout も View を継承しているので、多くの LinearLayout を入れ子にしている場合などには、レイアウトの展開にかかる時間が長くなり、UI スレッド上で UI 更新の遅延が発生します。

■ レイアウトをシンプルにする

有効な対策は、設計段階で極力シンプルなレイアウトにすることです。ボタンやスピナー、チェックボックスなどの UI 部品はなかなか減らせないかもしれませんが、ViewGroup を継承したレイアウト系のクラスは減らせる可能性があります。

LinearLayout の中に LinearLayout を入れ子にして複雑なレイアウトを実現する代わりに、RelativeLayout をうまく活用できないか検討してみましょう。多数の LinearLayout を入れ子にして使用すると、レイアウト展開時の性能が落ちます。

まず、入れ子にした場合を見てみましょう。この例では、RelativeLayout と LinearLayout の 2 つの Layout を使っています。

▼リスト　入れ子にした場合

```
<LinearLayout xmlns:android="http://schemas.android.com/apk/res/android"
    xmlns:tools="http://schemas.android.com/tools"
    android:layout_width="match_parent"
    android:layout_height="match_parent"
    android:orientation="vertical"
    tools:context=".MainActivity" >

    <LinearLayout
        android:layout_width="wrap_content"
```

```
        android:layout_height="wrap_content"
        android:orientation="horizontal" >

        <Button
            android:layout_width="wrap_content"
            android:layout_height="wrap_content"
            android:text="Button" />

        <Button
            android:layout_width="wrap_content"
            android:layout_height="wrap_content"
            android:text="Button" />
    </LinearLayout>

    <LinearLayout
        android:layout_width="wrap_content"
        android:layout_height="wrap_content"
        android:orientation="horizontal" >

        <Button
            android:layout_width="wrap_content"
            android:layout_height="wrap_content"
            android:text="Button" />

        <Button
            android:layout_width="wrap_content"
            android:layout_height="wrap_content"
            android:text="Button" />
    </LinearLayout>

</LinearLayout>
```

次に、Layoutが1つのRelativeLayoutだけのケースを見てみましょう。

▼リスト　入れ子にしない場合

```
<RelativeLayout xmlns:android="http://schemas.android.com/apk/res/android"
    xmlns:tools="http://schemas.android.com/tools"
    android:layout_width="match_parent"
    android:layout_height="match_parent"
```

```
    tools:context=".MainActivity" >

    <Button
        android:id="@+id/leftupBtn"
        android:layout_width="wrap_content"
        android:layout_height="wrap_content"
        android:layout_alignParentLeft="true"
        android:layout_alignParentTop="true"
        android:text="Button" />

    <Button
        android:id="@+id/rightupBtn"
        android:layout_width="wrap_content"
        android:layout_height="wrap_content"
        android:layout_alignBaseline="@+id/leftupBtn"
        android:layout_alignBottom="@+id/leftupBtn"
        android:layout_toRightOf="@+id/leftupBtn"
        android:text="Button" />

    <Button
        android:id="@+id/leftdownBtn"
        android:layout_width="wrap_content"
        android:layout_height="wrap_content"
        android:layout_alignLeft="@+id/leftupBtn"
        android:layout_below="@+id/leftupBtn"
        android:text="Button" />

    <Button
        android:id="@+id/rightdownBtn"
        android:layout_width="wrap_content"
        android:layout_height="wrap_content"
        android:layout_alignBaseline="@+id/leftdownBtn"
        android:layout_alignBottom="@+id/leftdownBtn"
        android:layout_toRightOf="@+id/leftdownBtn"
        android:text="Button" />

</RelativeLayout>
```

実機でなくエミュレータを使うことになりますが、Hierarchy Viewer を使ってパフォーマンスをチェックすることもできます。

Android Device Monitor から Window → Open Perspective を選択して、図 3.1 のように Hierarchy Viewer を選択します。

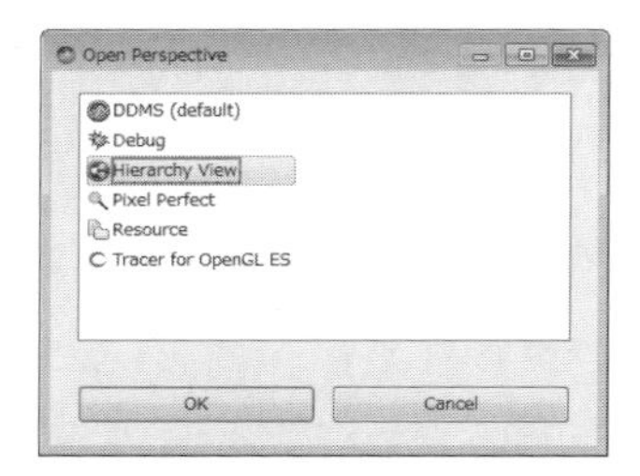

図 3.1 Hierarchy Viewer の選択

この状態で Windows タブから起動中のアプリを選択すると、TreeView に画面レイアウトの構造が表示されます。その中で計測したい View を選択して下図のボタンを押すと、View の構築と描画にかかる時間がミリ秒で表示されます。これらの値を見て、時間のかかっている箇所を改善していきましょう。

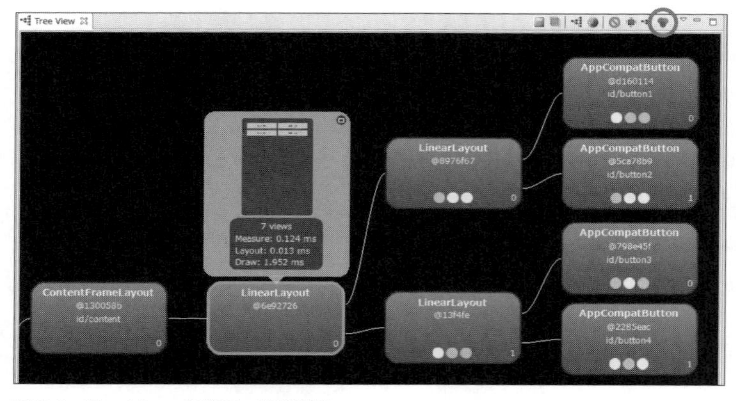

図 3.2 TreeView の表示、計測結果

Measure はコンポーネントのサイズ計算、Layout は位置の計算、Draw は描画にかかる時間です。

TreeView 上に階層表示されている View に、丸印が 3 つ表示されています。この丸印は左から Measure、Layout、Draw にかかった時間を視覚的に表示してくれます。かかった時間が短ければ緑、長ければ黄、非常に長ければ赤で表示されます。

図 3.3 はボタン 1 つの Layout とボタン 4 つの Layout を組んだ結果です。ボタンを 4 つ配置した Layout のほうが構築や描画に時間がかかっています。図では色がわかりにくいですが、画面上部の Layout の丸印は全て緑、下部の Layout、及び右側のボタンは、丸印が黄や赤になっている個所があります。

図 3.3 は TreeView 上でコンポーネントを選択し、プレビューと処理時間を表示している状態です（実際には複数のコンポーネントを同時には選択できません。3 つのコンポーネントをそれぞれ選択した状態を合成してあります）。

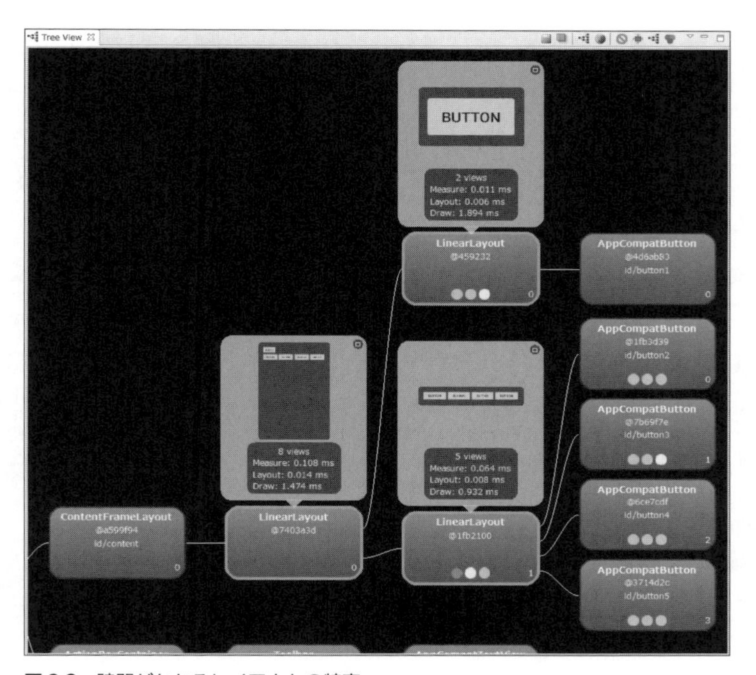

図 3.3 時間がかかるレイアウトの特定

また、Lint ツールなどを使用して、性能に問題があるレイアウトをチェックすることも対策の 1 つになります。

Android の Lint は、ADT16（SDK Tools 16）から追加されました。セキュリティ、性能、ユーザビリティやパフォーマンスの改善点、潜在的なバグの検出のために、Android プロジェクトのソースファイルをチェックする静的解析ツールです。

Lint はコマンドラインからも実行できますが、Android Studio の Analyze → Inspect Code からも実行できます。

Module や Directory、ファイルといった単位での実行が可能です。Whole project を選択すると、プロジェクトのすべてを検査します。

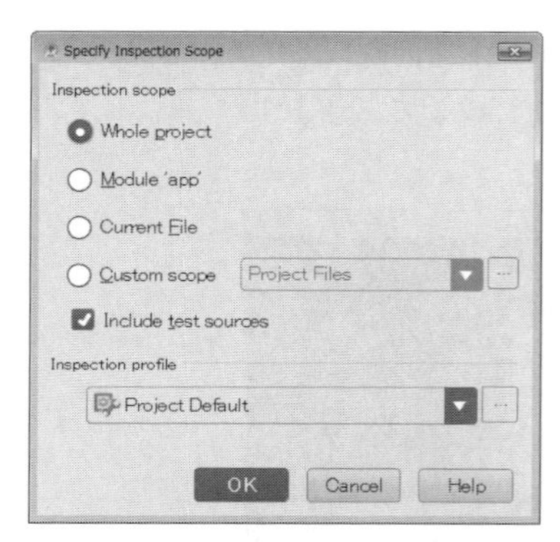

図 3.4 Lint を実行する

▼ **リスト** チェック用のレイアウト

```
<?xml version="1.0" encoding="utf-8"?>
<RelativeLayout xmlns:android="http://schemas.android.com/apk/res/android"
    xmlns:tools="http://schemas.android.com/tools"
    android:layout_width="match_parent"
    android:layout_height="match_parent"
    tools:context=".MainActivity">
    <LinearLayout
        android:id="@+id/layout_inner"
        android:layout_width="wrap_content"
        android:layout_height="wrap_content"
        android:orientation="horizontal" >
        <TextView
            android:layout_width="wrap_content"
            android:layout_height="wrap_content"
            android:text="@string/app_name" />
    </LinearLayout>
</RelativeLayout>
```

Inspectionを実行すると、Inspectionタブに結果が表示されます。

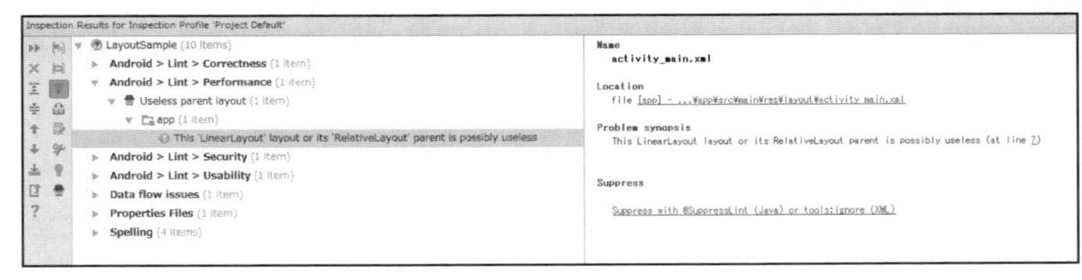

図3.5 レイアウトのチェック結果

「Android > Lint」と表示されている部分がLintで検査した箇所です。性能に影響する可能性があるのは、「Android > Lint > Performance」の部分で、ここに記された問題に対処することで性能を改善できます。図の問題の詳細を見ると「This 'LinearLayout' layout or its 'RelativeLayout' parent is possibly useless」と記載されていて、親のレイアウトは役に立たないことがわかります。

26 ANRの原因を分析する

アプリケーションの開発中にANRが起きてしまった場合は、発生した箇所を探して修正する必要があります。その際に原因を見つけるのに苦労することが多いのですが、AndroidにはANR発生時の原因を見つけやすくする方法があるので、うまく利用しましょう。

■ StrictModeを利用する

「StrictMode」は、Android 2.3から追加された、ディスクキャッシュやネットワークの遅延箇所を検知するためのしくみです。以下のような処理をonCreateメソッド内に記述することで、StrictModeが有効になります。

▼リスト　StrictMode

```
StrictMode.ThreadPolicy policy = new StrictMode.ThreadPolicy.Builder()
                .detectAll()
                .penaltyLog()
                .build();
        StrictMode.setThreadPolicy(policy);
```

StrictModeでは、AndroidのThreadポリシーに反する処理がないかがチェックされます。上のdetectAll指定は、すべての処理においてポリシー違反を検出する設定ですが、detectNetwork（ネットワーク読み込み時）やDiskWrites（ディスク書き込み時）などを指定して検出対象処理を絞ることもできます。

たとえば、detectNetworkでネットワークを有効にすると、UIスレッド上で通信処理をした時に、違反のメッセージとネットワークにかかった時間（duration）がログに表示されます。

▼リスト　ネットワークをオンにする

```
StrictMode.setThreadPolicy(new StrictMode.ThreadPolicy.Builder()
        .detectNetwork()
        .penaltyLog()
        .build());
```

▼ログ

```
StrictMode policy violation; ~duration=570 ms: android.os.StrictMode$StrictModeN
etworkViolation: policy=23 violation=4
```

なお、Android 3.0 以降は、StrictMode がデフォルトで有効になっているため、上記の設定は必要ありません。

実際に ANR を発生させて、StrictMode を試してみましょう。ボタン押下時に 10000ms（10 秒）のスリープが発生するアプリを用意し、スリープ実行中に端末の戻るキーを押下すると、ANR が発生します。その際に、logcat に以下のようなログが出力されて、ANR の発生箇所と原因を特定できます。

▼ログ

```
ANR in パッケージ名 (パッケージ名/.クラス名)
Reason: keyDispatchingTimedOut
```

■ ProcessErrorStateInfo を使用する

StrictMode 以外にも、ANR の原因を発見することのできる値「ProcessErrorStateInfo」があります。ProcessErrorStateInfo を使用すると、ほかのアプリを含め、すべてのプロセスから ANR を検出できます。たとえば、別アプリの挙動を調べる必要がある時や、自分のアプリが多くのプロセスを立ち上げるタイプのアプリの場合に、ProcessErrorStateInfo が役に立ちます。

ProcessErrorStateInfo を利用することで、自アプリから他アプリの ANR を検出でき、それらのエラー原因を特定することができます。実際の実装は以下のコードになります。

▼リスト　エラー原因を特定するコード

```
ActivityManager activityManager = ((ActivityManager) getSystemService(↵
ACTIVITY_SERVICE));
List<ActivityManager.ProcessErrorStateInfo> errorStateInfo = activityManager.↵
getProcessesInErrorState();
if(errorStateInfo != null){
    for (ActivityManager.ProcessErrorStateInfo error : errorStateInfo){
        // error.conditionにタイプ
        Log.v("ErrorLog", "condition = " + error.condition);
        // error.longMsg、error.shortMsgに原因が記載されます。
```

```
        Log.v("ErrorLog", "shortMsg = " + error.shortMsg);
        Log.v("ErrorLog", "longMsg = " + error.longMsg);
    }
}
```

ProcessErrorStateInfoに格納される状態には、CRASHED (= 1)、NOT_RESPONDING (= 2)、NO_ERROR (= 0) があり、ANRが発生した場合もこのエラーに情報が入ります。

ただし、ANR発生時にしかエラーが登録されないため、Serviceなどを用意して常にエラー状態を監視しないといけません。Serviceで監視していてANRが発生した時は、以下のようなログが発生します。

▼ログ

```
03-06 17:46:30.240: V/ErrorLog(15660): condition = 2
03-06 17:46:30.240: V/ErrorLog(15660): shortMsg = ANR Input dispatching timed
out (Waiting because the focused window has not finished processing the input
events that were previously delivered to it.)
03-06 17:46:30.240: V/ErrorLog(15660): longMsg = ANR in パッケージ名 (パッケージ
名/.クラス名)
```

conditionが「2」なので、NOT_RESPONDINGです。shortMsg、longMsgから詳細な理由、発生原因のパッケージ名／クラス名がわかります。

27 例外のハンドリング方針を決める

Androidでは、アプリ内で発生した例外がキャッチされていない場合、「問題が発生したため、○○○（アプリ名）を終了します」というダイアログを表示して、アプリが終了します。アプリが強制終了する原因の多くは、例外を適切に処理できていないことにあります。例外を適切に対処するためには、例外の種類や詳細を知る必要があります。

■ Javaのエラーとは

Javaには、おもに3種類のエラーがあります。ErrorとExceptionとRuntime Exceptionです。図3.6のように、いずれもThrowableクラスからの継承になります。

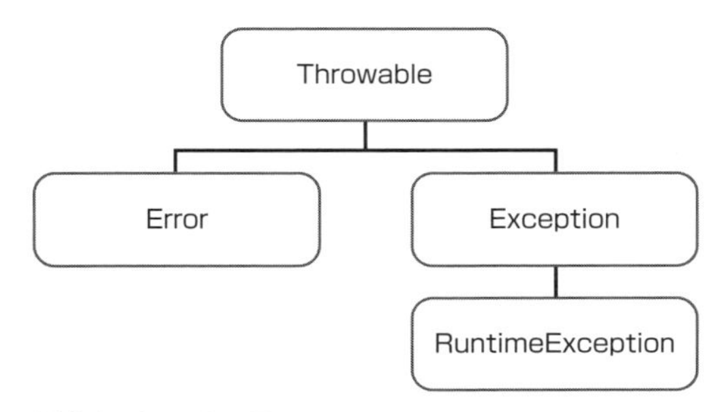

図3.6　Javaのエラー

Googleが公開しているAndroidの公式資料には、それぞれのエラーについて以下のような記載があります。

- **Error**
  回復が不可能なエラー
- **RuntimeException**
  Dalvik VMから発生する例外。ハンドリングしなくてもコンパイルはとおる

- **Exception**

  回復が可能なエラー

また、例外には非チェック例外と、チェック例外の2種類があります。

- **非チェック例外**

  例外をハンドリングしなくてもコンパイルがとおる例外。Error と Runtime Exception は非チェック例外になる

- **チェック例外**

  例外を処理する try～catch が実装されていなければコンパイルがとおらない例外。Exception はチェック例外になる

Android の公式資料で例外の説明を見ても、回復が可能やら不可能やら、何のことかわかりませんね。また、非チェック例外やチェック例外という分類がなぜあるのかもよく見えません。さまざまな疑問があると思いますが、次の項目で各例外をもう少しくわしく見て、どのような実装が適切なのかを考えてみましょう。

■ハンドリングすべき例外を把握する

Android の公式資料では、Error や Exception について回復可能、回復不可能というかんたんな記述しかありません。そこで、Android でなく、Oracle の Java の API リファレンスを見てみましょう。Java の API リファレンス上には以下の記載があります。

- **Error の説明**

  通常のアプリケーションであればキャッチすべきではない重大な問題を示す

- **Exception**

  通常のアプリケーションでキャッチされる可能性のある状態を示す Throwable の形式の１つ

- **RuntimeException**

  JVM の通常の処理でスローすることができる各種の例外のスーパークラス

Exception、RuntimeException は、アプリケーションを使用していて発生する可能性のある例外で、キャッチすれば回復できる可能性があるエラーです。たとえば、通信中に通信状況が悪くなり IOException が発生しても、例外をキャッチすれば、その後に通信状況が改善すると通信が可能になるため、再使用の可能性が見込めます。

Exception は、RuntimeException 以外、基本的にハンドリングする必要があります。もしハンドリングしなければ、コンパイルがとおらないので、強制力があります。そのため、発生し得る箇所を１つ１つハンドリングしなくてはなりません。

RuntimeException は、慎重にプログラミングしていれば回避可能なエラーですから、基本的にはハンドリングしなくてよいエラーです。発生し得る箇所をすべてハンドリングしていたら、プログラムの流れもわかりにくくなってしまいます。

一方、Error は、キャッチすべきでない重要な問題との記載があります。そうしたエラーの大部分は、発生した際にアプリが異常状態となり、たとえキャッチしても復帰は見込めません。そのため Error は、アプリではキャッチするものではない例外（非チェック例外）となっていると思われます。Error は、そもそも絶対に起きてはならない異常な状態ですから、基本的にハンドリングしないのが基本スタンスと考えてよいと思います。

上記の方針をかんたんにまとめると、以下のようになります。

- **Error**
  基本的にハンドリングしない。しかし継続動作できない可能性がある場合はハンドリングする。特に Android の場合は、要所でハンドリングする必要がある
- **Exception**
  必ずハンドリングする。しないとコンパイルがとおらない
- **RuntimeException**
  基本的にハンドリングしない。基本的にはプログラムでケアすることが大切。ただし Android の場合は、要所でハンドリングする必要がある

しかし、Android 上のアプリでは、この方針に合わない場合がいくつかあります。

たとえば、画像処理などでヒープメモリが足りなくなった時に、Errorが頻繁に発生することがあるので、異常な状態であっても対応する必要があります（3.3「メモリ不足を解消するには」を参照）。

また、RuntimeExceptionの中でも、ハードウェア依存で発生するUnsupportedOperationExceptionには対処が必要になります。カメラのオプションなどは機種によってUnsupportedOperationExceptionが発生します。しかし、機種を判定してUnsupportedOperationExceptionが発生しないよう実装するのは現実的ではありません。そこで、このような場合には、UnsupportedOperationExceptionをハンドリングして対応することが考えられます。

実装するうえで、どのExceptionをハンドリングすればよいかは、APIリファレンスに記載されています。例として、Google公式サイトのAPIリファレンスで以下のページを見てみましょう。

▼URL　Exceptionの記載例、HttpCookie#parseメソッド

```
http://developer.android.com/reference/java/net/HttpCookie.html#parse(java.lang.
String)
```

Throwsの箇所に以下の例外が記載されています。この2つの例外は発生する可能性があるため、ハンドリングしなければなりません。

- IllegalArgumentException
- NullPointerException

また、Error、Exception、RuntimeExceptionに関するAPIリファレンスは以下のURLに示してあります。「Known Indirect Subclasses」にさまざまな例外の説明が記載されているので、それらを読んでおくと、例外が発生した際にプログラムのどの部分でエラーが起こっているか予想できるようになり、例外対処に強くなれます。

▼URL　Error | Android Developers

```
https://developer.android.com/reference/java/lang/Error.html
```

▼**URL**　Exception ｜ Android Developers

`https://developer.android.com/reference/java/lang/Exception.html`

▼**URL**　RuntimeException ｜ Android Developers

`https://developer.android.com/reference/java/lang/RuntimeException.html`

28 メインスレッドを強制終了させない

Androidは、アプリケーション用にスレッドを1つ作成します。それをメインスレッドと呼びます。もしメインスレッド内でErrorやRuntimeExceptionなど予期せぬエラーが発生すると、アプリケーションは落ちてしまいます。

「setUncaughtExceptionHandler」を使用すると、メインスレッドで発生した例外をハンドリングできます。前述したRuntimeExceptionは、プログラムでケアしましたが、アプリの作成者は人間ですから、どうしてもケアレスミスが起こってしまいます。

そこで、メインスレッド上にsetUncaughtExceptionHandlerを仕込むことで、原因を発見し、予期せぬ動作が起こった場合の処理を記載できます。ActivityのonCreateに以下の処理を記載することで、エラーをハンドリングできます。

▼**リスト** setUncaughtExceptionHandlerを使う

```
Thread.currentThread().setUncaughtExceptionHandler(new ↵
 UncaughtExceptionHandler() {
    @Override
    public void uncaughtException(Thread thread, Throwable ex) {
    }
});
```

29 例外を考慮してメソッドを選ぶ

そもそも例外が発生しないメソッドを選ぶことも、エラー対策の1つといえます。「java.util.Queue」インターフェースには、removeとpollの2つのメソッドがあります。これらは同じ機能で、例外をスローするか否かのみが違います。そこで、java.util.Queueを使用する場合に、removeメソッドでなくpollメソッドを利用するとエラーを避けられます。removeはキューが空の場合にNoSuchElement Exceptionが発生することがありますが、pollの場合はnullが返却されるため、例外のケアは必要ありません。

以下の例では、Queueに「taro」という名前を追加して、removeで取り出しています。一度目の取り出しはtaroが入っているため、成功しますが、二度目の取り出し時に例外が発生します。

▼リスト　二度目で例外が発生する

```
ArrayBlockingQueue<String> nameQueue = new ArrayBlockingQueue<String>(5);
nameQueue.add("taro");
String name = nameQueue.remove();
// ここで例外が発生する
name = nameQueue.remove();
```

そのため、以下のようにpollを使用すると、Queueの中身に関係なく、例外は発生しないようになります。

▼リスト　pollを使用する

```
ArrayBlockingQueue<String> nameQueue = new ArrayBlockingQueue<String>(5);
nameQueue.add("taro");
String name = nameQueue.poll();
// ここで例外は発生しない
name = nameQueue.poll();
```

このように、なるべく例外が発生しないようなメソッドを使用することで、例外から強制終了をすることを未然に回避できます。

なお、NoSuchElementExceptionを発生させて原因箇所をつかみやすくするなど、エラーハンドリングに対する「方針」がある場合は、removeを使用するケースもあります。

30 初期化を考慮する

Androidは多くのアプリを端末上で同時に動かすために、さまざまなメモリの制限があります。その1つに「LowMemoryKiller」があります。これは、メモリが不足しそうになった時に、プロセスをkillして、事前にメモリを確保しようとする機能です。

また、Linuxには特定の機能を使用する際にメモリが不足していると、不要なプロセスをkillして、不足分を確保する機能「OOM Killer」があります。AndroidでもこのOOM Killerは健在なので、メモリが少ない場合にはアプリがkillされる可能性があります。そこで、メモリの制限を受けた時に、アプリの動作が不安定にならないように正しく対処する必要があるのです。

■ 変数が初期化されてしまう

Androidは、メモリが足りなくなった場合に、使用していないプロセスをLowMemoryKillerでkillします。たとえば、アプリを使用している途中にホームキーなどでアプリをバックグラウンドに遷移させ、別の処理を行い、リソース不足が発生したとします。すると、バックグラウンドのアプリはプロセスをkillされ、変数に保持している値も解放されます。次にそのアプリを呼び出した時には、アプリを構成するクラスが再度クラスローダから実行され、メモリ上に展開されます。Androidアプリを含め、Javaアプリは起動時にクラスローダでメモリ上に展開され、以後、そのメモリ上に展開されたデータで動作します。

このため、kill前にメモリに展開していた値は、kill後に初期化されてしまい、正しく対策していないとアプリが意図しない動作をすることになります。その際、おもに以下の2点が大きな問題となります。

- 変数が初期化されてしまい、次回の起動で画面の値がクリア状態になっている
- 一時的なデータをstatic変数などで保持できない

■ SharedPreferenceを利用する

アプリを開発していると、起動している間だけ使用するアプリ内の各要素

（Activity や Service など）間で「共有のキャッシュ」を作りたいことがあります。その際に、static 変数を使用すると、いったん kill された時に再ロードされ、static 変数の値も初期化されてしまいます。そのため、永続的に保持したいデータは、必ず、変数ではなく、SharedPreference などに値を持たせることになります。

たとえば以下のようなソースがあるとします。

▼リスト　static 変数を使用

```
public class StaticTest {
    public static String testString;
}
```

アプリの１次データを保持して使いまわしていると、プロセスが kill されて testString の値が初期化されることがあります。

そこで、永続的に保持したい値は、以下のように SharedPreference でファイルに保存すると、初期化されずに済みます。

▼リスト　値を保持したい時

```
public class StaticTest {
    public static String getString() {
        SharedPreferences prefs =
              getSharedPreferences("myprefs", Context.MODE_PRIVATE);
        retrun prefs.getString("test");
    };

    public static String setString(String str) {
        SharedPreferences prefs =
              getSharedPreferences("myprefs", Context.MODE_PRIVATE);
        SharedPreferences.Editor editor = prefs.edit();
        editor.putString("test", str);
        editor.apply();
    };

}
```

■ final を使用する

static 変数を使用した際には、初期化された場合に null が初期値に入り、それを参照してアプリが落ちる場合があります。

たとえば以下のようなソースがあるとします。

▼リスト　テスト用のソース

```
public class StaticTest {
    private static String testString;
    public void test() {
        testString = "TEST";
    }
}
```

test() を実行後、testString には TEST という文字列が入ります。しかし、メモリが足りなくなり、StaticTest クラスがメモリ上から削除されてしまった場合、クラスロードにより変数が初期化されます。そのため、次回、使用する際には、testString に null で初期化された状態になります。そこで、static を使用する場合は、final を使用して、クラスが再ロードされても初期値が入るようにすることがアプリを正しく動作するために大切です。

▼リスト　final を使用する

```
public class StaticTest {
    private final static String testString = "TEST";
}
```

上の書き方であれば、StaticTest クラスがメモリ上から削除されてしまった場合でも、次に使用する際に testString に TEST が入ります。

31 不要なオブジェクトは破棄する

Javaでは、プラットフォームからリソースが確保できない場合に、無駄なリソースを解放するために「GC」(Garbage Collection)の処理が走ります。GC後にも十分にメモリを確保できない時には、Errorを継承した「OOM」(OutOfMemory) Errorという例外がスローされます。

そのため、不要になったオブジェクトを、GCの対象になりやすくするための対策が必要になります。

■ OOMはいつ発生するか

前述のErrorは回復ができないエラーで、起きてはならない異常な状態ですが、実際にAndroidを使用しているとさまざまな場面でOOMと遭遇します。OOMが発生するケースとして、サイズが可変なファイルを正しく処理できない場合や、メモリが解放されない場合や、オブジェクトを大量に持たせた場合が多く見受けられます。たとえば、以下のようなケースがあります。

- カメラから写真を撮ってBitmap形式に変換する場合
- Bitmapのrecycleを実行していない場合(Android 3.0より前の端末)
- オンメモリに画像を展開している場合
- 大量のファイルを扱うために大量のFileオブジェクトを生成した場合
- 画像をリサイズした場合
- 容量が大きいファイルを読み込んだ場合

この項ではオブジェクトを大量に扱いたい場合に関して解説します。

■ 不要になったオブジェクトを削除する

メモリ不足に陥らないためには、不要なオブジェクトの参照をなくすことが大切です。また、OOMを起こさないようにするためには、極力、不要なオブジェクトを生成しないようにします。

しかしアプリによっては、大量のオブジェクトが必要な場合もあるでしょう。

たとえば、画像ビューアアプリは、不特定多数の画像データを扱う必要があります。その際に、全画像データをメモリに保持するとOOMが発生するため、表示中の画像など、必要な分だけのデータを保持するようにします。しかし、この場合、表示のたびに読み込みが発生し、処理速度が遅すぎる問題が発生します。そこで、前後の画像のみをキャッシュするなどの対処をすると、今度はキャッシュした画像でまたOOMが発生する可能性が出てきます。

このような問題に対処するためには、LruCacheを利用したデータキャッシングが考えられます。LruCacheを使用して画像を管理すると、参照がなくなった時点でGCの対象になりやすくなり、メモリ不足になりやすい状況を回避してくれます。

LruCacheを使用する際にはまず、キャッシュで使用できるバイト数の範囲を決めます。

▼リスト　LruCacheを使用する

```
int cacheSize = 4 * 1024 * 1024; // 4MiB
  LruCache bitmapCache = new LruCache(cacheSize) {
      protected int sizeOf(String key, Bitmap value) {
          return value.getByteCount();
  }
}
```

次に、HashMapと同じようにget、put、removeなどのメソッドを使用して、コンテンツを操作します。

▼リスト　コンテンツを操作する

```
synchronized (cache) {
    if (cache.get(key) == null) {
        cache.put(key, value);
  }
}
```

もし容量を超えた場合は、自動的にキャッシュの中身を削除してくれます。Lru（Least Recently Used）なので、使われていないものから削除されます。

LruCache以外にも、AndroidのサポートライブラリにふくまれているViewPagerは、表示範囲外のデータを破棄したりキャッシュの範囲を決められたりする機能を備えています。このようなAPIを使用するのも、メモリ不足を回避する1つの手になります。

ViewPagerのサンプルは以下にあります。

▼**URL** ViewPager | Android Developer

`https://developer.android.com/reference/android/support/v4/view/ViewPager.html`

32 画像のメモリリークを防ぐ

画像を使用すると、OOM（OutOfMemory）が発生する可能性が高くなります。また、Bitmapオブジェクトは AndroidのOSバージョンによって扱い方に違いがあります。

Android 2.3以降、Bitmapオブジェクトがrecycle()メソッドを呼ばない場合、ネイティブのメモリに残ります。その際、ImageViewを使用している時には、setImageDrawable(null)を実行して参照しているBitmapを解放しないと例外が発生します。気をつけてください。

Android 3.0以降では、実装が変わり、Bitmapオブジェクトを使用してもネイティブのメモリを使用することがなくなり、finalizeのタイミングでJavaヒープを解放してくれます。そのため、Bitmap変数にnullを代入するだけで大丈夫です。

■ recycleでメモリリークを防ぐ

Android 2.3の場合は、以下のように、画像が不要になったら必ずrecycleを行うようにします。

▼リスト Android 2.3ではrecycleを行う

```
// Bitmap作成
Bitmap bitmap =
    BitmapFactory.decodeResource(getResources(), R.drawable.icon);

// 不要になった場合
bitmap.recycle();
```

こうすることで、ネイティブのメモリリークを防げます。

■ メモリ解放のタイミングに注意する

Bitmapクラスのメモリ解放処理では、finalize処理が呼ばれたタイミングでBitmap.cppのBitmap_destructorが呼ばれ、ここでメモリを解放してくれます。

そのためメモリ解放はGC実行時になりますが、初回GCでは削除されません。二度目以降にfinalizeの対象にならなければならないため、メモリが解放されるタイミングはシステムに依存します。

▼リスト　Bitmapクラスのメモリ解放処理

```
static void Bitmap_destructor(JNIEnv* env, jobject, SkBitmap* bitmap) {
    ===
    省略
    ===
    delete bitmap;
}
```

▼URL　android Git repositories

```
https://android.googlesource.com/platform/frameworks/base/+/android-4.3.1_r1/
core/jni/android/graphics/Bitmap.cpp
```

33 画像サイズが大きい場合

メモリを解放するタイミングはシステムに依存するため、画像を扱う際は、OOM（OutOfMemory）Error を考慮します。画像をリサイズして読み込むメモリ量を少なくするなどの対策が必要になります。

■ ハードウェアに依存する問題を解決する

画像加工系のアプリでは、カメラと連携することがよくあります。カメラを使うと、端末によって異なるハードウェア依存の現象がよく発生します。カメラから画像を取得し、データを読み込む時点で、端末によってはOOMErrorが発生したりしなかったりします。

そこで、すべての端末でアプリを正常動作させるため、次のような対策をします。

BitmapFactory.Optionsを使用すると、画像をメモリに読み込む前に、画像のサイズを縮小し、扱うデータ量を少なくできます。ただし、BitmapFactory.Optionsを使用した画像のリサイズは、1／2、1／4……と、2の倍数単位なので、その点は留意しておく必要があります。また、BitmapFactory.Optionsを使用して読み込み時にリサイズを行ってもOOMが発生する端末もあるため、OOMが出たら、さらにリサイズするなど対策をしてください。

以下はBitmapFactory.Optionsを使用して、OOMErrorが発生しなくなるまで画像のリサイズと読み込みを繰り返すサンプルになります。forループの中は、リトライ回数です。

▼リスト　画像のリサイズと読み込み

```
for (int i = 0; i < 3; i++) {
    try {
        final BitmapFactory.Options opts = new BitmapFactory.Options();
        opts.inSampleSize = scale + i;
        opts.inDensity = metrics.densityDpi;
        opts.inPreferredConfig = Config.ARGB_8888;
        Bitmap  bitmap = BitmapFactory.decodeFile(uri.getPath(), opts);
        break;
    } catch(OutOfMemoryError error) {
```

```
        continue;
    }
}
```

加工した画像を保存する時にも、OOMが発生する可能性はあります。画像データをファイルに書き出す際に、ファイル形式を選べますが、jpeg形式なら圧縮率が高くサイズが小さいため、OOMの発生率は下がります。その代わり、画質が下がることになります。png形式なら画質は保てますが、サイズがjpegに比べて大きくなるため、OOMの発生率は上がるので、画像の縮小率を上げるなどの対処が必要になります。

画像の縮小率はどうするのか、保存形式をjpegにするのかpngにするのかなど、さまざまな要素や状況を考慮しつつ、開発者はどの端末でも、可能な限り最高な画質、画像サイズにしようとOOMと闘うのです。

34 メモリに優しいオブジェクトを考える

不特定多数のファイルがあるフォルダのファイル一覧を取得する際にファイル数が多いと、実装方法によってはOOM（OutOfMemory）が発生する可能性があります。たとえばフォルダ内のファイル一覧を取得し、その分だけFileオブジェクトを使う実装をすると、Fileオブジェクトが大量に生成、保持されるため、OOMが発生する可能性があります。

■ 必要に応じてオブジェクトを生成する

そのような場合は、フォルダ内のファイル一覧取得で都度Fileオブジェクトを生成せず、Stringでファイルパス、ファイル名のみを保持し、必要に応じてFileオブジェクトを生成する実装にします。こうすると、無駄なFileオブジェクト生成が抑止でき、OOMの発生を防ぐことができるのです。

以下のファイルサイズを取得する再帰処理のコードでは、Fileオブジェクトを大量に作成するため、メモリが不足しやすいです。

▼リスト　ファイルサイズを取得するコード

```
private static long calcFileSize(final File target) {
    long fileSize = 0L;
    if (target.isFile()) {
        return target.length();
    } else if (target.isDirectory()) {
        File[] list = target.listFiles();
        for (File file : list) {
            if (file.isFile()) {
                fileSize += file.length();
            } else if (file.isDirectory()) {
                fileSize += calcFileSize(file);
            }
        }
    }
    return fileSize;
}
```

そのため、下記のようにFileオブジェクトではなく、Stringでファイルパスを取得すると、使用するメモリは少しで済みます。

▼リスト　ファイルパスを取得する

```
private static long calcFileSize(final File target) {
    long fileSize = 0L;
    if (target.isFile()) {
        return target.length();
    } else if (target.isDirectory()) {
        String[] list = target.list();
        for (String name : list) {
            File file = new File(target, name);
            if (file.isFile()) {
                fileSize += file.length();
            } else if (file.isDirectory()) {
                fileSize += calcFileSize(file);
            }
        }
    }
    return fileSize;
}
```

35 1つのアプリで複数のヒープを確保する

アプリを作成していると、どうしてもメモリを大量に使用しなければならない場合が出てきます。

Androidではアプリを動かすたびに1つ以上のプロセスが必要になります。プロセスごとに、Dalvik VM上で動作します。

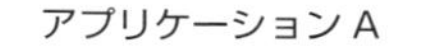

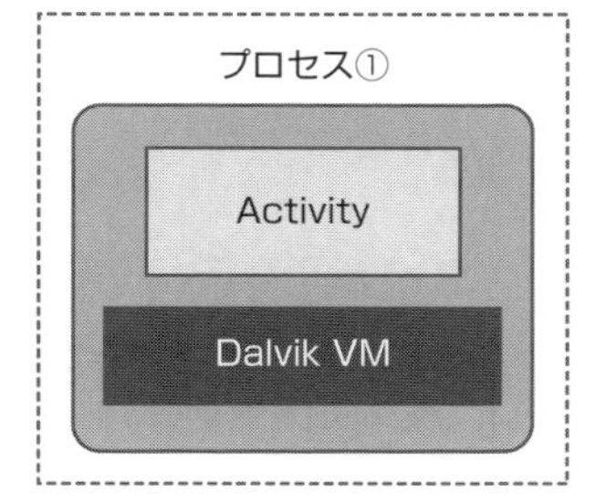

図3.7 アプリごとのプロセス

Androidでは、プロセスごとに「ヒープ」という作業領域がメモリ上に用意されます。ヒープは、実際にプログラムを実行する際に、変数を確保したり、画像データを確保したり、必要なサイズを確保して作業できる領域になります。アプリが画像を大量に作成する際にOOM（OutOfMemory）Errorが発生するのは、ヒープに画像データを展開しきれなくなるからです。

基本的に、メモリ使用量を抑止するようにパフォーマンスチューニングしたり、読み込むデータに制限をかけたり、さまざまな対策をしてヒープを不足しないようにします。ところが、実際にアプリを作成していると、アプリがどうしても大量のメモリを必要とするケースがあります。その場合の対策として、プロセスを分ける方法があります。

■ アプリのプロセスを分ける

アプリは、マニフェストの設定によって、Activity、Service、Broadcast Receiverごとに別プロセスで動かすことができます。このようにすると、プロセスごとにヒープが確保されるため、アプリ全体で使用するメモリを増やすことができるのです。

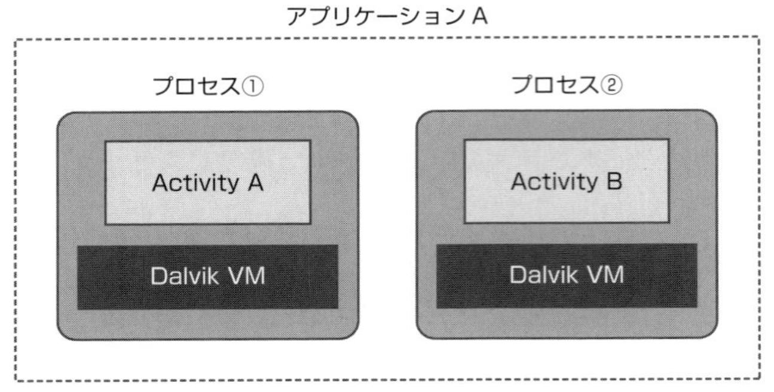

図 3.8 1つのアプリで複数のプロセス

たとえば、ある書籍ビューアのアプリでは、書籍検索後、書籍表示している最中にメモリが足りなくなる問題がありました。そこで、書籍表示の Activity と書籍検索の Activity でプロセスを分けて対応しました。

実際に実装する時は、AndroidManifest.xml の application タグ、activity タグ、service タグ、receiver タグに「android:process=": プロセス名 "」を追加します。以下は、2つ目の Activity を別プロセスにする実装例です。

▼リスト プロセスを分けた書籍ビューアアプリ

```
<application
    android:allowBackup="true"
    android:icon="@drawable/ic_launcher"
    android:label="@string/app_name"
    android:theme="@style/AppTheme" >
    <activity
        android:name="com.example.FirstActivity"
        android:label="@string/app_name" >
        <Intent-filter>
            <action android:name="android.intent.action.MAIN" />
            <category android:name="android.intent.category.LAUNCHER" />
        </Intent-filter>
    </activity>
    <activity
```

```
        android:name="com.example.SecondActivity"
        android:label="@string/app_name"
        android:process=":p2" >
    </activity>
</application>
```


■ デメリットも理解して使いこなす

この方法には「プロセスごとにヒープが確保される」というメリットしかないと思うかもしれませんが、デメリットも存在します。

具体例で見てみましょう。Activity A、B を別のプロセスとした場合、Activity A から Activity B を表示すると、A と B それぞれのプロセスが生成されます。その状態では、Activity A はバックグラウンドプロセスになり、Task キラーなどによってプロセスが強制終了される可能性が高まります。

また、Activity B から Activity A に戻る際に、Activity A のプロセスが存在しなければ、新たに Activity A が生成されます。その場合、Activity A の画面に設定していたデータなどは消えてしまいます。

Activity A の onDestroy でアプリ全体の終了処理などを設定していると、Activity B が生き残っているにも関わらず、Activity A が停止することでアプリ終了処理が走ってしまう可能性があります。

ほかにも、プロセスを分けると、あるクラスに static 変数を持たせて、Activity A、Activity B で共有しようとする際にも影響があります。

メモリ上には、ヒープ領域のほかに、プロセスが終了するまで保持し続けられる静的領域「スタティック領域」があります。スタティック領域は、プロセス単位で存在します。通常、static 変数はスタティック領域に展開されますが、プロセスを分けた場合には、それぞれのプロセスにスタティック領域が存在することになり、プロセスの違う Activity A と Activity B では同じ static 変数を参照できません。つまり、static 変数で値の共有ができなくなるのです。また、static final などで定数を作成する際にも、Activity A、Activity B のプロセスごとで展開されるため、余計なメモリを使用することになります。

36 大量のヒープを確保する

前項では、プロセスを分けて、使用できるヒープを確保すると説明しました。しかし、どうしても1つのプロセス内で多くのメモリを必要としていて、現状よりメモリを削減できない場合があると思います。

Androidでは通常のアプリより大きいヒープを確保できる手段があります。AndroidManifest.xml内のapplicationタグにlargeHeap="true"を記載します。以下は実装例です。

▼リスト　大きいヒープを確保する

```
<application
    android:icon="@drawable/ic_launcher"
    android:label="@string/app_name"
    android:largeHeap="true"
    android:theme="@style/AppTheme" >
    <activity
        android:name="com.example.shoseki.MainActivity"
        android:label="@string/app_name" >
        <Intent-filter>
            <action android:name="android.intent.action.MAIN" />
            <category android:name="android.intent.category.LAUNCHER" />
        </Intent-filter>
    </activity>
</application>
```

このlargeHeap設定は、最初からヒープを確保するものではなく、足りなくなったら新たに大きなヒープを確保します。ヒープが足りなくなったら「Grow heap (frag case) to XXXMB for XXX-byte allocation」というログが出て、新たに大きなヒープを確保します。

▼ログ

```
Grow heap (frag case) to 21.778MB for 8294416-byte allocation
```

メモリを大量に消費するアプリは、システム全体のリソースを圧迫するため、基本的には好ましくありません。そのため、この設定はどうしても大量にヒープを使用する画像ビューアなどの特別なアプリを実装する際の最終手段として使用することをおすすめします。

COLUMN Androidの仮想マシンに期待する

Androidのプログラムは、皆さんがご存じのとおり、基本的にはJavaで書きます。

PCやサーバで動作する一般的なJava仮想マシンの場合、Javaで書かれたソースコードはバイトコードという実行形式にコンパイルされ、生成される多くのclassファイルを1つに固めたjarファイル形式に変換され、実行環境に配備されます。

一方、Androidでは、ファイル形式が少し異なり、多くのJavaソースコードが1つのdexファイルという実行形式にコンパイルされ、リソースなどとあわせてapkファイルに固めて、ダウンロード可能な状態になります。

Androidより以前、携帯電話の上でJavaのプログラムを動作させる大きなチャレンジを実現させたのは、NTTドコモのiモードです。この時代、携帯電話には初期のJava仮想マシンをベースにした「キロバイトレベルのメモリでも動作する」kVMを搭載し、DoJaと呼ばれる独自のプロファイルで幅広い機能をサポートしていました。DoJaは、開始時点ではたった10KBのコードしか実行できなかったのですが、バージョンアップを重ねるごとに、大きなアプリが開発できるようになりました。

Androidの開発が始まったのは、2003年頃と言われています。この頃、DoJaはすでにバージョン3.0になっており、200KBまでのアプリが実行できるようになっていましたが、まだ端末はほとんどがmova（2G）で28.8kbpsの通信速度の時代でした。それでも、携帯電話の内部でJavaが使えることは、大変なブレークスルーでした。

当時、PCやサーバ上の環境と、携帯電話の内部の環境は大きく違ったこともあり、DoJaはJava Micro EditionのCLDCという制限の大きいプロファイルの上に構成されていました。Androidでも同様のジレンマの下、少ないリソースで効率よく動作させるために、独自の仮想マシン環境であるDalvikを開発したと言われています。

Android発売初期のDalvikはたしかにコンパクトでしたが、実行速度は満足のいくものではありませんでした。先に発売されていたiPhoneは、画面を構成するアイコンが指に吸い付くようにキビキビ動作したのに、Androidは思うように動いてくれません。1.0に始まりNougatに至るまで、これまでのAndroidの歴史の半分以上は、軽快に動作することを目的とした性能向上に費やされたと言ってもよいでしょう。

その中でも、プログラムの処理速度の中核である仮想マシンの高速化は、非常に大切なコア技術です。Dalvikはすごい勢いで開発が重ねられ、1.0から2年後になるFroyoではジャストインタイムコンパイラ（JIT）がリリースされ、実行効率が飛躍的に向上しました。JITによる性能向上の効果は2倍〜5倍にも達するとされています。

しかし、この頃には携帯電話が利用できるリソースもかなりPCに近づいてきました。Androidと同じCPU（ARM）上でLinuxサーバなども使われるようになり、JITを搭載しても、Dalvikはサーバ用Java仮想マシンの半分程度の実行効率しかないことがわかってきたのです。

KitKatの技術情報が公開された際、Android開発チームはDalvikに代わるARTという新しい仮想マシンを開発して、KitKatに開発版として搭載してきました。ARTの高速化にはLLVMというコンパイラ基盤の技術が使われています。LLVMはiOSの開発環境にも使われている技術で、プログラム言語から中間コード、中間コードから静的／動的な機械語へプロセスを持っています。このため、多くのプログラム言語、多くの実行処理系、仮想マシンを包括的にカバーして、多層的な最適化を可能にしています。

　今後、スマートフォンだけでなく、あらゆる機器にAndroidが搭載されていくことを想像すると、Androidが採用する仮想マシンへの期待は自然と高まります。これからの展開が楽しみな技術です。

37 Activity強制終了時にデータを保持させる

Android上では、常に複数のアプリやServiceが起動しています。そのため、すべてのアプリやServiceを常時動かすActivityを起動する際にメモリが足りないと、Android OSが優先度の低いプロセスをkillします。そして、Activity起動のためのメモリを確保してくれます。その際に、killされたほうのActivityがメモリに保持していたデータは消えてしまいます。次回起動時に必要な変数なども初期化されるため、killされた場合の対処が必要になります。

■ Activityのライフサイクルを理解する

Androidのライフサイクルでは、バックグラウンドのActivityがフォアグラウンドに戻るパターンが2種類あります。

- Activityがバックグラウンドにいる状態→フォアグラウンドに戻す（onRestartが呼ばれる）→Activityが動く
- Activityがバックグラウンドにいる状態→別のActivityを起動し、メモリが足りなくなる→バックグラウンドのActivityがkillされる（メモリ確保）→フォアグラウンドで起動したActivityを終了する→バックグラウンドでkillされたActivityがフォアグラウンドに戻る（onCreate or onRestoreInstanceStateが呼ばれる）→Activityが動く

また、縦横の画面切り替え時や設定の切り替え時にも、表示されているActivityを削除して、Activityを作り直しています。ほかにもActivityがkillされるパターンとして、以下の考慮が必要になります。

- **言語切り替え時**

  設定→言語

- **フォントスタイル**

  設定→ディスプレイ→フォントスタイル→フォントサイズを変更した場合

- **設定で Activity を保持しない**
  設定→開発者向けオプション→ Activity を保持しないを設定した場合、一度でもバックグラウンドに遷移すると Activity が破棄される

これらの Activity が kill されるパターンでは、onDestroy → onCreate → onStart → onResume の順番でライフサイクルメソッドが呼ばれ、Activity が作り直されます。

■ onSaveInstanceState の使用法

Activity がバックグラウンドに遷移する際は、「onSaveInstanceState」を利用しましょう。ただし、このメソッド内で保存する情報は、UI コンポーネントの状態などに限定してください。永続データを onSaveInstanceState で保存すべきではありません。永続データは onStop、onPause 時にデータベースや SharedPreference などに保存してください。

onSaveInstanceState を実装すると、Activity 破棄時に onPause → onSaveInstanceState の順番で呼ばれます。その後、新規作成時に onCreate の引数の bundle に保存した値が渡されるので、bundle を null 判定して、null でなければ保存したデータを復帰させます。

▼リスト onSaveInstanceState を利用する

```
public class MainActivity extends Activity {
    @Override
    protected void onCreate(final Bundle savedInstanceState) {
        super.onCreate(savedInstanceState);
        setContentView(R.layout.activity_main);
        // 前回Activityが破棄された際に保存した値がある場合は
        // その値をTextViewにセットする。
        if (savedInstanceState != null &&
            savedInstanceState.getString("EDITTEXT_KEY") != null) {
            TextView view = (TextView) findViewById(R.id.textView1);
            view.setText(savedInstanceState.getString("EDITTEXT_KEY"));
        }
    }

    @Override
```

```
    protected void onSaveInstanceState(Bundle saveInstance) {
        super.onSaveInstanceState(saveInstance);
        TextView view = (TextView) findViewById(R.id.textView1);
        saveInstance.putString("EDITTEXT_KEY", view.getText().toString());
    }
}
```

Activityのライフサイクルメソッドは、以下の順序で実行されます。

- **起動時**

  onCreate → onStart → onResume

- **縦横回転**

  onPause → onSaveInstanceState → onStop → onDestroy → onCreate → onStart → onResume

38 Fragment強制終了時にデータを保持させる

Fragmentでも Activity同様にメモリが足りなくなるとプロセスがkillされ、次回起動時に変数などのメモリに保持されていたデータが初期化されます。

Fragmentの場合も、アプリがバックグラウンドに遷移する直前にonSaveInstanceStateが呼ばれます。Fragment内では、onCreateの代わりに、onActivityCreatedまたはonCreateViewになります。

onSaveInstanceStateを実装すると、Fragmentが破棄される時にonPause→onSaveInstanceStateの順番で呼ばれます。その後、新規作成時にonActivityCreatedの引数のbundleに保存した値が渡されるので、bundleをnull判定して、nullでなければ保存したデータを復帰させます。

▼リスト　Fragmentの場合

```
public class FragmentTest extends Fragment {

    @Override
    public void onCreate(Bundle savedInstanceState) {
        super.onCreate(savedInstanceState);
    }

    @Override
    public View onCreateView(LayoutInflater inflater, ViewGroup container,
                             Bundle savedInstanceState) {
        final View root = inflater.inflate(R.layout.fragment_main, container);
        root.findViewById(R.id.button).setOnClickListener(new OnClickListener() {
            @Override
            public void onClick(View v) {
                TextView text = (TextView) root.findViewById(R.id.textView1);
                text.setText("change");
            }
        });

        if (savedInstanceState != null
            && savedInstanceState.getString("EDITTEXT_KEY") != null) {
```

```
            TextView view = (TextView) root.findViewById(R.id.textView1);
            view.setText(savedInstanceState.getString("EDITTEXT_KEY"));
        }
        return root;
    }

    @Override
    public void onSaveInstanceState(Bundle savedInstanceState) {
        super.onSaveInstanceState(savedInstanceState);
        TextView view = (TextView) getView().findViewById(R.id.textView1);
        savedInstanceState.putString("EDITTEXT_KEY", view.getText().toString());
    }
}
```

Fragmentの場合、ライフサイクルメソッドは以下の順序で実行されます。

- **起動後**
  onAttach → onCreate → onCreateView → onActivityCreated → onStart → onResume

- **切り替え後**
  onPause → onSaveInstanceState → onStop → onDestroyView → onDestroy → onDetach → onAttach → onCreate → onCreateView → onActivityCreated → onStart → onResume

Fragmentの場合、より多くのメソッドが呼ばれるため、より細かい制御が求められます。

39 データの共有方法を考える

Android アプリ開発時、アプリが起動してから終了するまでの間、メモリにデータを保持し、コンポーネント間で使いまわしたいといったケースがあります。Activity 間であれば、Intent の putExtra メソッドを活用してデータを共有することも可能ですが、多くの Activity や Service の間で同じデータを持ちまわりたい場合は各コンポーネントに同じような処理や変数を用意したり、onSaveInstanceState 時の保存を考慮する必要があったり、多く処理を実装しなけばなりません。

そこでデータの共有方法として、Android の Application クラスを使う方法があります。Application クラスのインスタンスはその名のとおりアプリ自体に紐付いており、アプリの起動から終了（タスクでアプリを破棄されたりプロセスが終了する）まで存在し続けます。この Application のライフサイクルがポイントで、Activity や Service は OS のメモリが逼迫した際に破棄される可能性があるのに対し、Application は何か 1 つでもコンポーネントが存在する間は破棄されることがありません。

以下は Application を継承した独自クラスに共有データの変数を持たせて、各コンポーネントから呼び出す実装例です。

▼リスト Application を継承した独自クラスの実装

```
public class MyApplication extends Application {

    private String data = null;

    public String getData() {
        return data;
    }

    public void setData(String data) {
        this.data = data;
    }
}
```

▼**リスト**　独自 Application を設定（AndroidManifest.xml 内で application タグの name 属性に MyApplication を指定する）

```
<application
    android:icon="@mipmap/ic_launcher"
    android:name=".MyApplication"
    android:theme="@style/AppTheme">
    // 省略
</application>
```

▼**リスト**　共有データ呼び出し方法（アプリ内のどの Activity、Service からでも利用可能）

```
MyApplication application = (MyApplication) getApplication();
String data = application.getData();
```

このように共有データを Application に持たせることができますが、何でも Application に詰め込んでしまうと、パフォーマンスが低下する、Application の実装量が多くなり可読性が下がる、といった悪影響が出る可能性があります。そのため、何のデータを Application クラス上で共有するかはしっかりと検討する必要があります。

第4章

ユーザーにストレスを感じさせないアプリを作る

40 ユーザーに状況を伝える

アプリ上のすべての処理が瞬時に完了する、超サクサクなアプリが作れたらすばらしいのですが、携帯端末はリソースも少なく、処理速度もそこまで速くないので、どうしても特定の処理に時間がかかってしまいます。画像の変換、暗号化処理、データベースへの大量のレコード挿入、大きいデータのダウンロード、いずれもそれなりに時間のかかる処理です。

いかに処理を効率化するかという面も、開発者としては腕の見せどころですが、限界はあります。たとえばスペックの低いサーバと通信する時、どんなにAndroid アプリ側で努力しても、通信処理にかかる時間は短縮できません。

ユーザーは待たされることにストレスを感じます。しかし、それ以上に「いつまでかかるのかわからない」「今、何がどうなっているのかわからない」という情報の不足に強いストレスを感じます。

身辺を見回してみると、ストレスを減らすため、横断歩道には信号が変わるまでの待ち時間を表示してくれる信号機もあります。それと同様に、Android アプリでも極力ユーザーに状況を示して、待ち時間のストレスを軽減しましょう。

Android で処理の進み具合を表示するコンポーネントには、「ProgressDialog」があり、以前は利用しているアプリをよく見かけました。しかし、ProgressDialog はダイアログ表示中にUI 操作ができなくなるため、現在は「ProgressBar」の利用が推奨されています。

▼ **URL** ダイアログ実装ガイドライン

`https://developer.android.com/guide/topics/ui/dialogs.html`

ProgressBar も ProgressDialog 同様、「くるくる」や「ぐるぐる」と呼ばれる円のアニメーションを表示するタイプと、水平な線を表示するタイプ（progressBarStyleHorizontal）があります。レイアウト XML 内で ProgressBar タグの style 属性を設定することで円か線かを指定します。

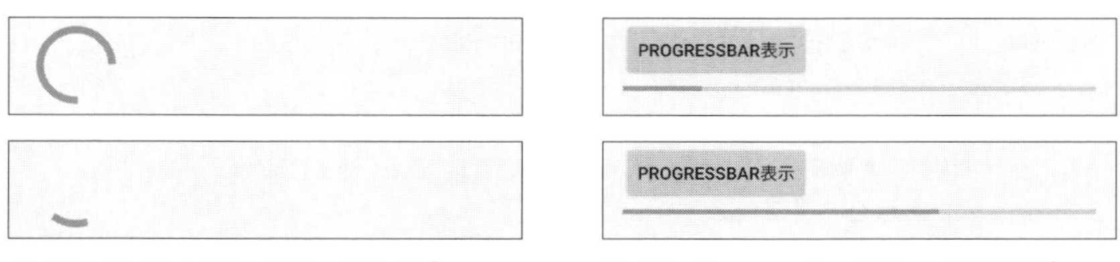

図 4.1 ProgressBar 表示・円タイプ　　**図 4.2** ProgressBar 表示・水平タイプ

▼リスト xml 内指定・以前のデザイン

```
style="@android:style/Widget.ProgressBar.Horizontal"
```

▼リスト xml 内指定・円

```
style="?android:attr/progressBarStyleLarge"
```

▼リスト xml 内指定・水平

```
style="?android:attr/progressBarStyleHorizontal"
```

円のタイプは「処理中」であることしか表現できず、「何パーセントまで進んだか」は表せませんが、水平のタイプは表示設定次第で進捗率も表現できます。進捗率を表さない場合、同じアニメーションが繰り返し表示されるだけなので、いつ処理が終わるのかわかりません。結局ユーザーはストレスを感じてしまう可能性がありますが、表示しないよりは断然ユーザーフレンドリーな画面であるといえるでしょう。

ユーザーには、できるだけ「あとどれぐらいで処理が終わるか」を見せたほうがよいので、「全体の処理のうち何パーセントが完了しているか」を表示するのが望ましいです。たとえば、画面上に表示する画像を取得するために通信を行う場合、取得する画像数が決まっていれば、ProgressBar の進捗率を取得数にあわせて更新できます。以下は ProgressBar を更新する例です。ボタンを押すと ProgressBar が表示され、6 段階で進捗率を表示します。

▼リスト ProgressBar の実装

```
public class MainActivity extends AppCompatActivity {
    private static final int MAX_LOOP = 6;      // 非同期処理内のループ数
    private ProgressBar mProgressBar = null;

    @Override
```

```
protected void onCreate(Bundle savedInstanceState) {
    super.onCreate(savedInstanceState);
    setContentView(R.layout.activity_main);
    mProgressBar = (ProgressBar)findViewById(R.id.progressBarHor);
    // 初期状態ではプログレスバーを非表示に
    mProgressBar.setVisibility(View.GONE);
    mProgressBar.setIndeterminate(false);
    mProgressBar.setMax(MAX_LOOP);
    // ボタンの処理：非同期処理を開始する
    findViewById(R.id.button1).setOnClickListener(new View.OnClickListener() {
        @Override
        public void onClick(View v) {
            // プログレスバーを更新する非同期処理を開始
            new MyTask().execute();
        }
    });
}
class MyTask extends AsyncTask<Void, Integer, Void> {
    @Override
    protected void onPreExecute() {
        super.onPreExecute();
        mProgressBar.setProgress(0);    // プログレスバーの状態をリセット
        mProgressBar.setVisibility(View.VISIBLE);
    }
    @Override
    protected Void doInBackground(Void... params) {
        for(int i = 0; i <= MAX_LOOP; ++i){
            publishProgress(i); // onProgressUpdate()にループ数を渡す
            try{
                // ダミー処理。実際はここでダウンロードなどの処理を実装する
                Thread.sleep(500);
            }catch(Exception e){}
        }
        return null;
    }
    @Override
    protected void onProgressUpdate(Integer... values) {
        super.onProgressUpdate(values); // ProgressBarの表示を更新する
        // プログレスバーの進捗状態を進める
        mProgressBar.setProgress(values[0]);
```

```
        }
        @Override
        protected void onPostExecute(Void aVoid) {
            super.onPostExecute(aVoid);
            // 非同期処理終了、ProgressBarを消す
            mProgressBar.setVisibility(View.GONE);
        }
    }
}
```

進捗率の表示はユーザーのストレスを軽減するだけでなく、開発時にも処理のボトルネックを見つけるのに役立ちます。複数通信を行う処理であれば「×番目の通信だけ非常に時間がかかる」ことがわかりますし、データベース処理であれば「×番目のレコードを取得した後の処理が重い」など、性能の悪い箇所を特定するのに役立つでしょう。

なお、ProgressBarのsetMaxメソッドはアニメーション開始後にも実行できます。たとえば最初は10回通信する予定だったのが、ステータスが変わって合計15回通信することになったら、「setMax(15)」とすれば、ProgressBar上の進捗表示も更新されます。処理終了時間が途中で延びるのは、ユーザーにとってはうれしくないことなので、そうならない設計が望ましいですね。

41 ProgressBar以外の方法で進捗を表示する

ProgressBarのアニメーションでも非同期処理の進み具合が表示できますが、シンプルにTextViewなど画面上のコンポーネントに進捗を表示する実装も考えられます。以下は、画面上に処理状態を表示するラベルが1つ、ボタンが1つだけのシンプルなアプリです。ボタンをタップすると非同期処理が開始し、画面上に処理の進み具合が表示されます。ProgressBarのアニメーションと違い、具体的に数値などで「1/10、2/10、3/10…」といった表現ができるので、より明確に進み具合がユーザーに伝わります。

▼リスト 進捗をアニメーションでなく文字で表示

```
public class MainActivity extends Activity {
    TextView label = null;
    MyTask myTask = null;
    int counter = 0;
    private static final int MAX_LOOP = 12;    // 非同期処理内のループ数

    protected void onCreate(Bundle savedInstanceState) {
        super.onCreate(savedInstanceState);
        setContentView(R.layout.activity_main);
        // 画面上のTextViewを取得する。ここにAsyncTaskの実行結果を表示する
        label = (TextView)findViewById(R.id.textView1);
        // ボタンの処理：非同期処理を開始する。
        findViewById(R.id.button1).setOnClickListener(new OnClickListener(){
            public void onClick(View view) {
                new MyTask().execute();
            }
        });
    }
    class MyTask extends AsyncTask<Void, Integer, Void> {
        @Override
        protected Void doInBackground(Void... params) {
            try{
                for(int i = 0; i < MAX_LOOP; ++i){
```

```
                Thread.sleep(500);
                publishProgress(i + 1);    // 画面上のlabelを更新する
            }
        }catch(InterruptedException e){
        }
        return null;
    }
    @Override
    protected void onProgressUpdate(Integer... values) {
        super.onProgressUpdate(values);
        label.setText("処理：" + values[0] + "/" + MAX_LOOP);
    }
    @Override
    protected void onPostExecute(Void result) {
        super.onPostExecute(result);
        label.setText("非同期処理終了");
    }
  }
}
```

このプログラムでは、画面でユーザーに非同期処理の状態を表示しています。しかし、そもそも処理の状態を見せる必要がない場合、つまり非同期処理がUIとまったく関わらない時には、AsyncTaskではなく、IntentServiceなど、より適した機能の利用を検討しましょう（第3章、第6章を参照）。

42 スプラッシュ画面をデータロードに利用する

アプリ起動時にアプリのタイトルロゴやアニメーションなどを表示するだけの画面を「スプラッシュ画面」と呼びます。アプリやメーカーのブランドを強調する目的でスプラッシュ画面を実装するアプリがあります。

多くの場合、スプラッシュ画面はユーザーに嫌われる存在です。「起動するたびに毎回同じアニメーションを表示しなくていいから、早くアプリを使わせてくれ」と感じるユーザーは多いでしょう。しかし、使うタイミングや表示する内容をうまく工夫すれば、むしろユーザーのストレスを軽減できます。

たとえば、アプリインストール後の初回起動時だけ、さまざまなリソースの準備に時間がかかるアプリであれば、そのリソース準備処理を非同期で行いつつ、画面上にアプリのロゴやかんたんな説明を表示するといった処理が考えられます。アプリを初めて使う時であれば、ユーザーはアプリの説明を読むでしょうから、その時間を有効活用して、裏でさまざまな処理を行うことで、ユーザーの待ち時間を減らすことができます。

かんたんな実装例を見てみましょう。初回起動時に表示するスプラッシュ画面（SplashActivity.java）と、通常起動時に表示するメイン画面（MainActivity.java）を用意します。メイン画面のonCreate()メソッド内で、初回起動かどうか（初期化処理が済んでいるかどうか）を判定し、初回起動であればスプラッシュ画面を表示します。スプラッシュ画面側では、表ではアニメーションを表示し、裏で初期化処理を行います。初期化処理が完了したら、メイン画面を表示します。

ではまず、メイン画面のレイアウトxmlとJavaソースを見てみましょう。

▼**リスト**　メイン画面のレイアウトxml

```
<RelativeLayout xmlns:android="http://schemas.android.com/apk/res/android"
    xmlns:tools="http://schemas.android.com/tools"
    android:layout_width="match_parent"
    android:layout_height="match_parent"
    android:paddingBottom="@dimen/activity_vertical_margin"
    android:paddingLeft="@dimen/activity_horizontal_margin"
    android:paddingRight="@dimen/activity_horizontal_margin"
    android:paddingTop="@dimen/activity_vertical_margin"
```

```
    tools:context=".MainActivity" >
    <TextView
        android:layout_width="wrap_content"
        android:layout_height="wrap_content"
        android:text="@string/hello_world" />
</RelativeLayout>
```


これは、Android Studio で Android プロジェクトを作成した時に生成されるデフォルトの xml です。Activity には、初回起動かどうかを判定する処理が入っています。

▼**リスト**　メイン画面の Activity 実装

```
package com.example.splashsample;
import android.os.Bundle;
import android.app.Activity;
import android.content.Intent;
import android.content.SharedPreferences;
public class MainActivity extends Activity {
    @Override
    protected void onCreate(Bundle savedInstanceState) {
        super.onCreate(savedInstanceState);
        // SharedPreferenceからフラグを取得。
        // 初期化処理が完了しているかを判定する。
        SharedPreferences prefs = getSharedPreferences("settings",
                                  Activity.MODE_PRIVATE);
        // 初期化できていない場合
        //スプラッシュ画面に遷移し、スプラッシュ画面表示中に初期化する。
        if(!prefs.getBoolean("initFlg", false)){
            Intent splashIntent = new Intent(MainActivity.this,
                                     SplashActivity.class);
            startActivity(splashIntent);
            finish();
        }else{
            setContentView(R.layout.activity_main);
        }
    }
}
```

次はスプラッシュ画面です。画面上にTextViewを4つ配置し、そのうちの3つでアニメーションを行います。

▼リスト スプラッシュ画面のレイアウトxml

```
<?xml version="1.0" encoding="utf-8"?>
<RelativeLayout xmlns:android="http://schemas.android.com/apk/res/android"
    android:layout_width="match_parent"
    android:layout_height="match_parent" >
    <TextView
        android:id="@+id/textView1"
        android:layout_width="wrap_content"
        android:layout_height="wrap_content"
        android:layout_alignParentTop="true"
        android:layout_centerHorizontal="true"
        android:layout_marginTop="90dp"
        android:text="Splash" />
    <TextView
        android:id="@+id/textView2"
        android:layout_width="wrap_content"
        android:layout_height="wrap_content"
        android:layout_below="@+id/textView1"
        android:layout_centerHorizontal="true"
        android:layout_marginTop="40dp"
        android:text="このアプリは…"
        android:textAppearance="?android:attr/textAppearanceMedium" />
    <TextView
        android:id="@+id/textView3"
        android:layout_width="wrap_content"
        android:layout_height="wrap_content"
        android:layout_below="@+id/textView2"
        android:layout_centerHorizontal="true"
        android:layout_marginTop="40dp"
        android:text="初回起動時だけ…"
        android:textAppearance="?android:attr/textAppearanceMedium" />
    <TextView
        android:id="@+id/textView4"
        android:layout_width="wrap_content"
        android:layout_height="wrap_content"
        android:layout_below="@+id/textView3"
```

```
        android:layout_centerHorizontal="true"
        android:layout_marginTop="40dp"
        android:text="起動に少し時間がかかります。"
        android:textAppearance="?android:attr/textAppearanceMedium" />
</RelativeLayout>
```

ソース内コメントにある程度説明を記しましたが、3つのViewにAlphaAnimationを順番に適用しつつ、並行して別スレッドで初期化処理を行っています。

▼リスト　スプラッシュ画面のActivity実装（初期化処理を含む）

```
package com.example.splashsample;
import android.app.Activity;
import android.content.Intent;
import android.content.SharedPreferences;
import android.os.Bundle;
import android.util.Log;
import android.view.View;
import android.view.Window;
import android.view.animation.AlphaAnimation;
import android.view.animation.Animation;
import android.view.animation.Animation.AnimationListener;
public class SplashActivity extends Activity {
    private static final String TAG = "SplashActivity";
    private View[] labels = new View[3];
    private AlphaAnimation animation = null;
    private int animationNo = 0;
    @Override
    protected void onCreate(Bundle savedInstanceState) {
        super.onCreate(savedInstanceState);
        requestWindowFeature(Window.FEATURE_NO_TITLE);
        animation = new AlphaAnimation(0.1f, 1);    // 透過の設定。
        animation.setDuration(3000);    // 1アニメーションにかかる時間。
        animation.setAnimationListener(new AnimationListener(){
            // アニメーション終了時の処理。
            // 必要に応じて次のアニメーションを開始する。
```

```
        public void onAnimationEnd(Animation animation) {
            // アニメーションを停止。
            labels[animationNo].setAnimation(null);
            // 次のViewにアニメーション設定する。
            ++animationNo;
            if(animationNo < labels.length){
                // 見える状態にして…
                labels[animationNo].setAlpha(1);
                // …アニメーション開始。
                labels[animationNo].startAnimation(animation);
            }
        }
        public void onAnimationRepeat(Animation animation) {
        }
        public void onAnimationStart(Animation animation) {
        }
    });
    setContentView(R.layout.activity_splash);
    // アニメーション
    labels[0] = findViewById(R.id.textView2);
    labels[1] = findViewById(R.id.textView3);
    labels[2] = findViewById(R.id.textView4);
    for(int i = 1; i < labels.length; ++i){
        labels[i].setAlpha(0);    // 一旦完全に透明にして、見えないようにする。
    }
    labels[0].startAnimation(animation);
    // 画面上のアニメーションと並行して、
    // 時間のかかる初期化処理を別スレッドで行う。
    new Thread(new Runnable(){
        public void run(){
            // 時間のかかる処理。
            for(int i = 0; i < 10; ++i){
                Log.v(TAG, "processing:" + i);
                try{
                    Thread.sleep(1000);
                }catch(Exception e){
                }
            }
```

```
                // 初期化処理が終わったことを、SharedPreferencesに記録する。
                SharedPreferences prefs = getSharedPreferences("settings",
                                                Activity.MODE_PRIVATE);
                SharedPreferences.Editor editor = prefs.edit();
                editor.putBoolean("initFlg", true).commit();
                // 全Viewのアニメーションを止める。
                for(int i = 0; i < labels.length; ++i){
                    labels[i].setAnimation(null);
                }
                // メイン画面に遷移する。
                startActivity(new Intent(SplashActivity.this,
                                            MainActivity.class));
                // スプラッシュ画面のほうは終了する。
                SplashActivity.this.finish();
            }
        }).start();
    }
}
```

43 細かい配慮で処理効率をあげる

実装時のちょっとした配慮で処理効率をあげることができます。Android開発ではたとえば以下のようなコツがあります。

1. オブジェクトの生成を可能な限り減らし、GCの発生を抑制する
2. クラス内のGetter／Setter実装は避け、フィールドアクセスする
3. floatの利用を極力避けてintを使用する
4. メソッドを極力static宣言する

この中でも、4の「メソッドのstatic宣言」は、少し意識するだけで、ソースコードに大きな変更を与えずに適用できます。処理をメソッドに切り出す際、staticにできないか考えてみましょう。

例を見てみましょう。次のリストはボディマス指数を計算するメソッドですが、単純な数値計算なので、迷わずstaticにできます。

▼リスト インスタンスメソッド

```
private double calcBmi(double heightMeter, double weightKg){
    // Body Mass Indexは「体重 / 身長 / 身長」
    return weightKg / heightMeter / heightMeter;
}
```

上記のメソッドにstatic修飾子をつけることで、メソッド呼び出し速度が15〜20%程度速くなることが期待できます（端末状況によるので、必ずではありません）。

▼リスト staticメソッド

```
// 「static」を付けるだけ！
private static double calcBmi(double heightMeter, double weightKg){
    // Body Mass Indexは「体重 / 身長 / 身長」
    return weightKg / heightMeter / heightMeter;
}
```

処理速度を計測したい場合は、Debugクラスと Traceview ツールを組み合わせて性能試験を行ってもよいのですが（第9章参照）、メソッドの開始・終了時間の差分を見るだけでも参考になります。

非常に細かい差であれば、端末起動からの経過時間をナノ秒で取得できるSystem.nanoTime()を使うとよいでしょう。

▼リスト　メソッド呼び出し処理時間を計測する

```
// タイムスタンプをナノ秒で取得
long t = System.nanoTime();
Log.v("speed test", "start calculation");
// 検証するメソッドの呼び出し
double bmi = calcBmi(1.6, 50);
// 処理開始時のタイムスタンプとの差分から経過時間を算出
Log.v("speed test", "elapsed time:" + (System.nanoTime() - t));
```

これらのコツを用いた結果はナノ秒単位の小さな違いかもしれませんが、こういった積み重ねが最終的にアプリ全体のパフォーマンスを向上させます。

44 データの保存タイミングを考慮する

多くのアプリは、何らかの目的でデータを保存します。データの保存先がデータベース、ファイル、SharedPreferences、サーバ、どこであっても、多かれ少なかれ処理に時間がかかります。そして、かかる時間は必ずしも一定ではなく、不確定なものであることを認識するのが重要です。

たとえば、SharedPreferencesにちょっとしたステータスを保存するだけでも、瞬時に処理が終わるとは限りません。Androidのシステム全体の負荷が高い場合には、想定を超える時間がかかる可能性は否定できないのです。もちろん、まれなケースかもしれませんが、そういった状況を想定した実装をしておくのが重要です。

もしくは、サーバにデータを送って、サーバ上でデータを保存する時は、たとえ少ない通信量であっても、通信状況によってかかる時間は大きく変わります。こうした、かかる時間が不確定な処理を極力少なくするよう、アプリ設計時にデータ保存のタイミングを慎重に検討しましょう。

また、短時間で処理が終わったとしても、頻繁にユーザーに処理待ちを強いると、ユーザーはストレスを感じてしまいます。データが更新されるタイミングや、更新される内容、必要とされる鮮度（データの新しさ）を把握し、データ保存は必要最低限の回数で済むようにしましょう。たとえば、GPSで位置情報を取得して記録するなら、「決まった時間間隔で保存する」「位置情報が更新されるたびに保存する」「ある程度の距離を移動したら保存する」「特定数の位置情報がそろったら保存する」「ユーザーが操作したら保存する」など、さまざまなタイミングや頻度が考えられます。データ保存処理を最低限に抑えることは、電池消費の低減にもつながるので、うまく処理の回数を減らしましょう。

具体例を見てみましょう。以下は、GPSの位置情報記録を「位置情報が更新されるたびに保存」か「特定数の位置情報がそろったら保存」の2パターンから選択できるサンプルです。まず、アプリの画面レイアウトですが、位置情報取得の開始・終了用トグルボタンと、記録パターンを選ぶためのスピナーを配置しています。

▼リスト 画面レイアウト

```
<RelativeLayout xmlns:android="http://schemas.android.com/apk/res/android"
    xmlns:tools="http://schemas.android.com/tools"
    android:layout_width="match_parent"
    android:layout_height="match_parent"
    tools:context=".MainActivity" >

    <ToggleButton
        android:id="@+id/toggleButton"
        android:layout_width="wrap_content"
        android:layout_height="wrap_content"
        android:textOff="Toggle Off"
        android:textOn="Toggle On" />

    <Spinner
        android:id="@+id/spinner"
        android:layout_width="wrap_content"
        android:layout_height="wrap_content"
        android:layout_alignLeft="@+id/toggleButton"
        android:layout_below="@+id/toggleButton" />

</RelativeLayout>
```

次は Activity の実装です。

▼リスト メイン画面の Activity 実装

```
public class MainActivity extends Activity implements LocationListener {

    private static final int ON_CHANGE = 0;
    private static final int ON_REC_NO = 1;
    private int saveMode;
    private LocationManager mLocationManager;
    private ArrayList<Location> locationList = new ArrayList<Location>();

    @Override
    protected void onCreate(Bundle savedInstanceState) {
        super.onCreate(savedInstanceState);
        setContentView(R.layout.activity_main);
```

```
// 位置情報取得の準備。
mLocationManager =
   (LocationManager) getSystemService(Context.LOCATION_SERVICE);
// トグルボタンを用意し、位置情報取得をon・offできるようにする
final ToggleButton toggle =
   (ToggleButton) findViewById(R.id.toggleButton);
toggle.setChecked(false);
toggle.setOnCheckedChangeListener(new OnCheckedChangeListener() {
    public void onCheckedChanged(CompoundButton buttonView,
                                 boolean isChecked) {
        if (isChecked) {
            mLocationManager.requestLocationUpdates(
               LocationManager.NETWORK_PROVIDER, 0, 0, MainActivity.this);
        } else {
            if (mLocationManager != null) {
                mLocationManager.removeUpdates(MainActivity.this);
            }
        }
    }
});

// スピナーを用意し、位置情報の記録タイミングを選択できるようにする
ArrayAdapter<String> adapter =
     new ArrayAdapter<String>(this, android.R.layout.simple_spinner_item);
adapter.setDropDownViewResource(
     android.R.layout.simple_spinner_dropdown_item);
adapter.add("位置情報更新時");
adapter.add("10件取得時");
Spinner spinner = (Spinner) findViewById(R.id.spinner);
spinner.setAdapter(adapter);
```

```
        spinner.setOnItemSelectedListener(
            new AdapterView.OnItemSelectedListener() {
            @Override
            public void onItemSelected(AdapterView<?> parent,
               View view, int position, long id) {
                switch (position) {
                case ON_CHANGE:
                    // 位置情報が更新されるたびに保存する
                    saveMode = ON_CHANGE;
                    break;
                case ON_REC_NO:
                    // 位置情報が10件取得できたら保存する
                    saveMode = ON_REC_NO;
                    break;
                default:
                    break;
                }
            }

            @Override
            public void onNothingSelected(AdapterView<?> arg0) {
            }
        });
    }

    @Override
    public void onPause() {
        super.onPause();
        // アプリが非アクティブになったら位置情報の取得を止める
        if (mLocationManager != null) {
            mLocationManager.removeUpdates(this);
            toggle.setChecked(false);
            appendFile();
        }
    }

    @Override
    public void onLocationChanged(Location location) {
        // ArrayListに位置情報を追加
        locationList.add(location);
```

```
        // 保存モードに応じて保存する
        if(saveMode == ON_CHANGE){
            appendFile();
        }else if(saveMode == ON_REC_NO) {
            if (locationList.size() >= 10) {
                appendFile();
            }
        }
    }

    // 以下、未使用リスナーメソッド
    @Override
    public void onProviderDisabled(String provider) {
    }
    @Override
    public void onProviderEnabled(String provider) {
    }
    @Override
    public void onStatusChanged(String provider, int status, Bundle extras) {
    }

    // ファイルに追記するメソッド（ファイル関連処理の記載は省略）
    public void appendFile() {
        // ArrayListに保持している情報の数だけ繰り返し、ファイルに追記していく
        for (Location location : locationList) {
            // 位置情報をファイルに保存する
        }
        // 保存後、ArrayListをクリアする
        locationList.clear();
    }
}
```

図 4.3　データ保存のタイミングを設定するサンプルアプリ

本サンプルは、最大で 10 件しか位置情報を保持しないので、ファイル保存処理が重くなることは考えにくいですが、実際の開発ではファイル保存を別スレッドにして、時間がかかった場合への対策をしておくとよいでしょう。

45 セルラー通信の時は重い通信を避ける

通信を行う場合、基本的にはWi-Fi経由よりもセルラー通信のほうが通信速度が遅く、不安定なため、通信処理にかかる時間が長くなりがちです。通信速度が遅い場合でもユーザーにストレスを与えないよう、Wi-Fiとセルラーで処理を分け、通信経路に応じて通信内容を変えるという対応が考えられます。

セルラー通信の時には、少量のデータだけをやりとりし、通信速度が遅くても素早く処理を完了できるようにします。たとえば、「画像ならサムネイルのみ取得する」「ニュースなら見出しのみ取得する」といったようにレスポンスの内容を切り替えることで、通信量を減らし、処理時間を短くできます。処理を短くすることは電池消費にも密接に関係します。第6章で電池消費を抑える工夫も紹介しているので、参照してみてください。

以下のような処理で通信状態を判定できます。

▼リスト　通信状態を判定する

```
ConnectivityManager connectivityManager =
    (ConnectivityManager) getSystemService(Context.CONNECTIVITY_SERVICE);
NetworkInfo info = connectivityManager.getActiveNetworkInfo();
if (info == null) {
    // 未接続状態
    return;
}
int netType = info.getType();
if (netType == ConnectivityManager.TYPE_WIFI) {
    // Wi-Fi通信中
} else if (netType == ConnectivityManager.TYPE_MOBILE) {
    // セルラー通信中
}
```

ConnectivityManagerを使用する場合は、AndroidManifest.xmlに以下のパーミッションを設定する必要があります。

▼**設定**

```
<uses-permission android:name="android.permission.ACCESS_NETWORK_STATE" />
```

Wi-Fiとセルラー通信で通信内容を切り分けない設計にする場合でも、「Wi-Fiが有効でない時に、ダイアログで注意を促す」といった工夫をすれば、ユーザーに状況を伝えられ、ストレスを軽減できます。

46 エラー発生時にもユーザーを不安にさせない

Androidに限らず、エラーの起きない完璧なアプリケーションは、なかなかありません。エラーが発生すると、「データは保存されているか」「エラーになった後もアプリを使い続けられるか」「エラー直前までの状態に戻せるか」など、ユーザーはさまざまなことを気にしたり、不安に感じたりします。

アプリ開発時は、エラーが起きることを前提にしつつ、いかにエラーをうまく処理するかが重要になります。エラーが発生しても、データをしっかり保護し、データが無事であることをユーザーに表示できれば、ユーザーのストレスを軽減できます。また、エラーの原因やアプリの状態を表示すれば、ユーザーは状況を把握できるので、ある程度不安を軽減できます。

■ 有効なエラーの表示方法を選ぶ

ただし、せっかくエラー内容を細かく表示しても、残念ながらその内容をちゃんと読んでくれるユーザーは非常に少ないのが実情です。「ユーザーはエラーメッセージを読んでくれない」という認識は重要で、サポートセンターは「基本的にユーザーはエラー内容を正確に報告できない」前提でいる必要があります。そこで、以下のような対応を考えます。

- エラー番号を表示し「サポートにこの番号をお伝えください」と指示を強調する
- エラー内容を端末内に保存し、後から確認できるようにする
- エラー内容を端末内に保存し、アプリが正常起動した際に自動的にサーバに送信する

エラーを保存するケースのサンプルソースを見てみましょう。

UncaughtExceptionHandler()を実装することで、catchされていない例外を検出した際に独自のエラー処理を行うことができます。次のサンプルでは、UncaughtExceptionHandler()内で、検出したエラーの内容をファイルに保存しています。エラーでアプリが終了してしまう直前にエラーをファイルに保存し、次回起動時にはそのファイルの内容をダイアログに表示します。そして、ダイア

ログ表示時にエラーファイルを削除し、次回起動時にはダイアログを表示しないようにしています。

▼リスト エラーを保存する

```
public class MainActivity extends Activity {
    private Thread.UncaughtExceptionHandler defaultHandler = null;
    // エラー内容を保存するファイル
    private static final String ERR_FILE_NAME = "errFile.txt";
    FileOutputStream out = null;
    FileInputStream in = null;
    BufferedReader reader = null;
    protected void onCreate(Bundle savedInstanceState) {
        super.onCreate(savedInstanceState);
        setContentView(R.layout.activity_main);
        // ボタンの処理：エラーを発生させる
        findViewById(R.id.button1).setOnClickListener(new OnClickListener(){
            public void onClick(View view) {
                throw new RuntimeException();
            }
        });
        // デフォルトの例外ハンドラへの参照を保存する
        defaultHandler = Thread.getDefaultUncaughtExceptionHandler();
        // 自前の例外処理を定義する
        Thread.setDefaultUncaughtExceptionHandler(new UncaughtExceptionHandler(){
            @Override
            public void uncaughtException(Thread thread, Throwable ex) {
                // ファイルに例外クラス名を保存しておく
                try {
                    out = openFileOutput(ERR_FILE_NAME, Context.MODE_PRIVATE);
                    out.write(ex.getClass().getName().getBytes());
                    out.close();
                } catch (Exception e) {
                    if(out!=null)try{out.close();}catch(Exception ignore){}
                }
                // エラー内容の保存が終わったら
                // 本来の（デフォルトの）例外処理を呼ぶ
                defaultHandler.uncaughtException(thread, ex);
            }
        });
```

```
        // アプリのonCreate時に、前回のエラー記録があるかチェックする
        File errFile = getFileStreamPath(ERR_FILE_NAME);
        // エラーを記録したファイルがあったら
        // ダイアログで表示し、ファイルを削除する
        if(errFile.exists()){
            StringBuilder strBuff =
                new StringBuilder("前回起動時に以下エラーが発生しました。\n");
            try {
                in = new FileInputStream(errFile);
                reader = new BufferedReader(new InputStreamReader(in));
                String line = null;
                while((line = reader.readLine()) != null){
                    strBuff.append(line).append("\n");
                }
                reader.close();
                in.close();
                new AlertDialog.Builder(MainActivity.this)    // ダイアログ表示
                    .setMessage(strBuff.toString())
                    .setPositiveButton("ok", null)
                    .show();
                // ファイルを削除。次回からはダイアログを表示しない
                deleteFile(ERR_FILE_NAME);
            } catch (IOException e) {
                e.printStackTrace();
            }
        }
    }
}
```

このサンプルでは、エラーのクラス名をファイルに格納していますが、エラー種別に応じて何らかの番号を保存しておくのもよいかもしれません。次回起動時のダイアログには「サポートセンターに下記番号をお伝えください」といったメッセージを表示すれば、ユーザーが適切なサポートを受けやすくなります。

このサンプルのようにエラーをユーザーに見せるのでなく、サーバに送る方法を用いるのであれば、ACRA（Application Crash Report for Android）やCrashlyticsといったライブラリ、サービスの採用も検討してみましょう。通信できることが前提となってしまいますが、ユーザーの負担を大幅に軽減できます。

ACRAを利用するには、build.gradleファイルに依存設定を追加して、Application

クラスを継承したクラスにACRAの処理を実装します。実装の難易度も低く、実装にかかる負担も比較的少ないので、非常に便利です。

▼URL ACRA

```
http://www.acra.ch/
```

ACRAを利用する場合はクラッシュレポートを受け取るサーバを用意しますが、自前のサーバでレポートを管理する必要が無い場合は、クラッシュ情報の収集や管理までのサービスを含めた「Crashlytics」のようなクラッシュレポートサービスもあります。こちらも導入は決して難しくないので導入を検討するとよいでしょう。もちろん、エラーが起きないのがベストなのですが。

47 NDKの利用は慎重に判断する

思いつく限りのパフォーマンスチューニングを行っても、思うような処理速度に達しない場合もあるでしょう。処理速度の遅さはレスポンスの悪さに直結するので、ユーザーがストレスを感じる原因になります。また、シューティングゲームや音楽系アプリのように、正確なタイミングが求められるアプリでは、ほんの少しの処理の遅れも許されません。そのような場合は「NDK」(Native Development Kit)を用いたネイティブコード(C/C++)による実装を検討します。

■ NDKの注意点

ネイティブコードで実装したモジュールは、DalvikやARTといったVM上で動作せず、直接Android OS上で動作するため、基本的には処理が速くなります。しかし、Javaで実装されたモジュールからネイティブモジュールの機能を呼び出す際には、必ずオーバーヘッドが発生します。そのため、場合によっては全体的な処理が遅くなることもあります。性能向上にNDKの利用が有効なのは「計算量が多く、かつ長い処理を行う場合」です。細かい処理を何度も呼び出すようなケースでは、NDKの処理速度を活かせないことがあります。

また、NDKを使用すると、ビルドした.apkファイルにネイティブコードで実装したモジュールが含まれますし、対応するCPUの種類分のモジュールを含めることになるので、.apkのサイズが大きくなります。新しいCPUが出た時には、バージョンアップなどの対応も考えなければなりません。日本で発売されている端末は、ARM系のCPUが採用されているので今のところあまり心配する必要はないかもしれませんが、海外端末にはARMでもx86でもないCPUを積んだAndroid端末があります。海外も視野に入れてサービス展開する場合は、NDKを用いることで非対応端末が出てくることを認識しておくべきでしょう。

NDKを利用する有効性を確かめるには、実際に端末で性能テストをする必要があり、検証にかかる工数も考慮しなくてはなりません。

このように、NDKを使えば必ず処理が速くなるとは限らないうえに、まちがいなくプログラムが複雑化します。NDKの利用は「奥の手」と考えておいたほうがよいでしょう。可能であれば使わないほうが賢明です。

COLUMN プロセッサー

スマートフォンという名前はその前から一部で使われていましたが、携帯電話を「再発明」し、現在のスマートフォンというカテゴリーを作り出したのは、紛れもなく米Apple社のiPhoneと言ってよいでしょう。携帯電話にパソコン並の能力を持たせたことで、携帯電話を利用する生活シーンは世界中で格段に拡大しました。

Apple社の大きなイノベーションの1つが、強力なGPU（グラフィックス演算処理装置）を搭載して、表現力や使用感に妥協を許さずに、圧倒的な低消費電力を実現したことです。スマートフォン全体のあらゆる制御を担うCPU（中央演算処理装置）に対して、GPUは処理内容を徹底的に簡略化し、時間あたりの処理量を大幅に増やしています。詳細できめ細かい画面を表示して、画面タッチやジェスチャーに素早く反応することができるのは、まさにGPUの働きです。

今やスマートフォンの快適性を示す指標としてもGPUは重要な位置付けにあり、iPhone 7や、AndroidのNexus 6Pに搭載されているGPUは、192の演算ユニットで数百ギガFLOPSの性能を実現しています。これは90年代のCG映画『トイ・ストーリー』などのレンダリングに使われた巨大コンピューターの性能を上回るほどです。

加えてGPUは画面の描画だけでなく、注目されるディープ・ラーニング（深層学習）の演算でも重要な役割を果たすようになり、ますますその存在感は強まっています。

その一方で、今のスマートフォンは歩数計や活動量計など、24時間365日休みなくデータ収集することも必要です。Androidでも4.4からモーション・コプロセッサーへの対応がうたわれ、CPUの10分の1程度の速度で動作するコプロセッサーがセンサーデータの常時記録をするため、正確な活動量計を実装できるようになりました。

CPU自体も、ヘテロ型のオクタ・コアと呼ばれる構成で、高性能の4コアと、低消費電力の4コアが作業分担することで電力効率の向上が図られています。電子マネーでおなじみのNFCにも、専用の演算装置が内蔵されています。

パソコンに引けを取らない性能と利便性を手に入れたスマートフォンの、次の進化の鍵は、スマートフォンの中で増え続けるプロセッサーにあるのかもしれません。

48 新しいコンポーネントをチェックする

Androidのバージョンが上がる際、新しいコンポーネントが追加になることがあります。たとえば、Android 3.0からはFragmentコンポーネントが追加になりました。Fragmentは、狭い画面の有効活用というよりは、タブレット型とフォン型の画面サイズの差を埋める機構ですが、ほかにも昔のAndroidになく、追加になったコンポーネントはいろいろあります。たとえばFloatingActionButtonやDrawerLayoutなどの新しいコンポーネントはアプリのベースデザインになり、ユーザーが普段よく使うコンポーネントになることが多いです。ユーザビリティを向上させるコンポーネントが追加されていないか、Androidのバージョンが上がる際にはしっかりチェックしておきましょう。

Android 5.0から「ToolBar」というコンポーネントが追加されていますが、このコンポーネントをうまく活用すると、小さい画面を有効に利用するのに役立ちます。

画面上にToolBarを配置し、メニューを開いた状態

図4.4 ToolBarの利用

49 斬新なコンポーネントを取り入れる

「今までにないユーザーインターフェース」は、ユーザーに強い印象を残します。もちろん使い勝手がよいインターフェースである必要がありますが、アプリの大きな特徴になります。

Android 標準のコンポーネントをあえて使わず、オリジナルのコンポーネントを準備するのは、コストがかかります。しかし、アプリの特性に合ったインターフェースをデザインできるのであれば、ある程度のコストをかける価値はあるのではないでしょうか。たとえば、Android 上にはいろいろな IME（Input Method Editor）が存在しますが、それぞれがさまざまな工夫を凝らしています。

標準ブラウザの「Labs」メニューにある Quick controls などを見てみても、多くの工夫が見られます（「Labs」はその名のとおり実験的で、必ずしも使いやすいと思う人ばかりではありませんが）。

図 4.5 標準ブラウザ Labs

デザイナーと開発者が共同で、新たなユーザーインターフェースを模索してみるのもよいでしょう。

50 誤操作を防ぐために

ユーザーによる誤操作は、アプリに責任はないのですが、ユーザーからすると悔しかったり、イライラしたりする原因になり得ます。アプリ上のしくみで防げる誤操作は、防いであげるとよいでしょう。たとえば、連続した実行を想定していない処理なら、連続したタップを制御することで操作ミスを防止できます。

連続した処理の実行は、設計が甘いとANRの原因になることもあります。ボタンの連続タップを防止するには、処理状態をフラグで管理して、処理中であればボタンを押せないようにdisableにするのが最もよい対処方法です。簡易的な誤操作防止であれば、「ダブルタップさせない」という実装をするだけで、それなりに効果はあります。

GestureDetectorを使用すると、ダブルタップされた時に「何もしない」ようにできます。以下のように独自のButtonを作成しておけば、ダブルタップ時にOnClickListenerのonClickが呼ばれなくなります。

▼リスト　独自のButton

```
public class SingleClickButton extends Button {
 final GestureDetector mGestureDetector
 = new GestureDetector(getContext(), new SimpleOnGestureListener() {
  @Override
  public boolean onDoubleTap(MotionEvent event) {
   return true;
  }
 });

 public SingleClickButton(Context context, AttributeSet attrs) {
  super(context, attrs);
  this.setOnTouchListener(new OnTouchListener() {
      @Override
      public boolean onTouch(View v, MotionEvent event) {
          return mGestureDetector.onTouchEvent(event);
      }
  });
 }
}
```

第5章

マルチスレッドを使いこなす

51 標準の非同期処理を理解する

Android アプリを作成するうえで、マルチスレッドは必要不可欠です。なぜなら、よく使われているファイルロードや通信の機能を実装する際に、ユーザーの待ち状態をなくすために使うのを始めとして、利用シーンがたくさんあるからです。たとえば、ファイルの読み込み中にユーザーの操作を中断させたくない時は、スレッドを利用して、バックグラウンドでファイル読み込み処理を実現します。

■スレッドを使用する時に注意すべきこととは

スレッドは非常に便利なのですが、実装している中でさまざまな問題にぶつかります。以下はスレッドを利用するとよく問題になる事柄です。

- 安全に管理しづらい
- 効率よく動作させられない

複数のスレッドを立てた場合、それぞれのスレッドの実行、終了、停止といった状態を管理するのがややこしくなります。たとえば、スレッド 1、スレッド 2 という 2 つのスレッドが動作してる状態で、すべてのスレッドを終了させたい場合、それぞれのスレッドを変数として管理して処理を書く必要があります。また動作するスレッドの上限を決めたい時や、複数のスレッドで特定の間隔で実行開始したいなど、何かする時は各スレッドを管理する必要が出てきます。

さらに、毎回、必要になるたびにスレッドを新規作成すると、プロセスが増え、OS の動作負荷になりますし、Java では新規のオブジェクト生成にコストがかかります。

こうした問題のため、基本的には、極力、多くのスレッドを必要としない設計にするのが最善の方法なのです。しかし処理効率やアプリの処理内容によっては、多くのスレッドで処理を並列実行させる必要があります。

Java にはこれらの問題を解決しつつ、スムーズにマルチスレッドを実現できるしくみが用意されています。

■ ExecutorServiceを利用する

Androidフレームワーク上でも、標準で「ExecutorService」というインターフェースが用意されています。これを利用することで、一括管理や効率のよいスレッド実行が実現できます。

ExecutorServiceは、内部的にスレッドを管理します。そしてExecutorServiceを使用するとThreadクラスを直接扱うことはなくなります。各スレッドはTaskとして扱います。そして、TaskはExecutorServiceを経由して実行します。

ExecutorServiceを使用するにあたって、まず、「キュー」と「プール」の2つの概念を理解しておく必要があります。

■ キューとは

ExecutorServiceで実行するTaskには、Runnableクラスのrun()メソッドを実装します。したがって、基本的に1Taskは1つのRunnableに該当します。TaskはBlockingQueueという待ち行列（キュー）用のインターフェースを実装したクラスで管理されます。キューは、データを先入れ先出しの構造で保持するリストで、Taskの管理にこのリストを使用します。

次の図はTaskのキューへの挿入、取り出しの概念図です。

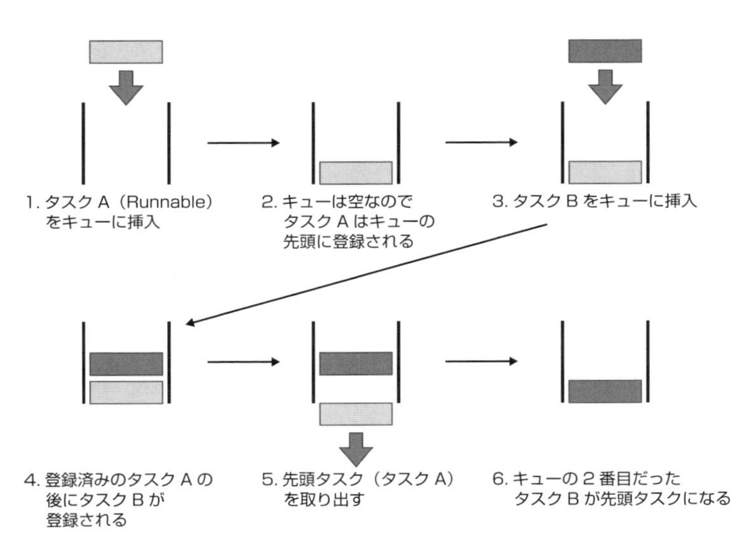

図5.1　キューへの挿入と取り出し

BlockingQueue インターフェースを実装したクラスには、ArrayBlockingQueue、LinkedBlockingQueue などがあります。

ArrayBlockingQueue は、ArrayList のように、リストを順番で管理します。一貫性を持った待ち行列で、複数のスレッドがキューに同時に操作を実行させないように、キューをブロックできます。

LinkedBlockingQueue は、LinkedList で構成されており、リストの各要素は前後の要素を持つことでリストを管理します。また ArrayBlockingQueue と同じように、複数スレッドからの同時操作をブロックできます。

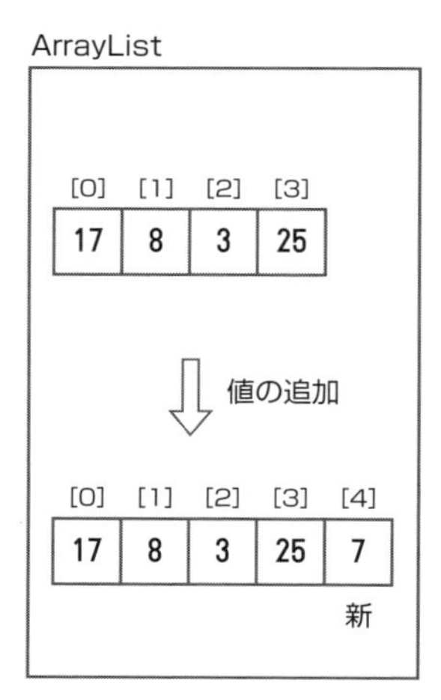

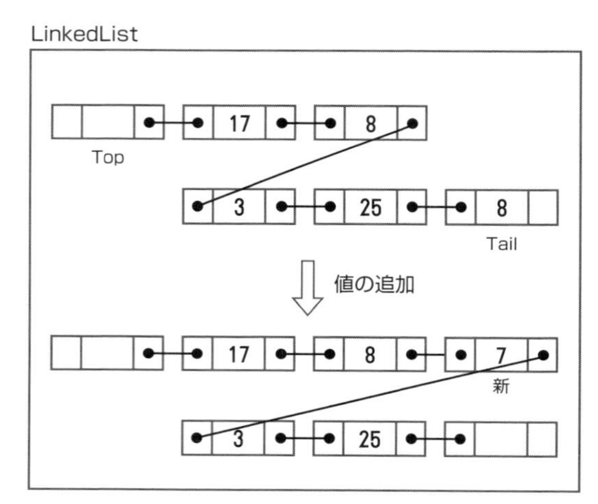

図 5.2 ArrayList と LinkedList の概念図

■ スレッドプールとは

複数スレッドを扱う際、スレッドが必要になるたびに新しいスレッドを生成していると、その都度生成コストがかかり、アプリの負荷になる可能性があります。そのため、いくつかのスレッドをあらかじめ生成しておき、それらを使用することで、生成コストが都度かかるのを防ぐことができます。

必要に応じて生成済のスレッドを利用する手法を「スレッドプーリング」と言い、事前に生成したスレッド群を保持する要素を「スレッドプール」と呼びます。

スレッドプーリングは、スレッド処理が必要になった時、新たにスレッドを生成せず、スレッドプールから利用可能なスレッドを呼び出します。このスレッドプールの機構を利用することにより、スレッド呼び出し時のオーバーヘッドを減少でき、実行時の性能が向上します。

スレッド利用時に、プール内に利用可能なスレッドがない場合は、スレッドが利用可能になるのを待つ状態になります。ただしプール内の利用可能なスレッド数を可変にする場合は、スレッドが足りなくなると新たに生成してプールに追加します。

最初からプールに多くのスレッドを用意しておけば、待ちが発生することも、追加でスレッドを生成することも少なくなります。しかしプール内のスレッド数を多く設定しておくと、スレッドプール利用時に初期化にかかる時間がその分長くなります。

プール内に用意する、事前に生成しておくスレッドの数（プールサイズ）は、初期生成時に決めます。

次の図は、スレッドプールの動作の概念図です。図ではスレッドプールのサイズが5で、3つのスレッドを実行しています。スレッド1と2を実行→スレッド2が完了→スレッド3を実行→スレッド1、3が完了する挙動です。処理3を実行する際に、スレッドプールの資源が使いまわされているのがわかります。

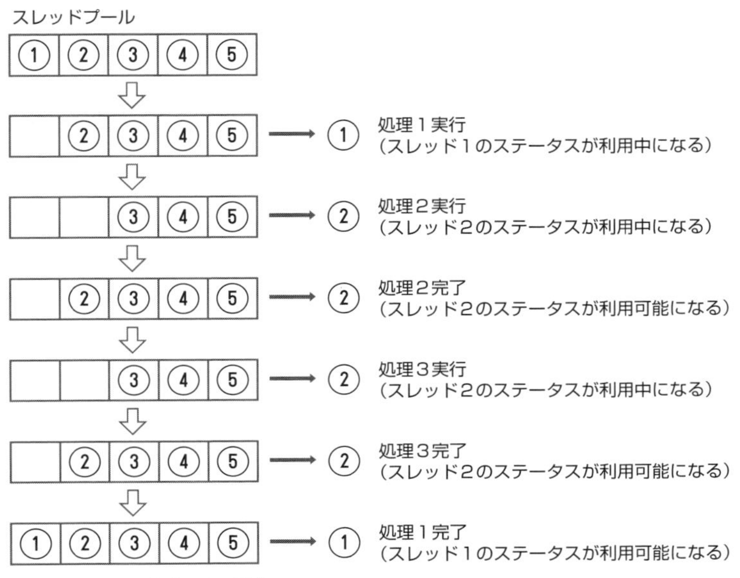

図5.3　スレッドプールの動作

■ ThreadPoolExecutor を使用するには

それでは ExecutorService を使用した実装を見てみましょう。ExecutorService はインターフェースであるため、クラスの実態は ExecutorService を継承した ScheduledThreadPoolExecutor、ThreadPoolExecutor が一般的に使われます。また Executors というユーティリティクラスから一般的に使用される構成で設定した ExecutorService を生成できます。

今回は、Executors を使用せずに、スレッドプールを実装した ThreadPool Executor のクラスを直接生成する方法を説明します。

ThreadPoolExecutor の引数は以下のようになっています。

- **第 1 引数**　アイドル（動いていない状態）でも常に確保するスレッドの数（プールの初期サイズ）。コアプールサイズと呼ばれる
- **第 2 引数**　プールサイズの上限。スレッドの呼び出しがコアプールサイズを超えた場合に、プールサイズが拡張される上限値のこと
- **第 3 引数**　スレッド数がプールの初期サイズを超えた場合の、利用可能（アイドル）スレッドの最大待ち時間。この時間待っても、そのスレッドが利用されなかった場合に、そのスレッドは破棄される
- **第 4 引数**　時間単位
- **第 5 引数**　スレッドを管理する BlockingQueue を実装したキュー

▼ **リスト**　ThreadPoolExecutor のクラスを生成する

```
private static final BlockingQueue<Runnable> sPoolWorkQueue =
    new LinkedBlockingQueue<Runnable>(10);

mThreadPool = new ThreadPoolExecutor(
        5,
        10,
        1,
        TimeUnit.SECONDS,
        sPoolWorkQueue);

for(int i = 0; i < 5; i++){
    mThreadPool.execute(new Runnable(){
        public void run() {
            // 非同期処理
```

```
        }
    });
}
```

この処理では、サイズが10のスレッドプールを生成し、ThreadPoolExecutorのプールとして設定しています。ThreadPoolExecutor初期化時に5つのスレッドを利用可能な状態で待機させています。そして、mThreadPool.execute実行時に、スレッドプールから取得したスレッドでTask（Runnableのrunの内容）を実行します。

■スレッドプールサイズの決め方

複数スレッド管理に関するGoogleの公式サイトを見ると、スレッドプール内のスレッド数はおもにCPUのコア数に依ると記されています。サンプルソースでも初期プールサイズと最大プールサイズにコア数が設定されています。以下のように、スレッドプールのサイズをコア数で決めてもよいでしょう。

▼リスト　コア数で決める

```
/*
 * Gets the number of available cores
 * (not always the same as the maximum number of cores)
 */
private static int NUMBER_OF_CORES =
        Runtime.getRuntime().availableProcessors();
```

▼URL　Creating a Manager for Multiple Threads

```
https://developer.android.com/training/multiple-threads/create-threadpool.html
```

52 標準の同期処理を理解する

マルチスレッドを使用する際には、同期する（synchronized）ことが必要になります。なぜなら、マルチスレッドを使用して非同期で処理を行うと、共有リソースに不整合が起こる場合があるからです。不整合を起こさないために、マルチスレッドのようなプログラムを組む際には、同期処理を考えて実装しなければなりません。

■ 非同期処理での問題

試しに、以下のJavaプログラムを実行して、共有リソースの不整合を確認します。このプログラムは、単純に読み込んだ回数をログに表示するものです。

▼リスト　読み込み回数を表示する

```
public class Main {
    public static void main(String arg[]) {
        final PrintCount printCount = new PrintCount();
        for (int i = 0; i < 10; i++) {
            new Thread(new Runnable() {
                @Override
                public void run() {
                    printCount.read();
                }
            }).start();
        }
    }
}

class PrintCount {
    private int count;
    public void read() {
        count++;
        try {
            Thread.sleep(100);
        } catch (InterruptedException e) {
        }
```

```
        System.out.println("read count = " + count);
    }
}
```

このプログラムを実行すると、以下のような結果が出力されます。

▼実行結果

```
read count = 10
read count = 10
read count = 10
read count = 10
read count = 10
read count = 10
read count = 10
read count = 10
read count = 10
read count = 10
```

標準出力に出力される「read count」の値を見ると、すべて10になってしまい、1回ずつ増えていません。readメソッドが呼ばれて、count++後に0.1秒のスリープしている最中に、次のスレッドからreadメソッドが呼ばれているため、このような結果になっています。

このように非同期で処理すると、以下のようにタイミングがずれてしまいます。

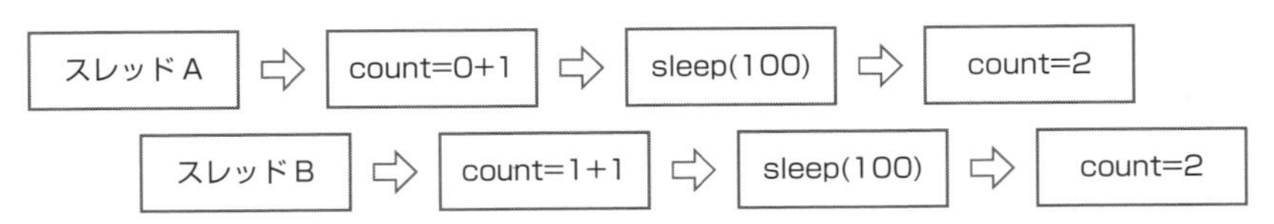

図5.4　非同期処理

■排他制御で解決する

このようなことを防ぐため、共有リソースを同時に利用しないように、排他制御を行う必要があります。排他制御を行うには、synchronizedを使用します。

synchronizedには、以下の2つの利用方法があります。

- ブロックを指定して、そのブロック内に排他制御をかける
- 特定のメソッドに synchronized 修飾子を指定して、そのメソッドに排他制御をかける

▼**リスト** synchronized ブロック

```
class PrintCount {
    private int count;
    public void read() {
        synchronized (this) {
            count++;
            try {
                Thread.sleep(100);
            } catch (InterruptedException e) {
            }
            System.out.println("read count = " + count);
        }
    }
}
```

▼**リスト** synchronized メソッド

```
class PrintCount {
    private int count;
    public synchronized void read() {
        count++;
        try {
            Thread.sleep(100);
        } catch (InterruptedException e) {
        }
        System.out.println("read count = " + count);
    }
}
```

synchronized メソッドを使用すると、メソッド全体が同期処理になってしまいます。特定の処理だけを同期したい場合は、synchronized ブロックを使用します。

試しに、synchronized メソッドを使用して、先ほどのプログラムを実行してみると、共有リソースを同時に利用されないことがわかります。

▼リスト　変更点

```
// 変更前
public int getNext() {
```

↓

```
// 変更後
public synchronized int getNext() {
```

この修正をしたプログラムを実行すると、以下のような結果が出力されます。

▼実行結果

```
read count = 1
read count = 2
read count = 3
read count = 4
read count = 5
read count = 6
read count = 7
read count = 8
read count = 9
read count = 10
```

このようにマルチスレッドを使用する際には、必要に応じてsynchronizedメソッドまたはブロックで同期処理を行う必要があります。

53 AsyncTaskとAsyncTaskLoaderを切り分ける

Androidでアプリを実装していると、非同期でデータを取得して、結果をラベルやリストのコンポーネントに反映させることがたびたびあると思います。Androidでコンポーネントを使用する場合、UIスレッドで操作をしなければなりません。しかし、UIスレッド上で重い処理を行うと、ユーザー操作に影響してしまいます（くわしくは第3章を参照）。そのため、通常は、UIスレッドとは別のスレッドで重い処理を行い、UIスレッドで結果を反映させます。

Androidでは、非同期処理を行うことを想定して、豊富な機能を備えているクラスがいくつも用意されています。代表的なものに「AsyncTask」があります。

AsyncTaskはAndroid 2.3や3.0でスレッドプールやキャンセル時の挙動が変わっていましたが、2.3や3.0が古くなり、シェアも減少しています。Android 4.x以上が市場の大多数を占めるようになったことから、バージョンの違いによる挙動の差異で困ることはなくなってきました。

また、Android 3.0からはLoaderというクラスが追加されています。Loader経由でAsyncTaskを使える「AsyncTaskLoader」が使用されているのを見る機会も増えたことと思います。

では、AsyncTaskとAsyncTaskLoaerはどのような場面で使うのがよいのでしょうか。

■ AsyncTaskについて

AsyncTaskクラスには、バックグラウンドで動作する非同期処理のスレッド（AsyncTask#doInBackground）と非同期処理の結果をUIスレッドで処理する（AsyncTask#onPostExecute）構造があらかじめ用意されています。内部的には、ThreadとHandler（UIスレッドを使うためのスレッド）が使用されています。

以下はAsyncTaskのかんたんな実装例です。

▼リスト　ActivityからAsyncTaskを実行する例

```
public class SampleActivity extends Activity {
    MyAsynctask task = new MyAsynctask();
    @Override
```

```
    protected void onCreate(Bundle savedInstanceState) {
        super.onCreate(savedInstanceState);
        setContentView(R.layout._main);
        findViewById(R.id.button).setOnClickListener(new OnClickListener() {
                @Override
                public void onClick(View v) {
                    // AsyncTaskを実行。ここから非同期処理が開始される
                    task.execute(null, null, null);
                }
            });
        }
    }
    class MyAsynctask extends AsyncTask<Void, Integer, String> {
        @Override
        protected String doInBackground(Void... params) {
            // 非同期処理を行う
            // この戻り値がonPostExecuteの引数に渡る
            return "";
        }
        @Override
        protected void onCancelled() {
        }
        @Override
        protected void onPostExecute(String result) {
            // ここでUI処理を行う
        }
    }
}
```


■ AsyncTaskLoader について

Android 3.0 から導入された Loader（ローダ）によって、UI 処理と非同期処理を分け、データをかんたんに管理できるようになりました。

Loader の特徴は以下のとおりです。

- Activity、Fragment で使用できる
- 非同期でのデータロードができる
- データソースを監視して、変更があれば結果を通知する

非同期でデータロードを行うLoaderにUIスレッドとのやりとりを行うためのAsyncTaskを実装したのが、AsyncTaskLoaderです。AsyncTaskLoaderの基本的な実装の流れはAsyncTaskと同様で、AsyncTaskLoader内で非同期処理と、非同期処理が終わった後の結果を画面に反映させるUI処理を実装します。

■ AsyncTaskLoaderの処理について

Loaderを使用するためにはLoaderを管理するLoaderManagerの使い方を理解する必要があります。LoaderManagerにはLoaderの生成・破棄といった、Loaderを管理する機能が盛り込まれています。

表5.1 LoaderManagerのメソッド

メソッド	説明
initLoader	Loaderを生成する。既存のLoaderがあれば再利用する
restartLoader	Loaderを生成する。既存のLoaderがあっても再利用せずに再生成し直す
getLoader	Loaderを取得する
destroyLoader	Loaderの処理を停止・破棄する

Loaderの状態を取得するには、LoaderManager.LoaderCallbacksクラスを継承したコールバック用のクラスを実装します。

表5.2 LoaderManager.LoaderCallbacksのメソッド

メソッド	説明
onCreateLoader	Loaderの初期化が必要になると呼ばれる。ここで新たなLoaderを戻り値に返す
onLoadFinished	Loaderのロード処理が完了した際に呼び出される
onLoaderReset	作成したロード処理がリセットされ、Loaderが利用できなくなった際に呼び出される

Loaderを使用する場合、まずLoaderManagerでLoaderの初期化を行います。

1. LoaderManagerのinitLoaderを呼び出す
2. 初期化が終わるとLoaderManager#onCreateLoaderが呼ばれる
3. このメソッドの戻り値に、使用するLoaderのインスタンスをセットする

AsyncTaskLoaderは以下のように動きます。

1. LoaderManager#onCreateLoader が呼ばれた後に AsyncTaskLoader#onStartLoading が呼ばれるので、AsyncTaskLoader#forceLoad を呼び出し、ロードを開始する
2. AsyncTaskLoader#loadInBackground が呼ばれ、非同期処理を行う
3. LoaderManager#onLoadFinished が呼び出される

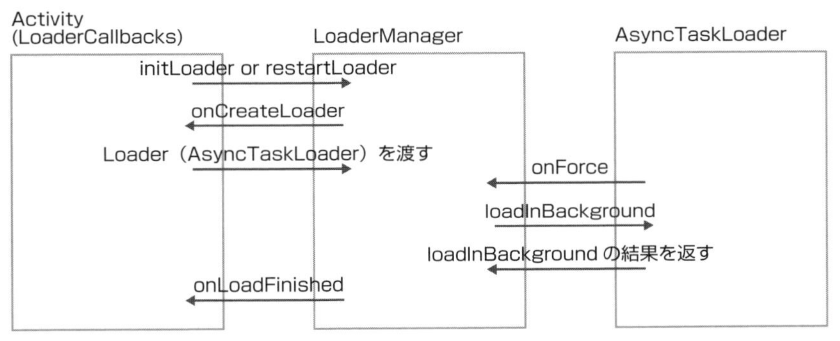

図 5.5 AsyncTaskLoader のフロー

非同期処理を loadInBackground に実装し、onLoadFinished で UI スレッドの操作を実装します。

以下は AsyncTaskLoader のかんたんな実装例です。

▼リスト AsyncTaskLoader の実装例

```
public class MainActivity extends AppCompatActivity
        implements LoaderManager.LoaderCallbacks<String> {

    @Override
    protected void onCreate(Bundle savedInstanceState) {
        super.onCreate(savedInstanceState);
        setContentView(R.layout.activity_main);
        getSupportLoaderManager().restartLoader(1, null, this);
    }

    @Override
    public Loader<String> onCreateLoader(int i, Bundle bundle) {
        return new AsyncLoader(getApplicationContext());
```

```
    }

    @Override
    public void onLoadFinished(Loader<String> loader, String s) {

        // UI処理
    }

    // 省略
}

class AsyncLoader extends AsyncTaskLoader<String> {

    public AsyncLoader(Context context) {
        super(context);
    }

    @Override
    public String loadInBackground() {
        for (int i = 0; i < 10; i++) {
            if (!isLoadInBackgroundCanceled()) {
                // 処理
            } else {
                // 途中停止
                return null;
            }
        }
        return "success";
    }

    @Override
    protected void onStartLoading() {
        super.onStartLoading();
        forceLoad();
    }

    @Override
    protected void onStopLoading() {
        super.onStopLoading();
        // ここに終了処理を実装しない
```

```
        cancelLoad();
    }
}
```

54 AsyncTaskとAsyncTaskLoaderを使い分ける

AsyncTaskLoaderは内部的にAsyncTaskを利用しているため、非同期で処理を行い、結果をUIスレッドで反映するなど、それぞれにできることは基本的に変わりません。しかし、開発をしていく中でAsyncTaskLoaderには以下の利点、欠点があります。

■ AsyncTaskLoaderのメリット

AsyncTaskLoaderを使用するメリットは、以下のとおりです。

- **Activity、FragmentとAsyncTaskの依存性をなくせる**

  AsyncTaskでUI更新をするためにはonPostExecuteでActivityが持つコンポーネントを参照しなければなりません。そのため、Activity内にAsyncTaskのインスタンスを保持したり、AsyncTask内でActivityのコンポーネントを参照するなどして、ActivityとAsyncTaskの関係が切り離せなくなっていました。対してLoaderは、非同期処理とUI処理がある程度分離され、Loaderクラスではロードの結果を返し、結果の反映はLoaderManager.LoaderCallbacksで行うようになっています。そのため、各ActivityのコンポーネントをLoaderクラスで操作せずに済みます。

  LoaderはActivityと関係を切り離すことができます。これによりクラス間の依存性をなくすことができるため、クラスの関係性がわかりやすい設計にしたり、複雑な実装をしないことで運用性や保守性を高めることができるのです。また、Loaderを複数のActivityで流用することができます

- **Loaderの再利用ができる**

  AsyncTaskは呼び出すたびに新たに生成しなければいけないのに対して、LoaderManagerは一度生成したLoaderを再利用することができます。

■ AsyncTaskLoaderのデメリット

以下のようなデメリットも存在します。

- **複数の Loader を使用した際の結果が管理しにくく、かつコード量が多くなる**
  複数の Loader を使用するときに onLoadFinished 内に結果が返ってくる場合は Loader#getId() でどの Loader の結果が返るか判定しなければいけません。

▼リスト　AsyncTaskLoader 処理終了時の Loader 判定実装例

```
@Override
public void onLoadFinished(Loader<String> loader, String s) {
    if (loader.getId() == LOADER_ID_01) {
        // Loader1の処理
    } else if (loader.getId() == LOADER_ID_02) {
        // Loader2の処理
    }
}
```

Loader に指定するジェネリクスの型が異なる場合、各型の実装が必要になります。

▼リスト　AsyncTaskLoader の終了処理をジェネリクスの型ごとに実装する例

```
public class MainActivity extends Activity implements
        LoaderManager.LoaderCallbacks<String>,
        LoaderManager.LoaderCallbacks<Intenger> {
    ・・・省略
    @Override
    public void onLoadFinished(Loader<String> loader, String s) {
            // Loader1の結果
    }

    @Override
    public void onLoadFinished(Loader<Integer> loader, String s) {
            // Loader1の結果
    }
}
```

- **onLoadFinished で Fragment の管理ができない**
  onLoadFinished メソッド内では UI を操作できますが、Fragment の transaction を操作することができません。onLoadFinished で Fragment 遷移のイベントを開始したい場合は、Message や LocalBroadcast などを使用する必要があります。

▼**リスト**　AsyncTaskLoaderの終了処理内でFragmentを操作する実装例

```
@Override
public void onLoadFinished(Loader<String> loader, String s) {

    // ★NG：onLoadFinished内からはtransaction処理が行えない
    new Handler().post(new Runnable() {
        @Override
        public void run() {
            FragmentTransaction transaction =
                getFragmentManager().beginTransactioin();

            transaction.replace(
                R.id.fragment, FragmentPage.newInstance(), "tag");
            transaction.commit();
            transaction.commit();
        }
    });
    // ★OK：Messageを介せばtransaction処理が可能
    final Handler handler = new Handler() {
        public void handleMessage(Message msg) {
            FragmentTransaction transaction =
                getFragmentManager().beginTransaction();

            transaction.replace(
                R.id.fragment, FragmentPage.newInstance(), "tag");

            transaction.replace(
                R.id.fragment, FragmentPageg.newInstance(), "tag");
            transaction.addToBackStack(null);
            transaction.commit();
        }
    };
    handler.sendMessage(Message.obtain());
}
```

現在、event busやottoなどのライブラリを活用して非同期処理やスレッド間のやり取りを実装するケースが多くなっているため、Loaderを使用しているケースは減りましたが、単純な処理や典型的な処理の実装にはまだまだAsyncTask、AsyncTaskLoaderを使用する機会があると思います。

55 AsyncTask、AsyncTaskLoaderの中断処理を実装する

AsyncTaskにはcancelメソッドがあります。その名のとおり、処理の中断を目的としています。

AsyncTaskの処理は、UIと密接に関係しているため、基本的には「ユーザーが特定の画面を見ている間に裏で処理をする」場面で利用するのが適切と言えます。しかし、AsyncTaskの処理を開始した後に画面遷移するケースもあり得ます。Activityがバックグラウンドにまわっても、AsyncTaskはActivityの画面更新を行うため、ユーザーが見ていない箇所でUI処理の負荷を上げていることになります。

また、バックグラウンドにまわったActivityは、システムの負荷が高まった際などに削除されてしまう可能性があります。その場合、AsyncTaskの処理も停止してしまいます。

AsyncTaskは「数秒で終わる」処理を前提としていて、AsyncTaskの処理が終了する前に画面が遷移するような設計は、基本的に避けるべきです。

それでも画面遷移の必要がある時は、AsyncTask以外の方法をとるか、AsyncTaskの処理を中断させることが考えられます。

画面遷移時に残るAsyncTaskの対処もありますが、長くかかる処理に対して、ユーザーに中断の選択肢を与えるのも、ユーザビリティの向上につながります。AsyncTaskの中断方法を知っておくのは重要なことです。

■ AsyncTaskの場合

AsyncTaskはcancelが呼ばれてもdoInBackgroundの中から抜けることはありません。そのため、時間のかかる処理を実行する可能性がある場合は、isCancelledを正しく判定する処理を実装しなければいけません。また、onCancelledはAndroidのバージョンによって挙動が違い、呼ばれないケースもあるため、ここで終了処理を実装しないようにしてください。

▼リスト　AsyncTaskのキャンセル処理実装位置

```
@Override
protected String doInBackground(Void... params) {
```

5 マルチスレッドを使いこなす

```
    for (int i = 0; i < 10; i++) {
        // 処理の合間にisCancelledを判定し、状況に応じて処理を抜ける
        if (isCancelled()) return null;
            // 重い処理
        }
        return null;
    }

    @Override
    protected void onCancelled() {
        // ここに終了処理を実装しない
    }
```

■ AsyncTaskLoader の場合

AsyncTaskLoaderの中断にはLoaderManager#destroyLoaderを使用します。しかしこのメソッドを呼び出しても、AsyncTaskと同様、loadInBackground処理自体は中断されないため、繰り返し処理などをしている場合はisLoadInBackgroundCanceledを適切に判定して、キャンセルされているかをチェックする必要があります。また、キャンセルされている状態だと、loadInBackgroundで戻り値を返してもonLoadFinishedは呼ばれません。

▼リスト　AsyncTaskLoaderのキャンセル処理実装位置

```
public class AsyncLoader extends AsyncTaskLoader<String> {

    public AsyncLoader(Context context) {
        super(context);
    }

    @Override
    public String loadInBackground() {
        for (int i = 0; i < 10; i++) {
            if (!isLoadInBackgroundCanceled()) {
                    // 処理
            } else {
                // 途中停止
                return null;
            }
        }
```

```
        return "success";
    }

    @Override
    protected void onStartLoading() {
        super.onStartLoading();
        forceLoad();
    }

    @Override
    protected void onStopLoading() {
        super.onStopLoading();
        // ここに終了処理を実装しない
        cancelLoad();
    }
}
```


また AsyncTask、AsyncTaskLoader でも、Fragment を使用する場合、バックキーなどで Activity が破棄された後に中断しないと onLoadFinished に結果が返ってきます。Activity がない場合を考慮して、以下の対策を入れなければいけません。

▼リスト onLoadFinished 内での null チェック実装例

```
@Override
public void onLoadFinished(Loader<String> loader, String s) {
    if (getActivity() == null) retrun;
}
```

56 CursorLoaderを使用する

Androidでは、非同期処理とUI処理を組み合わせることがよくあります。また、UI処理だけでなく、データベースやファイルシステムを組み合わせることもよくあります。CursorLoaderを用いると、データをかんたんに管理できるようになりました。

CursorLoaderは非常に強力なAPIで、データの状態が監視できたり、ファイルシステムの機能と組み合わせたりして使用できるLoaderです。

実装方法としては、まずLoaderManagerのinitLoaderを呼び出します。初期化が終わるとonCreateLoaderが呼ばれ、CursorLoaderクラスのインスタンスが返却されます。Loaderのロード処理が完了すると、onLoadFinishedが呼び出されます。その後も、データソースに変更があるタイミングでonLoadFinishedが呼ばれます。

CursorLoaderを実装した例を記載しましょう。

まず、データ部分を作成します。データベースにデータを保存するHelperとContent Providerです。

▼リスト データを作成

```
public class MyDBHelper extends SQLiteOpenHelper {
    // データベース名やテーブル名などの設定。
    private static final String DB_FILE_NAME = "mydb";
    public static final String TABLE_NAME = "mytable";
    public static final String COLUMN_ID = "_id";
    public static final String COLUMN_NAME = "name";
    public MyDBHelper(Context context) {
        super(context, DB_FILE_NAME, null, 1);
    }
    @Override
    public void onCreate(SQLiteDatabase db) {
        // 初期化時のテーブル生成処理。
        db.execSQL("CREATE TABLE " + TABLE_NAME
                + "(" +  COLUMN_ID + " INTEGER primary key autoincrement, "
                + COLUMN_NAME + " TEXT);");
```

```
    }
    @Override
    public void onUpgrade(SQLiteDatabase db, int oldVersion, int newVersion) {
    }
}

// データベース値のやり取りに使用するContentProviderを定義。
public class MyProvider extends ContentProvider {
    public static final Uri CONTENT_URI =
       Uri.parse("content://com.example.myprovider");

    // 以下、データ操作の各種メソッド。
    @Override
    public int delete(Uri uri, String selection, String[] selectionArgs) {
        return 0;
    }
    @Override
    public String getType(Uri uri) {
        return null;
    }
    @Override
    public Uri insert(Uri uri, ContentValues values) {
        MyDBHelper dbHelper = new MyDBHelper(getContext());
        SQLiteDatabase db = dbHelper.getWritableDatabase();
        long rowId = db.insert(MyDBHelper.TABLE_NAME, null, values);
        if (rowId > 0) {
            Uri returnUri = ContentUris.withAppendedId(CONTENT_URI, rowId);
            getContext().getContentResolver().notifyChange(returnUri, null);
            return returnUri;
        }
       return null;
    }
    @Override
    public boolean onCreate() {
        return true;
    }
    @Override

    public Cursor query(Uri uri, String[] projection, String selection,
                    String[] selectionArgs, String sortOrder) {
```

```
        MyDBHelper dbHelper = new MyDBHelper(getContext());
        SQLiteDatabase db = dbHelper.getReadableDatabase();
        Cursor c = db.rawQuery("select " + MyDBHelper.COLUMN_ID + ","
                + MyDBHelper.COLUMN_NAME + " from "
                + MyDBHelper.TABLE_NAME + ";", null);
        c.setNotificationUri(getContext().getContentResolver(), uri);
        return c;
    }
    @Override
    public int update(Uri uri, ContentValues values, String selection,
                      String[] selectionArgs) {
        return 0;
    }
}
```

AndroidManifest.xml に provider を追加します。

▼リスト　provider を追加

```
<provider
    android:name=".MyProvider"
    android:authorities="com.example.myprovider" />
```

次に、SimpleCursorAdapter を用いてデータをリストに表示する Activity を作成します。

▼リスト　Activity を作成

```
public class MyListActivity extends ListActivity
        implements LoaderCallbacks<Cursor> {
    private SimpleCursorAdapter mAdapter;

    @Override
    public boolean onCreateOptionsMenu(Menu menu) {
        // Inflate the menu; this adds items to the action bar if it is present.
        getMenuInflater().inflate(R.menu.main, menu);
        return true;
    }

    @Override
```

```
    protected void onCreate(Bundle savedInstanceState) {
        super.onCreate(savedInstanceState);
        setContentView(R.layout.activity_main);
        mAdapter = new SimpleCursorAdapter(this,
                android.R.layout.simple_expandable_list_item_1,
                null,
                new String[] { MyDBHelper.COLUMN_NAME },
                new int[] { android.R.id.text1 },
                0);
        setListAdapter(mAdapter);
        // Loaderの初期化。
        getLoaderManager().initLoader(0, null, this);
    }
    public Loader<Cursor> onCreateLoader(int id, Bundle args) {
        return new CursorLoader(this, MyProvider.CONTENT_URI, null, null,
                                null, null);
    }
    public void onLoadFinished(Loader<Cursor> loader, Cursor cursor) {
        mAdapter.swapCursor(cursor);
    }
    public void onLoaderReset(Loader<Cursor> loader) {
        mAdapter.swapCursor(null);
    }
}
```

Loader を使用する際には、Activity や Fragment の getLoaderManager() で LoaderManager を取得します。LoaderManager から initLoader メソッドで初期化を行うと、新たな Loader を生成するか、すでに生成されていればその Loader に再接続します。初期化が済むと、LoaderCallbacks#onCreateLoader が呼ばれ、その時点でデータロードの処理が開始されます。onCreateLoader の戻り値が CursorLoader の場合、データロードが始まると、loadInBackground（非同期操作時）が呼ばれます。

CursorLoader の生成時に第 2 引数にカーソルの URI を渡すと、loadInBackground で Content Provider の query を呼んで結果を onLoadFinished に渡してくれます。

次の図に処理のフローをまとめました。

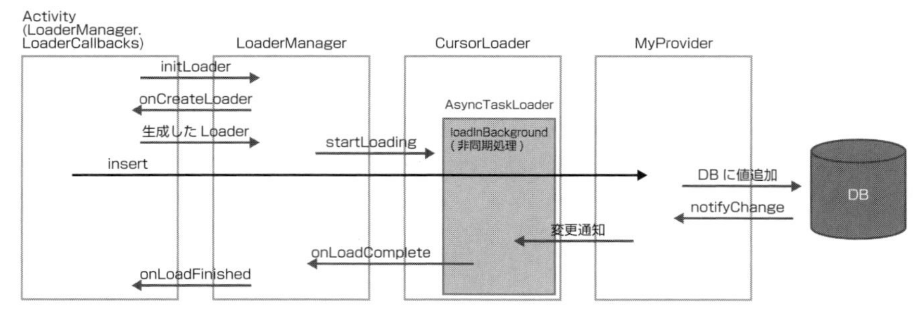

図 5.6 CursorLoader のフロー

以下の処理で ContentProvider を呼び出して DB 操作を行います。

▼ **リスト** ContentProvider の呼び出し例

```
ContentValues values = new ContentValues();
values.put(MyDBHelper.COLUMN_NAME, "TEST");
getContentResolver().insert(MyProvider.CONTENT_URI, values);
```

ContentProvider から操作した結果は、ContentResolver#notifyChange を呼ぶことで、onLoadFinished に返してくれます。これは非常に便利な機能で、データ操作（新規追加、更新、削除など）があれば、ContentProvider 経由で Activity に更新通知を行ってくれます。

57 標準 API を使わない実装について

AsyncTask や AsyncTaskLoader を用いれば非同期処理は実現できますが、コード量が多くなったり、コールバックが多用され処理の流れが複雑になることがあります。また、Fragment を使用した場合は Activity の生存確認をしなければいけなかったり、cancel を監視したりと、対処しなければいけないことが多く、開発コストがかさみます。

現在は便利なオープンソースライブラリが多く登場しているため、AsyncTask を使用せずとも非同期処理を行うことができます。

▼URL　RxJava

```
https://github.com/ReactiveX/RxJava
```

▼URL　RxAndroid

```
https://github.com/ReactiveX/RxAndroid
```

さまざまなライブラリの中でも、ここでは最近開発で使われている RxJava の非同期処理について紹介しましょう。RxJava は「Observable シーケンス」という機能を使用して非同期処理やイベント処理をベースとしたプログラムを作成するためのライブラリです。

Observable シーケンスとは Observer（監視者）で、監視対象に何か処理が発生したら Subscriber（監視クラス）に通知します。また各処理をチェーンメソッドでつなぎ順次実行することができます。RxJava の詳しい説明をするとそれだけで一冊の本になるぐらいボリュームがあるので、ここでは記載しませんが、おおまかには以下のような実装の流れになります。

使用するためには build.gradle ファイルに以下設定を記載します。

▼リスト

```
compile 'io.reactivex:rxandroid:1.2.1'
compile 'io.reactivex:rxjava:1.1.6'
```

以下はRxJavaを用いた非同期処理を実行するプログラムです。

▼リスト　RxJavaを用いた非同期処理実装例

```
Observable.create(new Observable.OnSubscribe<String>() {
          @Override
          public void call(Subscriber<? super String> subscriber) {
               // 非同期処理を行い成功した場合
               subscriber.onNext("success");
               subscriber.onCompleted();
          }
     })
     .subscribeOn(Schedulers.newThread())
     .observeOn(AndroidSchedulers.mainThread())
     .subscribe(new Subscriber<String>() {
          @Override
          public void onCompleted() {
          }

          @Override
          public void onError(Throwable e) {
          }

          @Override
          public void onNext(String result) {
               ((Button)findViewById(R.id.button)).setText(result);
          }
     });
```

create → subscribeOn → observeOn → subscribeの順番にチェーン（順次実行）されます。

createはObservableインスタンスを生成するメソッドです。subscribeOn、observeOnでUI Threadを処理しています。subscribeは結果を通知する箇所です。

また、AsyncTaskやAsyncTaskLoaderでFragmentが破棄された場合は、Activityの生存を確認しなければいけませんでした。しかし、CompositeSubscriptionを使用することで、FragmentのonDestroyが呼ばれた後はsubscribeが呼ばれないようにできます。

▼リスト CompositeSubscription による subscribe 処理の制御例

```
public class MyFragment extends Fragment {

    private final CompositeSubscription mCompositeSubscription =
        new CompsiteSubscription();

    @Override
    public void onStart() {
        super.onStart();
        mCompositeSubscription.add(
            Observable.create(new Observable.OnSubscribe<String>() {

                @Override
                public void call(Subscriber<? super String> subscriber) {
                    // 非同期処理を行い、成功した場合
                    subscriber.onNext("success");
                    subscriber.onCompleted();
                }

            })
            .subscribeOn(Schedulers.newThread())
            .observeOn(AndroidSchedulers.mainThread())
            .subscribe(new Subscriber<String>() {
                @Override
                public void onCompleted() {
                }

                @Override
                public void onError(Throwable e) {
                }

                @Override
                public void onNext(String result) {
                    // FragmentやActivityが破棄された場合は、
                    // このメソッドは呼ばれない
                }
            })
        );
    }
```

```
    @Override
    public void onDestroy() {
        mSubscription.unsubscribe();
        super.onDestroy();
    }
}
```

第6章

不必要な処理を切り分ける

58 設計段階でバッテリ消耗を最低限に抑える

携帯端末で電池消費の大きい処理には、おもに以下のものがあります。

- ディスプレイの点灯
- 通信
- 位置情報の取得（GPS：Global Positioning System）

ほかにも、バックグラウンドServiceやOpenGLの利用など、いくつか電池消費の大きい要素はありますが、よく使われ、かつ比較的工夫の余地があるのが上記3つだと言えるでしょう。

これらの機能に関して「本当に必要か（代替手段はないか）」「いつ必要か」を慎重に検討し、適切な方法で、必要最小限の処理を行うことが重要です。たとえば、端末間でデータのやりとりをするようなアプリを作成する場合、もちろんサーバを経由してデータをやりとりすることも考えられますが、ほかにもAndroid Beam、Wi-Fi Direct、Bluetooth、バーコードといった手段が考えられます。やりとりするデータの量や利用頻度を考慮して、適切な方法を選択しましょう。

位置情報を用いたアプリでは、必ずしもGPSで位置情報を取得しなくても、画面に地図を表示してユーザーに位置を入力してもらうようにしたり、要所要所にQRコードやNFC（Near Field Communication）タグを配置してユーザーに読み取ってもらったり、ビーコンなどのハードウェアを組み合わせたりすることで位置を特定する方法も考えられます。GPSは屋内での利用に弱いので、建物の中を案内するようなアプリを実現するのにGPSを使ってしまうと、なかなか位置情報が取れないまま、GPSによる電池の消費ばかり進んでしまいます。

そこで、必要な要素を見極め、それら要素に処理が必要最低限になるよう、慎重に設計しましょう。

59 決まった時間に通信することを避ける

定期的にサーバ通信を行うアプリを開発する際、どのタイミングで通信するかが重要です。通信間隔が短かったり、アプリがフォアグラウンドの時にのみ通信を行うような場合は、「ScheduledExecutorService」の利用が考えられます。

一方、決まった時間に定期処理を確実に行う時は、「AlarmManager」を用いて処理の実行時間を指定します。その時、「毎時0分」や「毎日0時」といった固定の時刻での指定は極力避けることが重要です。決まった時刻に通信するように実装すると、ダウンロードされたすべてのアプリから一斉に通信が実行されてしまうため、サーバの負荷が上がり、その結果レスポンスが遅れたり、サーバが503エラーを返すといった状況が考えられるからです。そして、リトライなど不要な処理が増えてしまい、電池消費もかさみます。定期処理の時刻を設定する際は、「ユーザーがアプリを起動してから1時間おき」というように、ユーザーごとに違うタイミングになるような指定をしたり、乱数を活用して「×時＋ランダムな時間」といった指定をして、処理のタイミングが重ならないようにするとよいでしょう。

API Level 19からは、AlarmManagerのsetメソッドの挙動が変わり、指定した時間に処理が開始されることが保障されなくなったので、決まった時間を指定しても端末ごとに実行時間は多少ずれます（正確な時間を指定したい場合はsetExactを使用します）。それでも処理上、明示的にランダム性を持たせたほうが確実に処理の重なりを避けられるので安心です。

実装例を見てみましょう。以下は「10分＋1～3分」ごとに通信を行うコードです。

▼リスト　10分＋1～3分ごとに通信を行う

```
public class MainActivity extends Activity {

    public static final String ACTION_REPEAT_CONNECTION =
        "com.example.action.ACTION_REPEAT_CONNECTION";

    @Override
    protected void onCreate(Bundle savedInstanceState) {
```

```
        super.onCreate(savedInstanceState);
        setContentView(R.layout.activity_main);

        // 通信開始用Intentを捕捉するためのフィルタを用意。
        IntentFilter intentFilter = new IntentFilter();
        intentFilter.addAction(ACTION_REPEAT_CONNECTION);

        // ブロードキャストレシーバを用意して、通信開始のIntentを受け取る。
        MainActivity.this.registerReceiver(new BroadcastReceiver() {
            @Override
            public void onReceive(Context context, Intent intent) {
                if (ACTION_REPEAT_CONNECTION.equals(intent.getAction())) {
                    Toast.makeText(context, "ここで通信処理を行う",
                                   Toast.LENGTH_SHORT).show();
                    // 乱数を用意し、次の実行までの時間にゆらぎを与える。
                    Random ran = new Random(System.currentTimeMillis());
                    // 「10分 + 1～3分」後に次の通信を行うようスケジューリング。
                    startAlarm(
                            // 10分
                            (1000 * 60 * 10)
                            // 1～3分（ランダム）
                          + (1000 * 60 * (ran.nextInt(3) + 1))
                    );
                }
            }
        }, intentFilter);
        // 初回の通信はすぐ（0ミリ秒後）に実行する。
        startAlarm(0);
    }

    // xミリ秒後に次回の通信開始をスケジューリングする。
    public void startAlarm(int millisecOffset) {
        AlarmManager alarmManager =
            (AlarmManager) getSystemService(Context.ALARM_SERVICE);
        Intent intent = new Intent(ACTION_REPEAT_CONNECTION);
        PendingIntent pendingIntent =
            PendingIntent.getBroadcast(this, 0, intent, 0);
        alarmManager.set(AlarmManager.ELAPSED_REALTIME,
                         SystemClock.elapsedRealtime() + millisecOffset,
                         pendingIntent);
```

```
    }
}
```

60 電源の状態に応じて通信頻度を変える

携帯電話もタブレットも、基本的には持ち歩くことを想定していて、電池で駆動していますが、電源をつないだまま、充電状態で使う場合や外部電源をつないで使うこともあります。外部の電源を利用している間は電池の寿命を気にする必要がないので、電源の状態に応じて通信頻度を変えることで効率良く電池が利用できます。Android 6.0から正にこの制御を行う「Doze」機能が追加され、すべてのアプリは端末の状態によって通信を制限されるようになりました。しかしユーザーはDoze機能を無効にすることもできるので、OSの機能に頼るだけでなく、アプリ側でも電池状態を判定するのもよいでしょう。Android 6.0未満の端末に対しても優しいアプリになります。

Androidには電源の状態を細かく取得する機能があります。通信の発生前、もしくはAlarmManagerなどで通信のスケジュールを設定する際に、電源の状態を取得し、状態に合った頻度で通信を実施するのもよいでしょう。

■ バッテリに優しいアプリを作る

ContextクラスのregisterReceiver()メソッドにnullを渡すと、その時点での電源の状態を取得できます。

▼リスト　電源の状態を把握する

```
IntentFilter intentFilter = new IntentFilter(Intent.ACTION_BATTERY_CHANGED);
Intent batteryIntent = context.registerReceiver(null, intentFilter);
// バッテリの状態を取得。
int chargeStatus = batteryIntent.getIntExtra(BatteryManager.EXTRA_STATUS, -1);
if(chargeStatus == BatteryManager.BATTERY_STATUS_FULL){
    Log.v("ChargeStatus", "満充電");
}else if(chargeStatus == BatteryManager.BATTERY_STATUS_CHARGING){
    Log.v("ChargeStatus", "充電中");
}else if(chargeStatus == BatteryManager.BATTERY_STATUS_DISCHARGING){
    Log.v("ChargeStatus", "放電中");
}else if(chargeStatus == BatteryManager.BATTERY_STATUS_NOT_CHARGING){
    Log.v("ChargeStatus", "充電なし");
}
```

```
// 電源供給元を取得。
int chargeSource = batteryIntent.getIntExtra(BatteryManager.EXTRA_PLUGGED, -1);
if(chargeSource == BatteryManager.BATTERY_PLUGGED_AC){
    Log.v("ChargeSource", "ACアダプター");
}else if(chargeSource == BatteryManager.BATTERY_PLUGGED_WIRELESS){
    Log.v("ChargeSource", "ワイヤレス充電");
}else if(chargeSource == BatteryManager.BATTERY_PLUGGED_USB){
    Log.v("ChargeSource", "USB");
}
// バッテリ最大値と残量を取得。
int batteryLevel = batteryIntent.getIntExtra(BatteryManager.EXTRA_LEVEL, -1);
int batteryMax = batteryIntent.getIntExtra(BatteryManager.EXTRA_SCALE, -1);
Log.v("BatteryLevel", batteryLevel + "/" + batteryMax);
```

さらに、電源の状態変化も検知可能です。

▼リスト　電源の状態変化を検知するBroadcast ReceiverのAndroidManifest.xml設定

```
        <receiver android:name=".BatteryWatcher">
            <intent-filter>
                <action android:name=
                    "android.intent.action.ACTION_POWER_CONNECTED" />
                <action android:name=
                    "android.intent.action.ACTION_POWER_DISCONNECTED" />
                <action android:name="android.intent.action.BATTERY_OKAY" />
                <action android:name="android.intent.action.BATTERY_LOW" />
            </intent-filter>
        </receiver>
    </application>
</manifest>
```

▼リスト　電源の状態変化を検知するBroadcast Receiverの実装

```
public class BatteryWatcher extends BroadcastReceiver {
    @Override
    public void onReceive(Context context, Intent intent) {
        String intentAction = intent.getAction();
        // 電源供給があるか。
        if(Intent.ACTION_POWER_CONNECTED.equals(intentAction)){
```

```
            int chargeSource =
                intent.getIntExtra(BatteryManager.EXTRA_PLUGGED, -1);
            if(chargeSource == BatteryManager.BATTERY_PLUGGED_AC){
                Log.v("電源", "ACアダプター");
            }else if(chargeSource == BatteryManager.BATTERY_PLUGGED_WIRELESS){
                Log.v("電源", "ワイヤレス充電");
            }else if(chargeSource == BatteryManager.BATTERY_PLUGGED_USB){
                Log.v("電源", "USBケーブル");
            }
        }else if(Intent.ACTION_BATTERY_LOW.equals(intentAction)){
            Log.v("電池状態", "残量が少なくなりました");
        }else if(Intent.ACTION_BATTERY_OKAY.equals(intentAction)){
            Log.v("電池状態", "残量が少ない状態から回復しました");
        }
    }
}
```

基本的には、電源の状態を細かく監視する必要はなく、電池残量が低くなったこと（Intent.ACTION_BATTERY_LOW）が検知できれば十分です。

電池の残量が少ない状態で通信を行うと、通信中に電池が切れる可能性も考えられます。電池の残量が少なくなったら、通信回数を減らしたり、データ量の少ない通信内容に切り替えるといった処理を入れておくと、電池に優しいアプリになります。

61 インターネット接続の有無に応じて定期通信を止める

通信処理を実行する直前に、インターネットへの接続が可能な状態かどうか確認すると、無駄な処理を削減できます。定期的に通信を行う場合など、インターネットが利用できない間、定期通信を止めることで電池の消費を抑えられます。

インターネット接続が可能かどうかは、以下のような処理で判別可能です。

▼リスト　インターネットへの接続状態を判別する処理

```
ConnectivityManager cm =
    (ConnectivityManager)context.getSystemService(Context.CONNECTIVITY_SERVICE);
NetworkInfo activeNetwork = cm.getActiveNetworkInfo();
boolean isConnected = false;
if(activeNetwork != null && activeNetwork.isConnectedOrConnecting()){
    isConnected = true;
}
```

定期処理を止めた場合、インターネット接続が再開された時に、定期処理も再開する必要があります。接続状態を監視し、ネットワークが利用可能になったらAlarmManagerに次の通信処理をスケジューリングするといった実装をするのがよいでしょう。通信状態の変化はBroadcastで通知されるので、Broadcast Receiverを用意し、監視できます。

▼リスト　インターネットへの接続状態を検知するBroadcast ReceiverのAndroidManifest.xml設定

```
        <receiver android:name=".NetworkWatcher">
            <intent-filter>
                <action android:name="android.net.conn.CONNECTIVITY_CHANGE" />
            </intent-filter>
        </receiver>
    </application>
</manifest>
```

▼**リスト**　インターネットの接続／切断状態を検知するBroadcast Receiverの実装

```
public class NetworkWatcher extends BroadcastReceiver {
    @Override
    public void onReceive(Context context, Intent intent) {
        String intentAction = intent.getAction();
        if(ConnectivityManager.CONNECTIVITY_ACTION.equals(intentAction)){
            ConnectivityManager cm = (ConnectivityManager)context. ➘
getSystemService(Context.CONNECTIVITY_SERVICE);
            NetworkInfo activeNetwork = cm.getActiveNetworkInfo();
            boolean isConnected = false;
            if(activeNetwork!=null && activeNetwork.isConnectedOrConnecting()){
                isConnected = true;
            }
            Log.v("通信状態", (isConnected)?"接続":"切断");
        }
    }
}
```

Android NからCONNECTIVITY_ACTION（android.net.conn.CONNECTIVITY_CHANGE）は受け取れなくなりました。もし状態の変化をAndroid Nで対応する場合は、6.3節「バックグラウンド処理の最適化（N機能）」を参照してください。

62 通信経路で通信状態を変える

端末がインターネットに接続する際、3Gや4Gなどモバイルデータ接続（セルラー通信）を利用する場合と、無線LAN環境を利用する場合があります。これらの接続方法は、通信速度の違いもありますが、電池の消費にも違いがあります。モバイルデータ接続のほうがコネクション確立時の処理量が多く、Wi-Fiよりも電池の消費が大きいという特徴があります。そこで、Wi-Fiの時にしか定期通信を行わないよう制御したり、Wi-Fiの時だけサイズの大きいデータをやりとりする、といった制御をすることで、電池の消費を抑えられます。

たとえば、ニュース閲覧アプリでは、モバイルデータ接続の時は見出しだけ取得し、Wi-Fi接続の時に本文も取得する処理が考えられます。画像閲覧アプリでは、モバイルデータ接続の時はサムネイルだけ取得し、Wi-Fi接続の時に実際の画像を取得するといった切り替えも考えられます。

現在の接続がどの種別かは、以下のようにConnectivityManagerから取得可能です。

▼リスト　通信経路を調べる

```
ConnectivityManager cm = (ConnectivityManager)context.getSystemService(
    Context.CONNECTIVITY_SERVICE);
NetworkInfo activeNetwork = cm.getActiveNetworkInfo();
boolean isWiFi = false;
if(activeNetwork != null){
    if(networkType == ConnectivityManager.TYPE_WIFI){
        isWiFi = true;
    }
}
```

63 バックグラウンド通信を制御する

Android N からバックグラウンドデータ通信のコストを制限するためにデータセーバーという機能が追加されました。ユーザーは「設定」→「データ使用量」→「データセーバー」でこの機能を有効にすることができます。

データセーバーを有効にすると、課金される通信網ではバックグラウンド通信をブロックし、フォアグラウンドアプリに対しては通信をなるべく抑えるようシステムがアプリに状態を通知します。

■ データセーバーの設定を確認する

携帯端末を利用していると通信コストがかんたんにかさんでいきます。ユーザーが高い通信料を払わずに済むよう、通信量をおさえたり、従量課金の通信経路を使用させないといった処理が求められます。

動画や電子書籍データなどの容量が大きいデータをダウンロードする場合やバックグラウンドで通信する場合に、その時使うネットワークが課金されているかチェックすると、ユーザーの財布に優しいアプリが作れます。

データセーバーが有効になっている場合、バックグラウンドでの従量課金ネットワークは制限されます。フォアグラウンドでの通信はアプリ側でデータセーバーの設定状態を判定し、適宜通信を制御する必要があります。以下のようなコードでデータセーバーの設定状態を取得できます。

▼リスト　データセーバーの状態を判定する

```
ConnectivityManager cm = (ConnectivityManager)
        getSystemService(Context.CONNECTIVITY_SERVICE);

// 課金されている通信経路か判定。
if (cm.isActiveNetworkMetered()) {
  switch (cm.getRestrictBackgroundStatus()) {
    case RESTRICT_BACKGROUND_STATUS_ENABLED:
        // バックグラウンド通信は制限されています。
        // フォアグラウンド時に通信を抑えるような処理をここで実行します。
        break;
```

```
    case RESTRICT_BACKGROUND_STATUS_WHITELISTED:
        // このアプリはホワイトリストに含まれていて、制限を受けません。
        // しかし可能な限りフォアグラウンド・バックグラウンドの通信を抑える
        // 処理を実装します。
        break;
    case RESTRICT_BACKGROUND_STATUS_DISABLED:
        // データセーバーは無効になってます。
        // しかし課金ネットワークを使用しているので、極力通信を抑えるべきです。
        break;
  }
}
```

データセーバーの状態がRESTRICT_BACKGROUND_STATUS_ENABLEDの場合にバックグラウンドで従量課金ネットワークの通信が制限されます。実際にHttpURLConnectionなどで通信を行うと例外が発生します。

課金されたネットワークかどうかを判定しているのは以下の処理です。

▼リスト　通信経路が課金経路かを取得する

```
ConnectivityManager cm = (ConnectivityManager)
        getSystemService(Context.CONNECTIVITY_SERVICE);
boolean active = cm.isActiveNetworkMetered();
```

trueであれば従量課金モバイル通信、そうでなければfalseが返却されます。

データセーバーが無効（RESTRICT_BACKGROUND_STATUS_DISABLED）になっている場合や、フォアグラウンドの場合でも、端末が従量制課金ネットワークに接続されている場合は、データ使用量をおさえるため、容量が大きいファイルをダウンロード前にはWi-Fiで接続することを推奨したり、ユーザーに確認したりすることが大事です。

64 通信データの量を減らす

通信時に送受信するデータの量を減らすことで、処理時間を短縮でき、その結果、電池の消費を抑えることができます。もちろん、無駄なデータを送受信する前提で、アプリ・サーバ間インターフェースを設計することはないでしょうが、データ量を減らす工夫がいくつかあるので、適用できないか検討してみましょう。

Android 2.3から、HttpURLConnectionを用いて通信を行う場合、リクエストに「Accept-Encoding: gzip」ヘッダが自動的に追加されるようになりました。つまりAndroidアプリは、圧縮されたレスポンスを受信することができるのです。サーバ側をgzipに対応させることで、レスポンスのデータ量を大きく減らすことが可能です。

必要最低限のデータだけを返すようにする考え方は重要です。たとえば、Androidアプリがサーバから画像データを受け取って、アプリ内で画像サイズを縮小する場合は、サーバ側で縮小してから画像データを返す設計にすると少ないデータ量のやりとりで済みます。ただし、これらの対応をするとサーバ側の処理が増えるので、サーバ側が十分負荷に耐えられるか試験する必要があります。しかし、基本的に「重い処理」や「重要な処理」は極力サーバ側で処理させたほうがスムーズかつ安全です。

また、レスポンスだけでなく、Androidアプリからサーバに多くのデータを送る場合は、送信データも圧縮できないか検討しましょう。

さらに、データの形式も慎重に検討してください。AndroidにはJSON（JavaScript Object Notation）というデータ形式を扱うクラスが用意されているため、サーバ通信のデータ形式としてJSONを使うケースがよくあります。JSONは、比較的軽量なデータ形式ですが、バイナリデータを含める場合は、URLエンコードなどの処理でバイナリデータを文字列に変換する必要があり、データ量が増加します。文字列やバイナリデータが混在する通信が必要な時は、multipart/form-dataやTLV（Type-Length-Value）といった手法も検討するとよいでしょう。

65 データをまとめて取得して、通信回数を減らす

通信を行う際、電池を多く消費するのは、通信開始時のコネクションを確立するタイミングです。そのため、少量のデータで複数回通信を行うよりは、大量のデータを1回の通信で送受信する設計にしたほうが、たいていの場合、電池の消費を抑えられます。

たとえば、GPSロガーアプリで、位置情報とアプリ起動履歴をサーバに送る場合、それぞれの通信を発生させず、両方の情報を1つの通信で送信する設計にするとよいでしょう。いろいろなデータを扱う場合でも、極力1つの通信に相乗りさせて集約することを検討してください。

■ 複数のデータを送る

複数データを1回の通信で送る方法はいくつか考えられ、最近はJSON形式を用いることが多いとは思います。2種類の明確に違うデータを送ることもあるので、今回は「multipart/form-data」形式で送る例を見てみましょう。この形式はバイナリデータを送るのにも便利です。GPSの位置情報と、アプリの起動日時の2種類のデータを記録し、アプリの起動回数が10回になったら、位置情報データと起動ログデータを1回の通信でサーバに送信します。「multipart/form-data」形式でデータ送信するための便利なライブラリも存在しますが、ここはあえて純粋にJavaで処理を実装します。

以下のサンプルでは、メイン画面のActivity、位置情報を取得するService、ファイル保存や日付操作のユーティリティクラスの3つのクラスでアプリを構成しました。順番に見てみましょう。

まずはユーティリティクラスです。ファイルへのデータ追記はActivityとServiceの両方で使うので、このクラスにまとめました。staticメソッドなどは、ほかのアプリでも応用が利きやすいので、このようにユーティリティクラスにまとめておくと便利です。

▼リスト ユーティリティクラス

```
public class Utils {
```

```
// 特定の日時の通算ミリ秒を受け取り、書式を整えて文字列として返す。
public static String formatDate(long timeMs){
    Calendar cal = Calendar.getInstance();
    cal.setTimeInMillis(timeMs);
    SimpleDateFormat dateTemplate =
        new SimpleDateFormat("yyyy/MM/dd HH:mm:ss.SSS");
    return dateTemplate.format(cal.getTime()).toString();
}

// 指定したファイルに文字列データを追記する。成功した場合はtrueを返す。
public static boolean appendToFile(Context context, String fileName,
                                   String saveValue){
    FileOutputStream out = null;
    try {
        // 追記モードでファイルを開く。
        out = context.openFileOutput(fileName,
                    Context.MODE_PRIVATE | Context.MODE_APPEND);
        out.write(saveValue.getBytes());
        out.close();
        return true;
    } catch (FileNotFoundException e) {
        // 指定されたファイルが見つからなかった場合。
    } catch (IOException e) {
        // 入出力系エラー。
    }
    return false;
}

// 指定したファイルのサイズを取得する。
public static long getFileSize(Context context, String fileName){
    File targetFile = null;
    targetFile = context.getFileStreamPath(fileName);
    // FileInputStream#available()より正確なサイズが取得できる
    // File#length()を使用。
    return targetFile.length();
}

// Serviceが起動中か確認する。実行中のService一覧を取得して、その中から探す。
public static boolean isServiceRunning(Context context,
                           String serviceClassName){
```

```
        ActivityManager am =
            (ActivityManager)context.getSystemService(Context.ACTIVITY_SERVICE);
        List<RunningServiceInfo> rs = am.getRunningServices(Integer.MAX_VALUE);
        for(RunningServiceInfo thisSvcInfo : rs){
            if(thisSvcInfo.service.getClassName().equals(serviceClassName)){
                return true;
            }
        }
        return false;
    }
}
```


次は、位置情報を取得するためのService実装ですが、今回はLocationManagerを用いました。位置情報取得はLocationManagerを使う方法とLocationServiceを使う方法がありますが、LocationServiceを使う場合は、端末にGoogle Play Servicesがインストールされている必要があります。Serviceクラスを継承して、かつLocationManagerインターフェースを実装しているので、要オーバーライドなメソッドが結構ありますが、基本的にたいした処理は行っていません。位置情報の更新があった際に、ファイルに追記しているだけです。

▼リスト　位置情報を取得するServiceの実装

```
public class GpsLoggerService extends Service implements LocationListener {
    private LocationManager mLocationManager = null;
    @Override
    public void onCreate() {
        super.onCreate();
        mLocationManager =
            (LocationManager) getSystemService(Context.LOCATION_SERVICE);
    }
    @Override
    public IBinder onBind(Intent intent) {
        return null;
    }
    @Override
    public int onStartCommand(Intent intent, int flags, int startId) {
        Toast.makeText(this, "位置情報取得開始", Toast.LENGTH_SHORT).show();
        mLocationManager.requestLocationUpdates(
            LocationManager.NETWORK_PROVIDER, 0, 0, this);
```

```
        return super.onStartCommand(intent, flags, startId);
    }
    @Override
    public void onDestroy() {
        super.onDestroy();
        Toast.makeText(this, "位置情報取得終了", Toast.LENGTH_SHORT).show();
        if (mLocationManager != null) {
            mLocationManager.removeUpdates(this);
        }
    }

    @Override
    public void onLocationChanged(Location location) {
        Toast.makeText(this,
            "位置情報取得, lat:"
            + location.getLatitude()
            + ", lon:"
            + location.getLongitude(),
            Toast.LENGTH_SHORT).show();
        StringBuilder gpsRecord = new StringBuilder();
        gpsRecord
            .append(Utils.formatDate(System.currentTimeMillis()))
            .append(",").append(location.getLatitude())
            .append(",").append(location.getLongitude())
            .append("\n");
        // 【データファイルその1】取得日時、緯度、経度を
        // カンマ区切りでファイルに追記する。
        Utils.appendToFile(this, "location.log", gpsRecord.toString());
    }
    @Override
    public void onProviderDisabled(String provider) {
    }
    @Override
    public void onProviderEnabled(String provider) {
    }
    @Override
    public void onStatusChanged(String provider, int status, Bundle extras) {
    }
}
```

最後に、肝心の Activity です。と言っても、Activity 自体の処理は位置情報の取得開始ボタンの処理ぐらいで、後は内部クラスとして定義されている AsyncTask の実装がほとんどです。AsyncTask 内では、通信を開始し、2 種類のデータファイルを順番に読み込み、通信先に送る処理を行っています。

▼リスト メイン画面の Activity 実装

```
public class MainActivity extends Activity {
  private boolean isGpsRunning = false;
  private Button gpsButton = null;
  private Intent gpsIntent = null;
  @Override
  protected void onCreate(Bundle savedInstanceState) {
    super.onCreate(savedInstanceState);
    setContentView(R.layout.activity_main);

    // 通算ミリ秒から現在日時の文字列を生成する。
    String nowDate = Utils.formatDate(System.currentTimeMillis());
    // 【データファイルその1】生成した文字列を、
    // 起動日時としてファイルに記録（追記）する。
    // （注：onCreate時なので、厳密には「起動時」ではありません。
    // 縦横切り替えでも呼ばれます）
    Utils.appendToFile(this, "app_exec.log", nowDate + "\n");

    // 位置情報記録Service呼び出し用Intentを用意する。
    gpsIntent = new Intent(this, GpsLoggerService.class);
    // 位置情報記録Serviceが起動しているかチェックする。
    isGpsRunning = Utils.isServiceRunning(this,
                         GpsLoggerService.class.getName());

    // ボタンの設定、位置情報記録Serviceをon・offする。
    gpsButton = (Button)findViewById(R.id.button1);
    gpsButton.setOnClickListener(new OnClickListener(){
      public void onClick(View view) {
        if(isGpsRunning){
          stopService(gpsIntent);
        }else{
          startService(gpsIntent);
        }
        isGpsRunning = !isGpsRunning;
```

```
        gpsButton.setText(
            (isGpsRunning)?"位置情報取得停止":"位置情報取得開始");
      }
    });
    // 位置情報記録Serviceの状態に応じたボタンラベルを設定。
    gpsButton.setText((isGpsRunning)?"位置情報取得停止":"位置情報取得開始");

    // アプリ起動ログが10件に達していたら、位置情報と一緒にサーバ送信する。
    // アプリ起動日時は1レコード24バイトで記録しているので、
    // ファイルサイズを24で割ってレコード数を取得。
    if((Utils.getFileSize(this, "app_exec.log") / 24) > 9){
      // AsyncTaskを用いて、別スレッドでサーバ通信を実施。
      AsyncFileSender fileSender = new AsyncFileSender();
      fileSender.execute();
    }
  }

  // 非同期でサーバ通信を行うためのAsyncTask。
  private class AsyncFileSender extends AsyncTask<Void, Void, Boolean> {
    // POSTデータを切り分けるバウンダリ文字列。ランダム生成しても構いません。
    final String boundary = "qazwsxedcrfvtgbyhn";
    // サーバに送るファイルの一覧を格納したString配列。
    final String[] fileList = {"app_exec.log", "location.log"};

    // バックグラウンド処理。
    @Override
    protected Boolean doInBackground(Void... params) {
      // 通信やファイル処理に必要な各種要素。
      HttpURLConnection conn = null;
      InputStream in = null;
      OutputStream out = null;
      URL urlObj;
      InputStream fileIn = null;
      try {
        int size = 0;
        // ファイル送信先のURLをここで指定。
        urlObj = new URL("http://myserver.co.jp/uploadFiles");
        conn = (HttpURLConnection)urlObj.openConnection();
        conn.addRequestProperty("Content-Type",
            "multipart/form-data; boundary=" + boundary);
```

```
        conn.setRequestMethod("POST");
        conn.setDoOutput(true);
        out = conn.getOutputStream();

        // サーバに送るファイルの数だけ繰り返し。
        for(int i = 0; i < fileList.length; ++i){
          byte[] byteBuffer = new byte[1024];
          StringBuilder postData = new StringBuilder();

          // 複数データの区切りであるバウンダリ情報、
          // ファイル名、データ種別などを送る。
          postData
          .append("--")
          .append(boundary)
          .append("\r\n")
          .append("Content-Disposition: form-data; name=\"data")
          .append(i)
          .append("\"; filename=\"")
          .append(fileList[i])
          .append("\"\r\n")
          .append("Content-Type: application/octet-stream\r\n\r\n");
          out.write(postData.toString().getBytes());

          // ファイルを開いて、その内容を取得しつつ、通信でサーバに送る。
          // ※注※ このサンプルでは排他制御を入れていません。
          // 実際のアプリではファイルアクセスを制御しましょう。
          fileIn = openFileInput(fileList[i]);
          while((size = fileIn.read(byteBuffer)) > 0){
            out.write(byteBuffer, 0, size);
          }
          fileIn.close();
          out.write("\r\n".getBytes());
          deleteFile(fileList[i]);
        }

        // すべてのファイルの情報を送ったら、末尾のバウンダリ情報を送る。
        out.write(("--" + boundary + "--\r\n").getBytes());
        out.close();

        // サーバのレスポンスコードを判定する場合はこの値を使用。
```

```
            int respCode = conn.getResponseCode();
            in = conn.getInputStream();
            byte[] byteBuffer = new byte[1024];

            // サーバのレスポンスボディを受け取る場合はここで処理。
            while((size = in.read(byteBuffer)) != -1){
            }
            return true;
        } catch (MalformedURLException e) {
            // URL形式に問題があった場合のエラー。
        } catch (IOException e) {
            // 入出力関連エラー。
        }
        return false;
    }
  }
}
```

全貌がつかみやすいよう、かなり簡略化されたソースになっていますが、この実装で、サーバ側ではパラメータ名「data0」で起動ログのデータ、「data1」で位置情報データを取得可能です。

■ 通信量を抑える

今回は、サーバ側の実装がシンプルに済むように「multipart/form-data」形式にしました。通信量をより小さくしたい場合は、Tag-Length-Value 形式も検討するとよいでしょう。データの形式は、テキストでなく、バイナリ形式で保存・送信することで、通信量をさらに抑えられます。JSON 形式がかなり一般的になってきていますが、XML 形式よりはコンパクトなものの、決してデータ量が小さくはないので、利便性と通信量のバランスを考えてデータ形式を選ぶとよいでしょう。

66 取得したデータをキャッシュして通信を減らす

サーバから複数の画像を取得して画面に表示するアプリの場合、「LruCache」を活用することで、一度取得した画像をキャッシュし、無駄に何度も取得しない（通信しない）作りにできます。特定のデータをキャッシュするのには、LruCacheの利用が適しています。通信全体をキャッシュするなら、HttpResponseCacheの利用を検討するのもよいでしょう。キャッシュフォルダの名前と作成場所、サイズを指定するだけで、キャッシュ機能が有効になります。

以下のgetCacheDir()メソッドは、「/data/data/[パッケージ名]/cache」というパスを返します。キャッシュを外部ストレージに保持したい場合は、getExternalCacheDir()を使います。

▼リスト　getCacheDir() メソッド

```
@Override
protected void onCreate(Bundle savedInstanceState) {
    super.onCreate(savedInstanceState);
    setContentView(R.layout.activity_main);
    try{
        File cacheDir = new File(this.getCacheDir(), "httpCache");
        HttpResponseCache.install(cacheDir, 10 * 1024 * 1024);
    }catch(IOException e){
        // エラー処理
    }
}

@Override
protected void onStop() {
    super.onStop();
    HttpResponseCache httpCache = HttpResponseCache.getInstalled();
    if(httpCache != null){
        httpCache.flush();    // ファイルへの書き出しを強制
    }
}
```

ただし、HttpResponseCacheを利用すると、通信で取得したデータが端末上に残るので、著作権を伴うデータなど、機微な情報を扱うのには適していません。

キャッシュしたデータを更新する必要がある時は、HttpURLConnectionオブジェクトのaddRequestProperty()メソッドでCache-Control値を設定します。

▼**リスト** addRequestProperty()メソッド

```
connection.addRequestProperty("Cache-Control", "no-cache");
```

67 プッシュ機能を用いる

サーバから最新のデータを取得するために、アプリからサーバに定期的に通信する（ポーリングする）場合があります。その時、サーバ上に新しいデータがなければ、その通信は無駄になってしまいます。

サーバ上に取得すべき情報がある時にだけ通信を行えば、無駄な通信を発生させずに済み、電池消費を必要最低限に抑えられます。そこで、サーバから端末へのプッシュ通知を使えば、端末上のアプリに通信が必要なタイミングを知らせることができます。Androidにはプッシュの機能が用意されています。もともとC2DM（Cloud to Device Messaging）という仕組みだったのがGCM（Google Cloud Messaging）という仕組みにバージョンアップされ、さらに今はFCM（Firebase Cloud Messaging）という仕組みに置き換えられています。どんどん便利に、かつ、実装も楽になってきています。

■ ポーリングとプッシュ

ここでは、ポーリングとプッシュを、コード例で比較してみましょう。

まず、定期的な処理を実装する方法の1つに、以下のようにAlarmManagerとIntentServiceを組み合わせる方法があります。Activity側では、onCreateのタイミングで、定期的に発行するIntentをAlarmManagerに登録します。

▼リスト 定期処理を設定するActivityの実装

```
public class MainActivity extends Activity {

    @Override
    protected void onCreate(Bundle savedInstanceState) {
        super.onCreate(savedInstanceState);
        setContentView(R.layout.activity_main);

        AlarmManager alarmManager =
            (AlarmManager) getSystemService(Context.ALARM_SERVICE);
        Intent intent = new Intent(this, PollingService.class);
        PendingIntent pendingIntent =
            PendingIntent.getService(getApplicationContext(), 0, intent, 0);
```

```
        // setRepeating()メソッドで繰り返しTaskをスケジューリング。
        // 10分間隔に設定
        alarmManager.setRepeating(
            AlarmManager.ELAPSED_REALTIME,
            SystemClock.elapsedRealtime(),
            1000 * 60 * 10,
            pendingIntent);
    }
}
```

次に、Intentを受け取るServiceを以下のように準備します。IntentServiceはUIスレッドとは別のスレッドで動作する仕様なので、処理にかかる時間を気にしなくて済みます。

▼リスト　定期的に発行されるIntentで起動するIntentServiceの実装

```
public class PollingService extends IntentService {

    public PollingService() {
        super("PollingService");
    }

    @Override
    protected void onHandleIntent(Intent intent) {
        // ここに定期通信の処理を実装
    }
}
```

前述のとおり、上記の処理だとデータが更新されていない場合でもサーバ通信が発生して、無駄な通信で電池の浪費につながってしまいます。そこで、プッシュを使用します。以下、プッシュ処理の中心部分を紹介します。

FCM通知を受け取るには、FirebaseMessagingServiceを継承したクラスとFirebaseInstanceIdServiceを継承したクラスを用意します。AndroidManifest.xmlに、次のように各Serviceを登録します。

▼リスト　Serviceを登録

```
<service
    android:name=".MyFirebaseMessagingService">
```

```
    <intent-filter>
        <action android:name="com.google.firebase.MESSAGING_EVENT"/>
    </intent-filter>
</service>

<service
    android:name=".MyFirebaseInstanceIdService">
    <intent-filter>
        <action android:name="com.google.firebase.INSTANCE_ID_EVENT"/>
    </intent-filter>
</service>
```


次にServiceの実装（抜粋）を見てみましょう。FirebaseInstanceIdServiceクラスは、プッシュに必要なトークンの処理に使用されます。

▼リスト　FirebaseInstanceIdService継承クラスの実装

```
public class MyFirebaseInstanceIDService extends FirebaseInstanceIdService {
    @Override
    public void onTokenRefresh() {
        // プッシュ処理に必要なトークンが更新された。
        String refreshedToken = FirebaseInstanceId.getInstance().getToken();
        // トークンをサーバに送るといった処理をここに実装。
    }
}
```

次のFirebaseMessagingServiceクラスには、プッシュを受け取った際の処理を実装します。FCMプッシュは「通知」と「データ」を含めることができます。「通知」を指定した場合、アプリ側に表示処理を実装しなくても端末にメッセージが表示されます。ただし、表示できる項目は決まっています。「データ」を指定した場合は、データの処理はアプリ側に実装する必要がありますが、自由なkey-value値が指定できます。

▼リスト　FirebaseMessagingService継承クラスの実装

```
public class MyFirebaseMessagingService extends FirebaseMessagingService {
    @Override
    public void onMessageReceived(RemoteMessage remoteMessage) {
        // ここにプッシュ受信時の処理を実装。
```

```
        // 送られてきたメッセージにデータが含まれているか判定。
        if (remoteMessage.getData().size() > 0) {
            // 受信データを処理。
        }

        // 通知情報が含まれているか判定。
        if (remoteMessage.getNotification() != null) {
            // 通知情報を処理。
        }
        // 端末のNotification表示などの処理をここで実装。
    }
}
```

プッシュ通知を受けると、上記onMessageReceivedメソッドが呼ばれます。これを契機にサーバ通信を行い、データを取得すれば、無駄な通信をせずに済みます。

ただし、FCMを利用する場合は、以下の点に注意しなければなりません

- **FCMで渡せるデータは最大2KB／4KBまで**

  「通知」は最大2KB、「データ」は最大4KBと、プッシュ通知で送れるデータの最大値が少ないため、画像や大量のテキストなどは送れない。そのため、プッシュ通知に重要なデータを入れるのでなく、あくまでもデータ更新の契機とする

- **有効期間は最大28日（4週間）**

  端末の電源が入っていないなど、プッシュが届かない場合にプッシュが保存される期間は最大で28日

FirebaseはAndroid以外のプラットフォームにも対応しているので、広い範囲で活用が可能です。以下はFirebaseの公式サイトになります。

▼URL　Firebase

```
https://firebase.google.com/
```

68 リトライ間隔をあけて通信する

通信失敗時のリトライ処理を実装する際は、「exponential backoff」の採用を検討しましょう。exponential backoffとは、処理失敗時の再処理タイミングを算出する際に、失敗回数に応じて間隔を長くしていくアルゴリズムです。この仕組みは、Android 5.0以降であればJobSchedulerを用いて実現することも可能ですが、ここではAlarmManagerを用いた実装方法を紹介します。

exponential backoffは、イーサネット上のフレームデータ再送処理にも使われていて、間隔の算出にランダム値を使用するなどの工夫がされていますが、サーバ通信のリトライ間隔の場合は、単純に間隔を延ばしていくだけでよいでしょう。GoogleのExponential Backoffに関する記載を見ると、リトライ間隔を1.5倍にしています。計算を簡略化するため、ここではリトライ感覚を都度2倍にする例を見てみましょう。たとえば最初のリトライ間隔が30秒であれば、次は60秒、120秒、240秒……というように間隔をあけていきます。失敗回数が多いほど、通信の回復までにかかる時間が長い可能性が高まるので、多くの場合exponential backoffアルゴリズムで無駄な通信が削減できます。

実際にexponential backoffを試すサービスを実装してみましょう。

処理は、IntentServiceを用いて実現します。IntentServiceはUIスレッドとは別のスレッドで実行されます。時間のかかる処理で、UIに影響しない処理を実装するのに非常に便利です。

リトライ間隔時間をSharedPreferenceに保存したり、SharedPreferenceから読み出す処理もこのクラス内に実装しました。わかりやすいように、リトライ間隔の初期値を3秒にしたので、リトライを繰り返すごとに6秒、12秒、24秒、と間隔が長くなっていきます。実際の開発では、通信のリトライなら30秒程度を初期値にしておくとよいでしょう。

▼リスト　バックグラウンド処理

```
public class BackgroundService extends IntentService {
    private static final String TAG = "BackgroundService";
    private static final String PREF_NAME = "com.example.backoffsample";
    private static final String PREF_KEY_BACKOFF = "pref_key_backoff";
```

```
// リトライ間隔初期値は3秒。
public static final long INITIAL_BACKOFF_MS = 3 * 1000;
public BackgroundService() {
    super("BackgroundService");
}
public static void setBackoff(Context context, long timeMs){
    final SharedPreferences prefs =
        context.getSharedPreferences(PREF_NAME, Context.MODE_PRIVATE);
    Editor editor = prefs.edit();
    editor.putLong(PREF_KEY_BACKOFF, timeMs);
    editor.commit();
}
public static long getBackoff(Context context){
    final SharedPreferences prefs =
        context.getSharedPreferences(PREF_NAME, Context.MODE_PRIVATE);
    return prefs.getLong(PREF_KEY_BACKOFF, 0);
}
@Override
protected void onHandleIntent(Intent intent) {
    Log.v(TAG, "バックグラウンド処理開始");
    // 時間のかかる処理。実際はここで通信などを行う。
    try{
        Thread.sleep(3 * 1000);
    }catch(Exception e){
    }
    Log.v(TAG, "バックグラウンド処理終了");
    // 次のリトライまでの間隔をSharedPreferenceから取得。
    long nextInterval = getBackoff(this);
    // リトライ間隔時間が0ミリ秒ならリトライをスケジューリングしない。
    // 実際は通信処理の結果などでリトライ要否を判定する。
    if(nextInterval > 0){
        Log.v(TAG, "次のリトライまでの時間（ミリ秒）:" + nextInterval);
        // リトライ間隔の時間が経過したらこのIntentService自身を呼び出す。
        PendingIntent pendingIntent =
            PendingIntent.getService(this, 0,
                new Intent(this,BackgroundService.class),
                PendingIntent.FLAG_CANCEL_CURRENT);
        AlarmManager am =
            (AlarmManager)getSystemService(Context.ALARM_SERVICE);
        am.set(AlarmManager.ELAPSED_REALTIME,
```

```
                SystemClock.elapsedRealtime() + nextInterval,
                pendingIntent);
            // リトライ間隔を倍にして再セット。
            setBackoff(this, nextInterval*2);
        }else{
            Log.v(TAG, "次のリトライはセットせず");
        }
    }
}
```


AndroidManifest.xmlにはもちろん上記のBackgroundServiceを登録するのですが、このアプリ以外から呼ばれないよう、exported="false"を指定しましょう。

▼リスト　ほかのアプリから呼ばれないように設定する

```
<service android:name=".BackgroundService" android:exported="false">
</service>
```

画面上のボタンをタップすると、logcatに以下のようなメッセージが出力されます。

▼実行結果

```
バックグラウンド処理開始
バックグラウンド処理終了
次のリトライまでの時間（ミリ秒）:3000
バックグラウンド処理開始
バックグラウンド処理終了
次のリトライまでの時間（ミリ秒）:6000
バックグラウンド処理開始
バックグラウンド処理終了
次のリトライまでの時間（ミリ秒）:12000
バックグラウンド処理開始
```

リトライ時間を都度保存しておく必要はありますが、決して複雑な実装ではありません。アプリに組み込むことを検討してみましょう。

69 レジュームダウンロードに対応する

Android アプリがサーバからデータを取得する時、取得途中で処理が中断されることがあります。途中まで取得したデータが不要ならそのままデータを破棄すればよいのですが、必要なデータであれば、最終的にデータ全体がそろっている必要があります。取得するデータ量が小さければ、中断により取得を失敗したデータを最初から再取得すれば問題ありません。

しかし、大きなデータの場合は、「Range リクエスト」を活用することで通信量を減らせます。Range リクエストとは、サーバにレスポンス範囲を指定するリクエスト方法です。この機能を使えば、中断された部分からデータを取得でき、途中まで取得したデータを無駄にせずに済みます。この手法を「レジュームダウンロード」と呼びます。Android アプリからサーバに通信する際に、HTTP ヘッダ内に「Range」プロパティを指定し、データのどの部分を取得したいか指定します。

具体例を見てください。次のように指定すると、サーバはデータの 256 バイト目から 1024 バイト目を返します。

▼リスト　256 バイト目～1024 バイト目を返す

```
Range: 256-1024
```

「xxx バイト以降の全データ」を指定することも可能です。次の例では、サーバは 1025 バイト目以降のすべてのデータを返します。

▼リスト　1025 バイト目以降を返す

```
Range: 1025-
```

ただし、この手法を利用するには、サーバ側が Range リクエストに対応している必要があります。サーバが Range リクエストに対応している時には、レスポンスヘッダに以下情報が含まれています（サーバによっては含まれないこともあります）。

▼リスト　サーバのレスポンスヘッダ

```
Accept-Ranges: bytes
```

次のメソッドは、レジュームダウンロードの例です。ダウンロードを開始する前にファイル名に「.tmp」の付いたファイルが存在するか確認し、あれば中断された箇所から先のデータを取得します。ダウンロードが成功したら、ファイル名から「.tmp」を外し、trueを返します。

▼リスト　レジュームダウンロードの例

```
public static boolean resumeDownload(String url, String filePath){
    boolean isSuccess = false;
    byte[] byteBuffer = new byte[1024];
    HttpURLConnection conn = null;
    InputStream in = null;
    FileOutputStream fout = null;
    try {
        URL urlObj=new URL(url);
        conn=(HttpURLConnection)urlObj.openConnection();
        // 「.tmp」付きのファイルがあれば中断されている。
        File tmpFile = new File(filePath + ".tmp");
        if(tmpFile.exists()){
            // length()はファイルが存在しなければ0を返す。
            conn.setRequestProperty("Range", "bytes=" + tmpFile.length() + "-");
        }else{
            tmpFile.createNewFile();
        }
        conn.setReadTimeout(60 * 1000);
        conn.setRequestMethod("GET");
        conn.connect();
        int respCode = conn.getResponseCode();
        boolean isRangeOk =
            ("bytes".equals(conn.getHeaderField("Accept-Ranges")));
        if(respCode == 200 || respCode == 206){
            in = conn.getInputStream();
            // Rangeリクエストを受け付ければAppend。
            fout = new FileOutputStream(tmpFile, isRangeOk);
            int byteRead = 0;
            while((byteRead = in.read(byteBuffer)) >= 0){
```

6

不必要な処理を切り分ける

```
                fout.write(byteBuffer, 0, byteRead);
            }
            fout.flush();
            File saveFile = new File(filePath);
            // ダウンロード済のファイルがあれば削除する。
            if(saveFile.exists()){
                saveFile.delete();
            }
            tmpFile.renameTo(saveFile);    // ファイル名から「.tmp」を外す。
            isSuccess = true;
        }
    } catch (MalformedURLException e) {
        e.printStackTrace();
    } catch (IOException e) {
        e.printStackTrace();
    } finally {
        if(fout != null) try {fout.close();} catch (IOException e) {}
        if(in != null) try {in.close();} catch (IOException e) {}
        // 解放されるがsocketが閉じられるわけではない。
        if(conn != null) conn.disconnect();
    }
    return isSuccess;
}
```

70 ユーザーが決められるようにする

本章でここまで紹介してきた手法では、定期通信のタイミングをうまく調節したり、サーバからのプッシュ通知を活用したり、リトライ間隔を制御したりして、Android アプリやサーバにさまざまな工夫を施しました。ただし、これらの手法を導入すると、当然のことながら、実装する処理の量が増え、必然的に試験項目も増え、ソースのメンテナンスも大変になります。電池の消費という、携帯端末ならではの問題に対応するために、ユーザーから見えないところで、アプリの本来の機能とは関係ない処理が必要になるのです。

この実装コストを削減するために、Android アプリ上でさまざまな省電力対応を行うのでなく、ユーザーに設定してもらうという選択肢もあります。

たとえば、データ更新の通信では、Android アプリ側で電池状況に応じた通信スケジューリングをするのでなく、ユーザーに更新間隔を選んでもらうほか、そもそも自動更新するかどうかをユーザーに選んでもらうのも１つの手段です。電池状態の監視やサーバからのプッシュを実装せずに、Android アプリ内に設定画面を１つ設け、そこで必要最低限の設定をユーザー自身が行う設計にすることで、実装量をかなり抑えることができます。

もちろん、通信タイミングをアプリが自動的に調節してくれる便利なアプリのほうがユーザーに優しいアプリと言えるでしょう。便利な分、アプリのセールスポイントも増え、ユーザー数が増えるかもしれません。しかし、費用対効果をふまえて、どこまでアプリに処理させるかを検討しましょう。

71 不要な画面の点灯を避ける

動画やTVを扱うアプリの場合、頻繁に画面が消灯すると使いづらいため、WakeLockを使用して、画面を常時点灯させます。

Androidの電池を消費する1つの大きな理由に、画面の点灯があります。アプリ使用時に画面は常に点灯しなければならないため、点灯した分、電力の使用量が増えます。WakeLockは、動画再生時には非常に便利ですが、動画再生後に不要になったら解除するなど、適切に処理しないと、不要な画面でも常時点灯されてしまい、電池の持ちが悪くなるのです。

■ WakeLockの問題点とは

WakeLockを極力使わないのがよいのですが、どうしても必要となる場面もあると思います。そこで、通常、以下のようにWakeLockを実装します。

1. パーミッションを設定する

▼リスト　WakeLockを使用するパーミッションをAndroidManifest.xmlに設定

```
<uses-permission android:name="android.permission.WAKE_LOCK"/>
```

2. WakeLockを実行する

▼リスト　WakeLock実行

```
PowerManager mPowerManager =
    (PowerManager)getSystemService(Context.POWER_SERVICE);
WakeLock mLock = mPowerManager.newWakeLock(
                    PowerManager.ACQUIRE_CAUSES_WAKEUP, "TAG");
mLock.acquire();
```

3. WakeLockを解除する

▼リスト　解除

```
mLock.release();
```

3のWakeLockの解除を忘れることがあります。たとえば、ActivityA、Bがあり、AからBに遷移した後、Bでacquireを行い、その後releaseをせずに、Bを終了した場合、A に戻っても画面は点灯し続けます。

■ 自動で release する

WakeLock を使用するうえで大切なことは、release を忘れても自動で release してくれるように予防することです。そのために、2 つの対策があります。

- **lock.acquire(timeout) を使用する**
  事前に画面の点灯時間がわかる場合は、lock.acquire(timeout) を使用する。timeout で設定した時間が過ぎた場合に、自動的に release をしてくれる
- **layout.xml で対処する**
  View 単位で画面の点灯を制御する場合は、layout.xml の keepScreenOn の利用が有効。ひもづいている View が表示されている間、画面を常時点灯するフラグ。layout.xml の修正だけで済むため、release を忘れることがない。またパーミッションも必要ない

▼リスト　画面の点灯を設定したレイアウト xml

```
<RelativeLayout xmlns:android="http://schemas.android.com/apk/res/android"
    xmlns:tools="http://schemas.android.com/tools"
    android:layout_width="match_parent"
    android:layout_height="match_parent"
    android:keepScreenOn="true"
    tools:context=".MainActivity" >
    <Button
        android:id="@+id/button1"
        android:layout_width="wrap_content"
        android:layout_height="wrap_content"
        android:text="Button" />
</RelativeLayout>
```

72 電池消費量を意識して位置情報を取得する

端末の位置を取得するためにGPSを使う場合、GPSを定期的に利用していると電池の減りが早くなってしまいます。位置情報取得処理はLocationManagerクラスを使う方法とLocationServiceクラスを使う方法があります。後者は位置情報取得処理をアプリごとでなく、Google Play Servicesに担わせるので、基本的にはLocationManagerより電池消費が抑えられると言われています。

ただ、LocationServiceはGoogle Play Servicesのインストールされていない端末では利用できなかったり、Google Play Services自体に不具合があった場合にアプリ側で対処できないといった特徴があるので、今でもLocationManagerが選ばれることはあります。

LocationManagerを使う場合は、位置情報の取得元をうまく設定することで電池消費を抑えられます。たとえば取得元をNETWORK_PROVIDERにすると、基地局やWi-Fiアクセスポイントから情報を取得するため、衛星を使うGPSより消費電力が低くなります。

位置情報を取得するアプリを作成する場合、通常は次のようなGPS処理のコードを実装します。

1. マニフェストに必要な権限を設定する

▼リスト　AndroidManifest.xmlに記載する権限

```
<uses-permission android:name="android.permission.INTERNET" />
<uses-permission android:name="android.permission.ACCESS_FINE_LOCATION" />
<uses-permission android:name="android.permission.ACCESS_COARSE_↵
LOCATION" />
```

2. ソースコードを記述する

▼リスト　ソースコード

```
private LocationManager mLocationManager = (LocationManager)↵
 getActivity().getSystemService(Context.LOCATION_SERVICE);
LocationProvider provider =
    locationManager.getProvider(LocationManager.GPS_PROVIDER);
final Criteria criteria = new Criteria();
```

```
criteria.setAccuracy(Criteria.ACCURACY_COARSE);
criteria.setPowerRequirement(Criteria.POWER_LOW);
mLocationManager.requestLocationUpdates(
    provider, 0, 0, new LocationListener() {

    @Override
    public void onStatusChanged(String provider, int status,
                                Bundle extras) {
    }

    @Override
    public void onProviderEnabled(String provider) {
    }

    @Override
    public void onProviderDisabled(String provider) {
    }

    @Override
    public void onLocationChanged(Location location) {
    }
});
```

しかし上の例では、以下の理由で電池が多く消費されます。

- 位置情報の更新を解除していない
- 位置情報の更新間隔が短い
- 基地局による情報ではなく、GPS（衛星）からの情報が使用される

■ 電池の無駄な消費を抑える

位置情報を必要とする画面から、位置情報を必要としない別の画面に遷移する時、前の画面でのGPS処理を続けてしまうと無駄な電池消費につながるため、要所要所で更新を止めることを意識します。画面が遷移する際に位置情報の更新を停止する時は、以下のようにonPauseで更新を止めるとよいでしょう。

▼リスト　位置情報の更新を解除する

```
@Override
public void onPause() {
    super.onPause();
    if (mLocationManager != null) {
        mLocationManager.removeUpdates(this);
        mLocationManager = null;
    }
}
```

requestLocationUpdatesの引数には、第2引数、第3引数で位置情報を更新するタイミングを調整できます。第2引数（minTime）は更新間隔で、第3引数（minDistance）は更新を実行する移動距離になります。

▼リスト　更新間隔を考える

```
mLocationManager.requestLocationUpdates(provider, 0, 0, new LocationListener() {
```

使用できるプロバイダ一覧は、getProvidersで取得できます。

▼リスト　GPSが使用される

```
final List<String> providers = mLocationManager.getProviders(true);
for (String provider : providers) {
```

プロバイダは以下のように定義されています。

表6.1　getProvidersで使用できるプロバイダ一覧

設定値	説明
LocationManager.NETWORK_PROVIDER	基地局やWi-Fiのアクセスポイントから位置情報を取得する
LocationManager.GPS_PROVIDER	GPSから位置情報を取得する
LocationManager.PASSIVE_PROVIDER	ほかのアプリやServiceで取得された位置を使用する

getProvidersで使用できるプロバイダ一覧を確認して、必要に応じて電池に優しいプロバイダを選ぶようにします。

PASSIVE_PROVIDERは、ほかのアプリで取得された位置情報を使用することで、新たにGPSを使用せずに位置情報を取得できます。

NETWORK_PROVIDERは、基地局やWi-Fiのアクセスポイントから位置情報を取得することで、GPSを使用するより電池の消費を防げます。しかし、GPSより精度は落ちる場合があります。

おおまかな位置を必要とする場合と、正確な位置情報を必要とする場合とで、どちらを使用するかを検討してください。

73 省電力実装のプラクティス

2014年に開催されたGoogle I/Oで、バッテリー消費を削減するプロジェクト「Project Volta」が発表されましたが、このプロジェクトによりAndroidのバッテリー寿命を向上させるAPIが追加されました。

Android MではJobSchedulerという機能が追加されました。JobSchedulerにより、6.1節で記載されている

「設計段階でバッテリー消耗を最低限に抑える」
「電源の状態に応じて通信頻度を変える」
「インターネット接続の有無に応じて定期通信を止める」
「通信経路で通信状態を変える」
「リトライ間隔をあけて通信する」

といった処理がかんたんに実装できるようになりました。

Android Nでは一部のBroadcast Intentが受け取れなくなりましたが、その受け取れなくなったIntentをJobSchedulerで対応するようになりました。

しかしJobSchedulerはサポートライブラリにも含まれていないため、Android 5.0からしか使えないAPIです。2017年時点の国内Android OS別シェアを見ると、まだAndroid 4.4 Kitkatの比率は無視できないため、積極的にJobSchedulerを取り入れる開発プロジェクトはあまりないと思います。しかし、これから数年でAndroid 4.4のシェアが少なくなると、使用する機会が増えてくると思います。

Googleもバッテリー寿命の向上に力を入れているため、JobSchedulerの機能は今後も更新されると予想されます。今からAPIの挙動をしっかりと理解しておきましょう。

■ JobSchedulerとは

JobSchedulerを用いると消費電力を意識した実装ができます。さまざまな条件を設定できるジョブスケジューリングAPIです。おもな条件として端末のバッテリー状態、実行遅延、リトライ間隔などを設定できて、条件に応じた処理をシ

ステム側で実行してくれます。

表 6.2　JobScheduler のメソッド一覧

メソッド名	説明
setBackoffCriteria	back-off/retry のポリシーを設定できる。処理が失敗した際のリトライ間隔を、回数に応じて最初の間隔の 2 倍、4 倍、8 倍というように延ばす設定も可能
setMinimumLatency	実行前の遅延時間を設定することができる
setExtras	追加情報を格納する PersistableBundle を設定できる
setOverrideDeadline	スケジュールの最大遅延時間を設定することができる
setPeriodic	ジョブを繰り返し実行する場合に、実行期間を設定することができる。ここで指定した時間の間隔でジョブが実行される保障はなく、あくまでもこの期間内に一度のみ実行されるという設定
setPersisted	端末再起動後もタスクを実行するかどうかを設定できる。この設定を有効にするにはアプリが RECEIVE_BOOT_COMPLETED 権限を得ている必要がある
setRequiredNetworkType	ジョブ実行に必要なネットワーク種別を設定できる。デフォルトでは種別が「ネットワーク無し」になっているので、ジョブ実行にネットワークが必要な場合はこのメソッドを呼ぶ必要がある。指定した種別のネットワークが利用できない場合、ジョブは実行されない
setRequiresCharging	端末が充電中の時だけジョブを実行するかを設定できる。デフォルトは false で、充電の必要なしに設定されている
setRequiresDeviceIdle	端末がアイドル状態の時のみ実行するかを設定できる。アイドル状態とは、デバイスが使用されていない状態、かつしばらく使われていなかった状態のこと。使われていないということはほかの処理も少ない状態なので、アプリに時間のかかる処理を行わせるのに適した状態
addTriggerContentUri ※ N より追加	指定した content:URI が ContentObserver で監視され、変更があった時にジョブが実行される
setTriggerContentMaxDelay ※ N より追加	コンテンツ変更が最初に検知されてからジョブ実行までの最大合計遅延時間を設定できる
setTriggerContentUpdateDelay ※ N より追加	コンテンツ変更が検知されてからジョブ実行までの間隔を設定できる。この間隔の中で複数回変更が検知された場合は、間隔の時間計測がリセットされ、改めてその間隔が経過するのを待つ

上記のようにネットワーク状態や充電状態などのさまざまな条件を設定することができますので、省電力アプリを比較的かんたんに実装できるようになりました。

実装例を記します。処理の流れは以下のようになります。

1. **ジョブを作成してスケジューラに渡す**

   JobInfo.Builder で JobInfo オブジェクトを作成して JobScheduler に追加する

2. **ジョブサービスが実行される**

   JobService#onStartJob が呼ばれる。jobFinished を呼ぶと JobService#onStopJob が呼ばれる

▼**リスト**　JobService 継承クラスを AndroidManifest.xml に設定

```
<?xml version="1.0" encoding="utf-8"?>
<manifest xmlns:android="http://schemas.android.com/apk/res/android"
    package= “jp.co.jobscheduler” >

        ・・・省略
        <service android:name=".MyJobService"
                 android:permission="android.permission.BIND_JOB_SERVICE"
                 android:exported="true" />
</manifest>
```

▼**リスト**　JobService を継承したクラス

```
public class MyJobService extends JobService {

    @Override
    public boolean onStartJob(JobParameters params) {
        int id = params[0].getJobId();
        // AsyncTaskやThreadなどで非同期処理をおこなう
        new Thread(new Runnable(){jobFinished(mJobParam, false);}).start();
        return true;
    }

    @Override
    public boolean onStopJob(JobParameters params) {
        return false;
    }
}
```

▼**リスト**　サービスを呼び出す Activity

```
public class MainActivity extends Activity {

```

```
    public void onCreate() {
        …省略
        ComponentName mServiceName = new ComponentName(this, MyJobService.class);
        Intent intent = new Intent(this, MyJobService.class);
        startService(intent);
                JobScheduler scheduler = (JobScheduler)
                    getSystemService(Context.JOB_SCHEDULER_SERVICE);
        JobInfo jobInfo = new JobInfo.Builder(0, mServiceName)
                .setRequiredNetworkType(JobInfo.NETWORK_TYPE_ANY)
                .build();
        scheduler.schedule(jobInfo);
    }
}
```

このプログラムではJobInfo.NETWORK_TYPE_ANYを設定してジョブ実行にネットワークが必要であることを指定しています。ネットワークが利用できない場合はMyJobServiceは実行されず、ネットワークが利用可能になった際にMyJobService#onStartJobが呼ばれます。このように今までアプリ内で行っていた条件判定などの処理をJobSchedulerに任せられるようになり、省電力なアプリを開発するコストが削減されました。

74 Android Nのバックグラウンド処理を変更する

Broadcastが発行されると、そのBroadcastを受け取る複数のアプリが一斉に起動し、パフォーマンスに影響します。そこで、メモリ消費と電池消費を抑えるため、Android Nから3種類のBroadcastが取得不可になりました。

ブロードキャストの仕様変更は何点かありますが、まずビルド時のターゲットSDKバージョンがAndroid 7.0のアプリは、AndroidManifest.xmlにCONNECTIVITY_ACTIONに設定しても受信できなくなりました。ただしアプリがフォアグラウンド状態の時にContext.registerReceiver()でBroadcast Receiverを登録すれば受け取れます。

さらに別の変更点として、ACTION_NEW_PICTURE及びACTION_NEW_VIDEOのブロードキャストが送受信できなくなりました。この制限はターゲットSDKバージョンがAndroid 7.0以外のアプリにも有効です。

JobSchedulerを用いることで、これらブロードキャストの代わりとなる処理が実現できます。

■ CONNECTIVITY_ACTIONの対応

CONNECTIVITY_ACTIONはネットワークが変更された場合に発行されるIntentです。ターゲットがAndroid 7.0のアプリからは受信できなくなったCONNECTIVITY_ACTIONの代わりに、setRequiredNetworkTypeを利用する方法があります。setRequiredNetworkTypeはネットワークの利用可否を自動的に検知してくれます。たとえば、従量制課金でないネットワークが利用可能な場合にのみ通信をしたい場合、以下のようなコードで実現できます。

▼リスト　従量課金でない場合に通信を実行するJobScheduler使用例

```
public static void scheduleJob(Context context) {
  JobScheduler js =
     (JobScheduler) context.getSystemService(Context.JOB_SCHEDULER_SERVICE);
  JobInfo job = new JobInfo.Builder(
    0,
    new ComponentName(context, MyJobService.class))
```

```
        .setRequiredNetworkType(JobInfo.NETWORK_TYPE_UNMETERED)
        .build();
    js.schedule(job);
}
```

■ ACTION_NEW_PICTURE、ACTION_NEW_VIDEO の対応

ACTION_NEW_PICTURE、ACTION_NEW_VIDEO は新しいコンテンツが追加された場合に発行される Intent です。たとえばカメラアプリで写真を撮影して保存すると、ACTION_NEW_PICTURE が発行されます。Android N からはこれら Intent が取得できなくなりましたが、代わりに addTrigger ContentUri メソッドが新設されました。addTriggerContentUri は Content Observer を用いて、指定した URI のコンテンツを監視し、変更があった際に通知してくれます。

以下ソースは、メディアコンテンツに更新があった際にジョブが実行されるようスケジューリングするプログラムです。カメラアプリで写真を撮影して保存すると、MediaContentJob（JobService を継承した独自クラス）の onStartJob メソッドを呼び出してくれます。

▼リスト　メディアコンテンツ更新時にジョブを開始する JobScheduler 使用例

```
public static void scheduleJob(Context cortext) {
    JobScheduler js =
        (JobScheduler) context.getSystemService(
            Context.JOB_SCHEDULER_SERVICE);

    JobInfo.Builder builder = new JobInfo.Builder(
        0,
        new ComponentName(context, MediaContentJob.class));

    builder.addTriggerContentUri(
        new JobInfo.TriggerContentUri(
            MediaStore.Images.Media.EXTERNAL_CONTENT_URI,
            JobInfo.TriggerContentUri.FLAG_NOTIFY_FOR_DESCENDANTS));

    js.schedule(builder.build());
}
```

第7章

重要なデータを守る

75 apk ファイルはだれにでも抜き出せる

セキュリティの世界はいたちごっこで、「安全に絶対はない」という前提に立つことが重要です。特に、Android に関しては、「root を取られる前提でいる」必要があります（iPhone でも取られることはありますが）。

「だれもそこまでしないよ」と思うかもしれません。しかし、もし、だれか1人でもアプリを解析して、その情報をインターネット上に公開したら……それはもう「世界を敵にまわした」と思うべきでしょう。

では、どうすればよいのでしょうか。極論かもしれませんが、「かけたコストの分、安全度が高まる」ことを顧客に理解してもらったうえで、どこまでやるかを決めます。また、重要な情報を抜き取られた場合のことを事前に考えておくのが重要です。

いかにかんたんにアプリが解析できるかを見てみましょう。まずはアプリケーション本体を実際に抜き出してみます。

ご存じのとおり、Android アプリは「.apk」という拡張子のファイルです。フィーチャーフォンでは、端末にインストールされたアプリを解析しようにも、そもそも端末からアプリの本体を抜き出すことはできませんでした。しかし、Android では apk ファイルを端末からかんたんに抜き出せてしまうという認識を持つことが重要です。だれでも apk ファイルを抜き出し、解析することが可能なのです。

いかにかんたんか、実際に試してみましょう。apk ファイルは Android OS の /data/app/ フォルダに配置されています。ただし、プリインストールアプリと SD カードに移動したアプリは例外です。

Android SDK に付属する adb ツールを使えば、あっさり apk ファイルをパソコン上に抜き出せてしまいます。

たとえば、抜き出すアプリのパッケージ名が「jp.co.example.app」だとします。次の手順で apk ファイルを抜き出せます。

1. 携帯端末の設定で「開発者向けオプション」の「USB デバッグ」を有効にする
2. 携帯端末を USB ケーブルでパソコンに接続する

3. パソコン側でコマンドプロンプトを開く
4. Android SDK のインストールされているディレクトリに移動する
5. 以下のコマンドを実行し、apk ファイルのフルパスを確認する（今回の場合「/data/app/jp.co.example.app/base.apk」となっていると思います）

▼コマンド

```
>platform-tools\adb.exe shell pm path jp.co.example.app
```

6. 上記コマンドで表示されたパスを指定して以下コマンドを実行する

▼コマンド

```
>platform-tools\adb.exe pull [apkファイルのパス]
```

これだけで apk ファイルをパソコン上に抜き出すことができます。/data/app フォルダは、読み書きの権限が system になっているのですが、その下にある apk ファイルにはすべてのユーザーに読み込み権限が付与されています。そのため、system ユーザーでなくても adb pull コマンドで apk ファイルを読み込めてしまうのです。

なお、/data/app フォルダが system 権限のため、普通に adb shell で端末にログインして ls コマンドを実行しただけでは、apk ファイルの一覧は取得できません。前述の adb.exe コマンドのオプションを変えて「adb.exe shell pm list packages」と実行するか、アプリ一覧を抜き出す Android アプリを作ってしまう方法もあります。

▼リスト　apk ファイル一覧を取得するアプリ

```
public class MainActivity extends Activity {
    @Override
    protected void onCreate(Bundle savedInstanceState) {
        super.onCreate(savedInstanceState);
        setContentView(R.layout.activity_main);
        PackageManager pm = getPackageManager();
        List <ApplicationInfo> appInfoList =
         pm.getInstalledApplications(PackageManager.GET_UNINSTALLED_PACKAGES);
        for(ApplicationInfo appInfo : appInfoList){
            Log.v("MainActivity", "sourceDir:" + appInfo.sourceDir);
        }
    }
```

```
}
```

このアプリを実行すると、端末にインストールされているアプリのそれぞれのapk ファイルへのパスが logcat に出力されます。

76 設定ファイルから機能が丸見えになる

AndroidManifest.xmlには、アプリを構成している要素（Activity、Serviceなど）や、アプリが必要としている権限、Intent Filterの設定などが記載されています。これらを解析すると、どのActivityが外部から呼び出せるのか、どういう設定でそのActivityを呼び出せるのかなどがわかります。また、設定されている権限から、そのアプリがどのような機能を実装しているのか、ある程度把握できます。

抜き出したアプリからこれらを把握されると、アプリの機能を踏み台にして、悪意ある処理が実行されてしまう可能性があります。

apkファイルと同様に、AndroidManifest.xmlの設定内容もかんたんに抜き出せるという意識を持つことが必要です。

では、実際にAndroidManifest.xmlの内容を覗いてみましょう。Android SDKにはaapt.exeというツールが付属しています。このツールでAndroidManifest.xmlの設定が取得できます。手順は以下のとおりです。

1. 前項の手順でapkファイルを端末からパソコンに抜き出し、任意のフォルダに配置する
2. コマンドプロンプトを開く
3. Android SDKのインストールされているディレクトリに移動する
4. 次のコマンドを実行する

▼コマンド

```
>build-tools\23.0.3\aapt.exe -l [抜き出したapkファイルへのパス]
```

コマンドを実行すると、標準出力にアプリに関する情報が出力されます。量が多いので、リダイレクトしてファイルに格納すると、エディタで閲覧できるので便利です。

なお、aapt.exeの位置は、Android SDKのバージョンによって異なる場合があります。たとえば、「ADT Bundle」という形式になる前のSDK r22では「build-tools\17.0.0」の配下にaapt.exeが配置されていました。

リダイレクトは、具体的には以下のようなコマンドになります。

▼コマンド

```
>build-tools\23.0.3\aapt.exe -l [抜き出したapkファイルへのパス] > manifest.txt
```

出力の大半はリソースに関する情報ですが、最後のほうに「Android manifest:」と書かれた行があり、それ以降にアプリの権限、Activity や Intent Filter の設定が出力されています。これだけでもアプリの構成、実装機能がある程度見えてきます。たとえば manifest 設定の中に「android.permission.ACCESS_FINE_LOCATION」があれば、そのアプリは GPS による位置情報取得を活用していることがわかります。

77 ツールを使えばソースコードを覗ける

前の項で、端末からapkファイルを抜き出す方法を紹介しましたが、ここでは抜き出したapkファイルを解析してみましょう。高価な解析ツールを持っていなくても、高度なクラッキング技術を持っていなくても、だれでもある程度はアプリが解析できることを知っておくことは重要です。また、アプリの処理が解析されるだけでなく、アプリの保持しているリソース（画像、音声など）も抜き出せてしまいます。

■ apkファイルを開く

端末から抜き出したapkファイルの実態は、単なるzip形式のファイルです。拡張子を.apkから.zipに変更すると、Windowsのエクスプローラーでも内容を見ることができますが、解析しやすいように、圧縮・解凍ソフトで解凍しましょう。するといくつかのファイルとフォルダが展開されます。

「assets」フォルダや「res」フォルダ内には、アプリが使用するリソースが格納されています。アプリ内で使用されている画像や音声ファイルなどは、ここから抜き出せる場合があります。

さらに、展開されたファイルに「classes.dex」というファイルがあります。たいていの場合、これがプログラム本体です。

「dex」は「Dalvik EXecutable」を意味し、その名のとおり、Dalvik VM上で動作する形式のファイルで、Android 5.0からDalvikに替わり採用されたART実行環境でもこのdexファイルが読み込まれます。classes.dexをjarファイルに変換してくれるツール「dex2jar」がGoogleから提供されています。

▼URL　dex2jar

```
https://sourceforge.net/projects/dex2jar/
```

ツールをダウンロードしたら、適当なフォルダに解凍します。解凍したフォルダにパスをとおしておくとよいでしょう。コマンドプロンプトを開き、classes.dexのあるフォルダに移動し、次のコマンドを実行します。

▼コマンド

```
>dex2jar classes.dex
```

すると「classes_dex2jar.jar」というファイルが生成されます。jarファイルも実体はzip形式なので、解凍して中の.classファイルを取得できます。しかし、解凍しなくても「JD-GUI」というツールでそのまま中身を、しかも逆コンパイルした状態で、閲覧できます。JD-GUIは以下からダウンロードできます。

▼URL JD-GUI Free Download

```
http://jd.benow.ca/
```

ダウンロードしたツールを適当なフォルダに解凍すると、「jd-gui.exe」というファイルが展開されます。先ほどの「classes_dex2jar.jar」をjd-gui.exeのアイコン上にドラッグ&ドロップしましょう。アプリ全体を逆コンパイルしてくれて、さらに文字列の検索なども行えるので、非常に便利です。

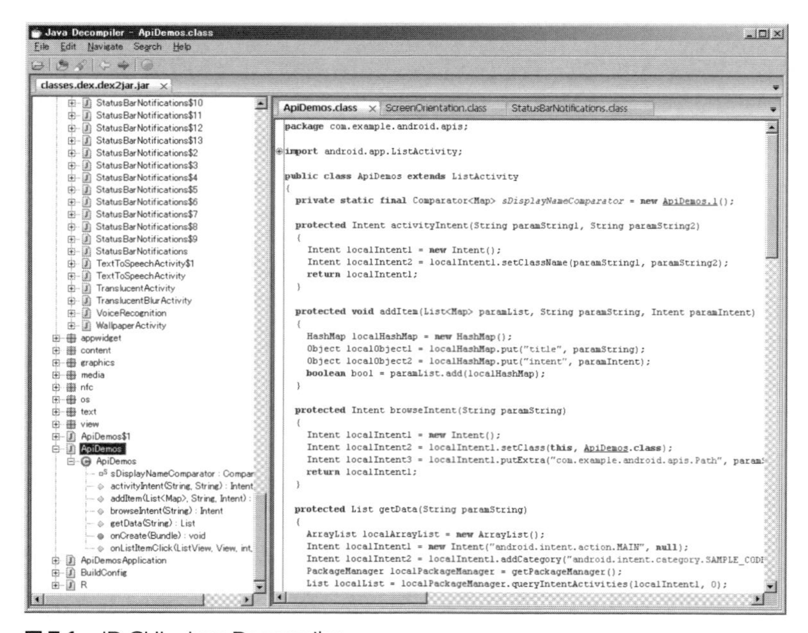

図7.1 JD-GUI - Java Decompiler

これである程度アプリの挙動を追うことができます。

ほかにも、apktool をはじめ、解析用のツールはいくつかあるので、興味があれば調べてみるとよいでしょう。本書では触れませんが、プログラムを解析するだけでなく、処理を変更したうえで再度 apk ファイルに戻し、端末にインストールすることも可能です。

78 エミュレータでかんたんにデータベースが見られる

アプリの処理内容だけでなく、データベースも割とあっさり内容を取得できます。

アプリのデータベースは、通常 Android OS の「/data/data/[パッケージ名]/databases/」下に格納されます。/data/data/ フォルダには、通常の権限ではアクセスできないため、root 化した端末を使用する必要があります。「root 化した端末なんて持っていない」と思うかもしれません。しかし、忘れがちですが、非常に手近なところに root 権限でアクセスできる端末があります。それはエミュレータです。

「apk ファイルはだれにでも抜き出せる」の項に記された手順と同様の手順で取得した apk ファイルをエミュレータにインストールすればよいのです。

1. apk ファイルを端末からパソコンに抜き出し、任意のフォルダに配置する
2. USB ケーブルに接続されている端末を外す
3. Android Studio の AVD Manager を実行し、エミュレータを起動する（仮想デバイスがなければ新規作成し、実行する）
4. エミュレータが起動したら、Windows のコマンドプロンプトを開く
5. Android SDK のインストールされているディレクトリに移動する
6. 以下のコマンドを実行する

▼コマンド

```
>platform-toos\adb.exe install [抜き出したapkファイルへのパス]
```

アプリをエミュレータにインストールできたら、エミュレータ上でアプリを起動します。するとアプリの初期処理が実行され、アプリのデータベースが利用可能状態になります。

次にエミュレータからデータベースファイルを抜き出します。まずはエミュレータに adb shell でログインし、アプリのデータベースファイル名を確認します。

▼コマンド

```
>platform-tools\adb.exe shell
root@android:/# ls -l /data/data/[パッケージ名]/databases/
-rw-r--r-- app_49   app_49       4096 2014-01-01 00:00 mydata.db
root@android:/# exit
```

.db拡張子が付いているファイルがデータベースファイルです。データベースのファイル名がわかったら、exitコマンドでいったんshellから抜け、pullコマンドでデータベースファイルをパソコン上に抜き出します。

▼コマンド

```
>platform-tools\adb.exe pull /data/data/[パッケージ名]/databases/[データベースファイル名]
```

抜き出したデータベースの中身を閲覧するには、Android SDKに付属するsqlite3.exeを使用します。先ほど使ったコマンドプロンプトで、次のコマンドを入力します。

▼コマンド

```
>platform-tools\sqlite3.exe [抜き出したデータベースファイル名]
```

「.tables」コマンドを使用するとデータベース内のテーブル一覧が取得できますし、「.schema」コマンドを使用すればテーブルの構成も取得できます。もちろん、SQL文でテーブルの中身を取得することも可能です。

具体例を見てみましょう。Androidの電話帳データ（コンタクトデータ）のデータベースを閲覧します。

1. パソコンに端末を接続せずに、Androidのエミュレータを起動する
2. Windowsのコマンドプロンプトを開き、Android SDKのディレクトリに移動する
3. 次のコマンドを入力して、Androidの電話帳データのデータベースを抜き出す

▼コマンド

```
>platform-tools\adb.exe pull /data/data/com.android.providers.contacts/databases/contacts2.db
```

データベースファイルが取得できたら、sqlite3.exeで中身を閲覧してみましょう。sqlite3のコマンドをいくつか覚えておくとよいでしょう。

表7.1　sqlite3の基本コマンド

.tables	データベース内のテーブル一覧を表示する
.schema [テーブル名]	指定したテーブルの構成を表示する（create文そのものが表示される）
.help	各種コマンドのヘルプを表示する
.quit	sqlite3の終了（exitでも可）

もちろん、SQLコマンドも実行できます。

sqlite3を使ってcontacts2.dbの中身を覗いてみましょう。

▼実行結果

```
>tools\sqlite3.exe contacts2.db
SQLite version 3.7.11 2012-03-20 11:35:50
Enter ".help" for instructions
Enter SQL statements terminated with a ";"
sqlite> .tables
_sync_state               phone_lookup              view_data_usage_stat
_sync_state_metadata      photo_files               view_entities
accounts                  properties                view_groups
activities                raw_contacts              view_raw_contacts
agg_exceptions            search_index              view_raw_entities
android_metadata          search_index_content      view_stream_items
calls                     search_index_docsize      view_v1_contact_methods
contacts                  search_index_segdir       view_v1_extensions
data                      search_index_segments     view_v1_group_membership
data_usage_stat           search_index_stat         view_v1_groups
default_directory         settings                  view_v1_organizations
directories               status_updates            view_v1_people
groups                    stream_item_photos        view_v1_phones
mimetypes                 stream_items              view_v1_photos
name_lookup               v1_settings               visible_contacts
nickname_lookup           view_contacts             voicemail_status
packages                  view_data
sqlite> select * from contacts;
1|1|1|||0|0|0|0|1|3175i112377cd8bb5d6df|
2|2||||0|0|0|0|1|3175i71333d5c09baeaaf|
sqlite> .quit
```

このように、非常にかんたんにデータベースの中身を見ることができます。特定のアプリのデータベースファイルを抜き出し、パソコン上の sqlite3 でデータを操作し、端末にデータベースを戻すことも可能です。つまり、アプリのデータベースの内容を操作される可能性があるのです。

こういったリスクを常に考慮しておいてください。

79 暗号化処理の実装を検討する

前項までで、「アプリは解析される」「データベースは覗き見される」ことをふまえる必要があるのは理解していただけたと思います。それでは、アプリ内の情報をどのようにして守ればよいのでしょうか。

アプリのデータを保存する方法には、おもに次の3つがあります。

- ファイル
- SharedPreferences
- データベース

中でも、データベースはSQL文を使用して必要な情報を自在に取得できて、魅力的です。Android OSでは、データベースはアプリのディレクトリ配下に置かれ、直接ほかのアプリから参照されることがないので、安心して使ってしまいそうです。しかし、前述のとおり、その気になれば、中身はあっさりと抜き出されてしまいます。

ファイルも、root化した端末なら抜き出せてしまいます。SharedPreferencesも、実体はアプリのディレクトリ配下に保存されるxmlファイルなので、これもroot化した端末で抜き出せます。

どの方法で情報を保持するにせよ、ファイルを抜かれるリスクがあるという点では同じです。そこで、重要なデータは「暗号化してから」データベースやファイルに格納することが、セキュリティ上は必須となります。

■暗号化のデメリットとは

もちろん、個人情報、クレジットカード番号、パスワードなどの重要なデータや著作権の関わるデータはアプリに保持させず、サーバ側で管理するような設計をするのが重要です。それでも、どうしてもアプリに保持させる必要がある場合は、暗号化したうえで保存しましょう。

暗号化することで、デメリットも発生します。たとえば、暗号化されたデータは、多少ですが、元データより大きくなります。また、暗号化の処理には多くの計算量を必要とするため、暗号化するデータの量が多いと、処理時間が長くかかります。このため、ユーザーに反応の遅いアプリだと思われないよう、非同期で処理するなどの工夫が必要になります。

また、暗号化した情報をデータベースに格納した場合、値を取得する際にSQL文のwhere句やorder byの条件が指定できなくなります。しかし、クレジットカード番号を昇順に並べるのにあまりメリットはありません。多少のデメリットより、セキュリティのほうが重要です。重要な情報は、暗号化しましょう。

■暗号化の方法は2つある

暗号化には、おもに、暗号化と復号で同じ鍵を用いる「共通鍵暗号」と暗号化と復号で違う鍵を用いる「公開鍵暗号」があります。

公開鍵暗号は、データのやりとりをする際、暗号化用の鍵を公開してだれでも暗号化できるようにする使い方をします。一方、Android端末内のデータを暗号化する時は、端末内に閉じた暗号化なので、共通鍵暗号を使います。

共通鍵暗号の定番と言えば「Triple-DES」（Data Encryption Standard）や「AES」（Advanced Encryption Standard）です。特に理由がなければ、米国政府の標準暗号方式であるAESを選ぶとよいでしょう。

80 鍵の保持方法を考える

暗号化のポイントは「鍵をどこにどう持たせるか」です。

暗号化処理は、鍵となる情報を用いてデータを暗号化・復号します。たとえばAndroidアプリのソースコード内にstatic final Stringで固定の文字列として鍵データを保持していると、アプリを抜き出されてしまえば、あっさり鍵も抜き出されてしまいます。ですから、鍵の保持方法には「絶対に見破られない方法はない」と思っておいたほうがよいのですが、見つけにくくする方法はあります。

- サーバ上など、アプリの外に鍵を保持する
- 都度ユーザーにパスワードを入力してもらい、その情報を用いて鍵を生成する
- 解析されにくいアルゴリズムで鍵を生成する

アプリ内に鍵を保持せず、サーバ上から取得する設計にできれば、セキュリティレベルを高くできます。この場合でも、通信内容を抜き出される可能性はありますが、HTTPS通信を行えば、ある程度強固と言えるでしょう。それでも最近は、Fiddlerといった HTTPS通信の内容を抜き出すソフトもあるので、安心はできません。

鍵をHTTPS通信で取得できない時は、アプリ内の処理で鍵を把握しにくくする方法を取ります。鍵を固定の文字列で保持せず、何らかの処理で算出させるようにします。それでもアプリを逆コンパイルされて、処理内容を解析されてしまう可能性はあります。しかし、鍵データをそのままソースに記述するよりは、数段セキュリティレベルを上げることができます。

鍵を生成するアルゴリズムはいろいろありますが、「HMAC」(Hash-based Message Authentication Code)アルゴリズムを用いるのもよいでしょう。

いずれにせよ、鍵データは、使うたびに同じデータである必要があるので、見つけられにくく、かつ不変な値である必要があります。Android端末で、端末ごとに異なり、不変な値は次のものがあります。

- IMEI（端末識別番号）
- IMSI（加入者識別番号）
- ICCID（SIMカード固有番号）

これらの値を組み合わせて鍵を算出することも可能です。

Android IDを用いることも考えられますが、Android IDはユニークであることが保障されていないことと、端末をファクトリリセットすると値が変わってしまうので、厳密には不変とは言えない点に気をつける必要があります。

81 AES 暗号化でデータベースを守る

暗号化には「鍵」が必要ですが、鍵データを端末に保存するのは危険です。そこで、今回は、鍵となる情報をユーザーから入力してもらう方式を実装します。

鍵データは、32 バイトのランダム値であったりして、人が覚えられるような情報ではありません。そこで、人が覚えられる「パスワード」を加工して、鍵データとして利用します。この方式を「PBE」と呼びます。PBE にもいくつかの種類がありますが、今回は「PBKDF2」(Password-Based Key Derivation Function 2)を使用します。

暗号化には AES を使います。

PBE 方式での暗号化処理は次のような流れになります。

1. ユーザーにパスワードを入力してもらう
2. パスワードの加工に使う SALT という乱数を生成する
3. パスワードと SALT から鍵データを生成する
4. 暗号化で使う IV（初期化ベクトル）という乱数を生成する
5. IV と鍵を用いて暗号化を実行する
6. SALT と IV は復号に必要なので、暗号化データと一緒に保存する

「SALT」（ソルト）は、ランダムな値で、パスワードから鍵データを生成する際に、推測するのがより困難な鍵を生成するために使用されます。今回は暗号化のたびにランダム値を生成し、異なる SALT を使用します。

パスワードから鍵データを生成する際、鍵の複雑さを決める要素には、SALT 以外に、鍵を生成する際の計算回数である「処理回数」(イテレーションカウント)があります。処理回数が多いほど推測されにくい鍵になりますが、多くすると当然処理時間も長くなります。「IETF」（Internet Engineering Task Force）が公開している「RFC」（Request For Comment）文書は、1,000 回程度を「適度な回数」としています。

パスワード、SALT、処理回数は、暗号化する時と復号する時で同じ値を使う必要があります。

「IV」（Initialization Vector）は、暗号化を実施する際の初期値となる値です。暗号化のたびに違う値を使うようにすることで、同じデータを渡しても、暗号化した結果が変わります。IVも復号時に同じ値を使う必要があります。

今回の実装例では、処理回数を固定にしますが、SALTとIVは暗号化のたびに異なる値を使うので、復号時に呼び出せるよう、暗号化データと一緒にデータベースに保存します。

ユーザー入力に頼らない設計にする場合は、パスワードとなる値が端末ごとに違う値になるよう気をつけましょう。アプリのインストール日時などを組み合わせるとよいでしょう。もちろん、アプリが解析される可能性はあるので、ユーザー入力よりセキュリティ強度は下がります。

それでは、画面上の入力フィールドから何か文字列を入力し、その値を暗号化し、データベースに格納するサンプルアプリを作成してみましょう。画面を構成するMainActivity.java、暗号化処理をまとめたCryptUtil.java、データベース処理をまとめたDatabaseHelper.javaの3つのクラスからなるアプリになります。

■ 暗号化処理の実装

暗号化の処理を1つのクラス（CryptUtil.java）にまとめました。さっそく見てみましょう。

▼リスト　暗号化処理のクラス

```
public class CryptUtil {
  /* 鍵生成アルゴリズム */
  private static final String KEYGEN_ALGORITHM =
      "PBKDF2WithHmacSHA1";
  /* 鍵生成時の変換回数、多い程解析されにくくなるが処理時間が長くなる */
  private static final int ITERATION_COUNT = 1024;
  /* 鍵長、AESの場合は128、192、256 (bit) のいずれか */
  private static final int KEY_LENGTH = 256;
  /* ブロック長、AESは16バイト */
  private static final int BLOCK_LENGTH = 16;
  /* 暗号化アルゴリズム */
  private static final String ENCRYPTION_ALGORITHM =
      "AES/CBC/PKCS5Padding";

  /* 暗号化 */
```

```
public static byte[] encryptData(char[] password, byte[] rawData)
    throws NoSuchAlgorithmException, NoSuchPaddingException,
    InvalidKeyException, InvalidAlgorithmParameterException,
    IllegalBlockSizeException, BadPaddingException,
    InvalidKeySpecException {
  // SALT, IV, 暗号化データを書き込んでいくStream。
  ByteArrayOutputStream bout = new ByteArrayOutputStream();
  // SALTとIVの生成に使う乱数。
  SecureRandom random = new SecureRandom();
  // SALTは鍵長に合わせる（単位は鍵長はbit, SALTはbyteなので8で割る）。
  byte[] salt = new byte[KEY_LENGTH / 8];
  random.nextBytes(salt);
  // パスワードにSALTをかける。
  KeySpec keySpec = new PBEKeySpec(password, salt,
      ITERATION_COUNT, KEY_LENGTH);
  // 暗号化アルゴリズムとパスワードを指定して鍵を生成する。
  SecretKeyFactory factory =
      SecretKeyFactory.getInstance(KEYGEN_ALGORITHM);
  SecretKey secretKey = new SecretKeySpec(
      factory.generateSecret(keySpec).getEncoded(), "AES");
  // 暗号化の準備。
  Cipher cipher = Cipher.getInstance(ENCRYPTION_ALGORITHM);
  // IVも暗号化の度に乱数を使う。
  byte[] iv = new byte[BLOCK_LENGTH];
  random.nextBytes(iv);
  cipher.init(Cipher.ENCRYPT_MODE, secretKey,
      new IvParameterSpec(iv));
  try {
    bout.write(salt);
    bout.write(iv);
    // 以下はdoFinal()で一気に処理する方法。
    // データを細切れにして処理する方法はdecryptData()を参照してください。
    byte[] cipherOutput = cipher.doFinal(rawData);
    if(cipherOutput != null){  // 基本的には発生しない。
      bout.write(cipherOutput);
    }
    bout.flush();
    return bout.toByteArray();
  } catch (IOException e) {
    e.printStackTrace();
```

```
  } finally {
    if(bout != null)try{bout.close();}catch(Exception ignore){}
  }
  return null;
}

/* 復号 */
public static byte[] decryptData(char[] password, byte[] encData)
    throws NoSuchAlgorithmException, NoSuchPaddingException,
    InvalidKeyException, InvalidAlgorithmParameterException,
    IllegalBlockSizeException, BadPaddingException,
    InvalidKeySpecException {
  // サイズの大きいデータが渡された場合でも、
  // 復号時に使用するメモリ量を抑えるためStreamを使用する。
  ByteArrayInputStream bin = new ByteArrayInputStream(encData);
  // 復号された値を書き加えていくStream。
  ByteArrayOutputStream bout = new ByteArrayOutputStream();
  try{
    // データの先頭バイトをSALTとして取り出す。
    byte[] salt = new byte[KEY_LENGTH / 8];
    bin.read(salt);
    // 次の16バイトをIVとして取り出す。AESはブロック長が16バイトなため。
    byte[] iv = new byte[BLOCK_LENGTH];
    bin.read(iv);
    // パスワードにSALTをかける。
    KeySpec keySpec = new PBEKeySpec(password, salt,
        ITERATION_COUNT, KEY_LENGTH);
    // 暗号化アルゴリズムとパスワードを指定して鍵を生成する。
    SecretKeyFactory factory =
        SecretKeyFactory.getInstance(KEYGEN_ALGORITHM);
    SecretKey secretKey = new SecretKeySpec(
        factory.generateSecret(keySpec).getEncoded(), "AES");
    // 復号の準備。
    Cipher cipher = Cipher.getInstance(ENCRYPTION_ALGORITHM);
    cipher.init(Cipher.DECRYPT_MODE, secretKey,
        new IvParameterSpec(iv));
    int len = 0;
    byte[] byteBuffer = new byte[10240];
    byte[] cipherOutput = null;
    // encDataの値をStream経由で少しずつ読み込み、復号していく。
```

```
      // 小さいデータならStreamを使わずdoFinal()に直接byte配列を渡す方法も可能。
      // encryptData()を参考に。
      while((len = bin.read(byteBuffer)) > 0){
        cipherOutput = cipher.update(byteBuffer, 0, len);
        if(cipherOutput != null){
          bout.write(cipherOutput);
        }
      }
      // 最後のブロックにパディングして返却。
      cipherOutput = cipher.doFinal();
      if(cipherOutput != null){
        bout.write(cipherOutput);
      }
      bout.flush();
      return bout.toByteArray();
    } catch (IOException e) {
      e.printStackTrace();
    } finally {
      if(bin != null)try{bin.close();}catch(Exception ignore){}
      if(bout != null)try{bout.close();}catch(Exception ignore){}
    }
    return null;
  }
}
```

encryptData() で暗号化処理、decryptData() で復号処理が実行できます。今回、あえてこの2つを違う方法で実装してみました。encryptData() では、暗号化の対象となるバイト配列を暗号化メソッドである doFinal() にまるごと渡しています。小さいデータを処理する場合はこの方法で十分でしょう。

decryptData() では、ByteArrayInputStream を使って、復号するデータを少しずつ処理しています。こうすることで、一度に使用されるメモリ量を抑えることができます。実装量は増えますが、扱うデータのサイズが大きい場合は、こういった方法を使うとよいでしょう。

暗号化処理は、以下のように呼び出せます。ユーザーが入力したパスワードをメソッドに渡します。

▼リスト ユーザーが入力したパスワードで暗号化する

```
// ユーザーが入力したパスワード文字列。
String password = "user_input_password";
// 暗号化対象データ。
String str = "暗号化するデータ";
// データを暗号化。
byte[] encryptedData = CryptUtil.encryptData(password.toCharArray(), str.getBytes())
```

復号する場合は以下のようになります。

▼リスト 復号

```
byte[] encryptedData = ...;     // 暗号化されたデータ。
String password = "user_input_password";
// データを復号。
byte[] decryptedData = CryptUtil.decryptData(password.toCharArray(), encryptedData)
// 今回のサンプルでは元データが文字列なのでStringに変換できる。
String decryptedStr = new String(decryptedData);
```


この例では文字列を変換していますが、暗号化・復号のメソッドはbyte[]値を受け取り、byte[]値を返すので、どんなデータにも応用できます。ただし、暗号化したデータをSharedPreferencesに格納する場合は、文字列しか格納できないので、何らかの変換処理が必要になります。今回はデータベースに格納するので、バイト配列のまま格納が可能です。

■ データベース処理の実装

暗号化を試すだけのサンプルアプリなので、データベースもシンプルなテーブル構成にしました。レコードを識別するための_id列（int型）と、暗号化されたデータを格納するcrypted_data列（blob型）の2列だけのテーブルを用意します。

▼リスト テーブル

```
public class DatabaseHelper extends SQLiteOpenHelper{
    // コンストラクタ。
    public DatabaseHelper(Context context){
        super(context, "crypted.db", null, 1);
    }
```

```
    // データベース生成の初回のみ呼ばれるメソッド。
    @Override
    public void onCreate(SQLiteDatabase db) {
        // テーブル生成。
        db.execSQL("create table secret_data (" +
                "_id integer primary key autoincrement, " +
                "crypted_data blob)");
    }

    // データベースのバージョンが変わった際に呼ばれるメソッド。今回は未使用。
    @Override
    public void onUpgrade(SQLiteDatabase db, int oldVersion, int newVersion) {
    }
}
```

アプリのインストール直後にはデータベースファイルが存在しない状態ですが、初回起動時に以下のデータベースファイルが生成されます。

▼リスト　データベースの生成

```
/data/data/[パッケージ名]/databases/crypted.db
```

次に、onCreate() が呼ばれ、create 文が実行されて secret_data テーブルが生成されます。

■アプリ本体の実装

暗号化処理とデータベース処理の準備ができたら、それらを利用する Activity を実装します。

まずはレイアウトです。パスワード入力フィールド、暗号化する文字列用入力フィールド、ボタン、リストで構成されています。

▼リスト　レイアウト

```
<RelativeLayout xmlns:android="http://schemas.android.com/apk/res/android"
    xmlns:tools="http://schemas.android.com/tools"
    android:layout_width="match_parent"
    android:layout_height="match_parent"
```

```
android:paddingBottom="@dimen/activity_vertical_margin"
android:paddingLeft="@dimen/activity_horizontal_margin"
android:paddingRight="@dimen/activity_horizontal_margin"
android:paddingTop="@dimen/activity_vertical_margin"
tools:context=".MainActivity" >

<TextView
    android:id="@+id/textView1"
    android:layout_width="fill_parent"
    android:layout_height="wrap_content"
    android:text="暗号化してデータベースに格納" />

<EditText
    android:id="@+id/editText1"
    android:layout_width="fill_parent"
    android:layout_height="wrap_content"
    android:layout_alignParentLeft="true"
    android:layout_alignLeft="@+id/textView1"
    android:layout_below="@+id/textView1"
    android:ems="10"
    android:hint="パスワードを入力します" />

<EditText
    android:id="@+id/editText2"
    android:layout_width="fill_parent"
    android:layout_height="wrap_content"
    android:layout_alignLeft="@+id/editText1"
    android:layout_below="@+id/editText1"
    android:layout_marginTop="16dp"
    android:ems="10"
    android:hint="暗号化する文字列を入力します"
    android:inputType="textMultiLine"
    android:lines="6" >
    <requestFocus />
</EditText>

<Button
    android:id="@+id/button1"
    android:layout_width="wrap_content"
    android:layout_height="wrap_content"
```

```
        android:layout_below="@+id/editText2"
        android:layout_centerHorizontal="true"
        android:text="@string/exec_button_label" />

    <ListView
        android:id="@+id/listView1"
        android:layout_width="match_parent"
        android:layout_height="wrap_content"
        android:layout_alignLeft="@+id/editText2"
        android:layout_below="@+id/button1" >
    </ListView>

</RelativeLayout>
```

次は、Activityのソースです。

▼リスト Activity

```
public class MainActivity extends Activity {
  private EditText passInput = null;
  private EditText dataInput = null;
  private Button encButton = null;
  private ListView list = null;
  private SQLiteDatabase db = null;
  private String password = null;
  @Override
  protected void onCreate(Bundle savedInstanceState) {
    super.onCreate(savedInstanceState);
    setContentView(R.layout.activity_main);
    // データベースの準備。
    DatabaseHelper helper = new DatabaseHelper(this);
    db = helper.getWritableDatabase();
    // UI部品取得。
    passInput = (EditText)findViewById(R.id.editText1);
    dataInput = (EditText)findViewById(R.id.editText2);
    encButton = (Button)findViewById(R.id.button1);
    list = (ListView)findViewById(R.id.listView1);
    // ボタンをタップした時の動作を定義。
    encButton.setOnClickListener(new OnClickListener(){
      public void onClick(View view) {
```

```
      // パスワードを取得、カラなら処理せずToastを表示する。
      password = passInput.getText().toString();
      if(password.isEmpty()){
        Toast.makeText(MainActivity.this,
          "パスワードを入力してください", Toast.LENGTH_LONG).show();
      }else{
        // 入力フィールドのテキストを取得、
        // 暗号化してデータベースに格納する。
        // 実際は暗号化から格納までを非同期にします。
        insertEncData(dataInput.getText().toString());
        Toast.makeText(MainActivity.this,
          "保存完了", Toast.LENGTH_SHORT).show();
      }
    }
  });
  // リスト内の要素をタップしたら暗号化されたデータを復号し、
  // Toastで表示する。
  list.setOnItemClickListener(new AdapterView.OnItemClickListener() {
    public void onItemClick(AdapterView<?> parent,
        View view, int viewPos, long rowId) {
      // パスワードを取得、カラなら処理せずToastを表示する。
      password = passInput.getText().toString();
      if(password.isEmpty()){
        Toast.makeText(MainActivity.this,
          "パスワードを入力してください",
          Toast.LENGTH_LONG).show();
        return;
      }
      Map<String, String> dataMap =
        (HashMap<String, String>)parent.getItemAtPosition(viewPos);
      final int targetId = Integer.parseInt(dataMap.get("firstLine"));
      final String decodedData = selectDecData(targetId);
      Toast.makeText(MainActivity.this, "デコードした値："
          + decodedData, Toast.LENGTH_LONG).show();
      return;
    }
  });
  // データベース内のレコードをListViewに表示。
  updateList();
}
```

7

重要なデータを守る

```
@Override
protected void onDestroy() {
  super.onDestroy();
  if(db != null) db.close();
}

// バイト配列を16進数表記の文字列に変換する。
public static String dumpBinary(byte[] rawData){
  if(rawData == null) return "null";
  StringBuilder buffer = new StringBuilder();
  for(int i = 0; i < rawData.length; ++i){
    buffer.append(String.format("%02x", rawData[i]));
  }
  return buffer.toString();
}

// 受け取った文字列を暗号化し、データベースに保存する。
private void insertEncData(String str){
  ContentValues values = new ContentValues();
  // 暗号化して値をContentValuesに格納。
  try {
    values.put("crypted_data",
      CryptUtil.encryptData(password.toCharArray(), str.getBytes()));
  } catch (Exception e) {  // エラー処理は省略。
  }
  // データベースに挿入。
  db.insert("secret_data", null, values);
  // 画面上の一覧を更新。
  updateList();
}

// データベースから_idの合致するレコードを取得し、
// 復号した文字列を返す。
private String selectDecData(int targetId){
  Cursor cursor = db.query("secret_data",
      new String[]{"crypted_data"},  // 取得する列。
      "_id = ?", // where。
      new String[]{Integer.toString(targetId)},  // parameter
      null,   // group by
```

```
        null,   // having
        null,   // order by
        null  // limit
    );
    // プライマリキーを条件にselectするのでカーソルのループは不要。
    cursor.moveToFirst();
    byte[] encryptedBinary = cursor.getBlob(0);
    try {
      byte[] decryptedBinary = CryptUtil.decryptData(
          password.toCharArray(), encryptedBinary);
      return new String(decryptedBinary);
    } catch (Exception e) {  // エラー処理は省略。
    }
    return null;
}

private void updateList(){
    // データベースの値を格納するリストを用意。
    List<Map<String, String>> dataList =
        new ArrayList<Map<String, String>>();
    // 画面上の一覧を更新するためにデータベースから値を取得する。
    Cursor cursor = db.query("secret_data",
      new String[]{"_id", "crypted_data"},  // 取得する列。
      null,  // where
      null,   // parameter
      null,   // group by
      null,  // having
      "_id asc",   // order by
      null  // limit
    );
    if(cursor.moveToFirst()){
      // カーソルを先頭に移動し、レコードの数だけループ。
      do{
        int recordId = cursor.getInt(0);
        String cryptedData = dumpBinary(cursor.getBlob(1));
        // ListViewのAdapterにあてはめるためにMapに格納する。
        Map<String, String> data = new HashMap<String, String>();
        // 1行目はレコードID。
        data.put("firstLine", Integer.toString(recordId));
        // 2行目は暗号化したデータ。
```

```
            data.put("secondLine", cryptedData);
            dataList.add(data);
        }while(cursor.moveToNext());
    }
    cursor.close();  // カーソルは必ず閉じる。
    SimpleAdapter adapter = new SimpleAdapter(this,
      dataList,
      android.R.layout.simple_list_item_2,
      new String[]{"firstLine", "secondLine"},
      new int[]{android.R.id.text1, android.R.id.text2}
    );
    list.setAdapter(adapter);
  }
}
```

アプリを起動すると、次の画面が表示されます。

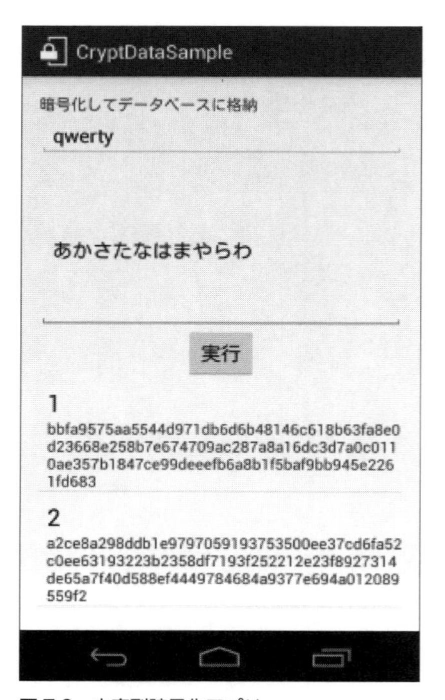

図 7.2　文字列暗号化アプリ

パスワードを入力し、入力フィールドに何か文字を入力し、ボタンをタップすると、入力した文字が暗号化された状態でデータベースに保存されます。データベース内のデータは、画面下部のリストに表示されます。同じ入力値で複数回暗号化してみると、毎回違う結果になっていることがわかります。リストの特定のレコードをタップすると、暗号化されたデータを復号し、Toastで表示します。

サンプルなので簡略化していますが、暗号化と復号、およびデータベースへの格納処理の参考になると思います。実際にアプリを開発する際には、各種例外の処理を実装したり、暗号化処理やデータベース処理を非同期にするといった対処が必要になります。

COLUMN Cardboard と Daydream

Oculus Rift や、PlayStation VR などの発売で、俄然バーチャル・リアリティー(VR)が盛り上がってきた印象があります。本格的な VR ゴーグルは、高度な 3D 演算をするための高性能 PC やゲーム機と接続して、位置センサーを外部に配置して、はじめて利用できるため、心理的にもコスト的にもハードルが高いのですが、体験したときの衝撃はとても大きなものがあります。

VR をだれでもかんたんに楽しめる環境を作ることを目標に、Google では、Cardboard をオープンソースハードウェアとして公開し、普及を目指してきました。Cardboard は主として段ボールとレンズで構成され、電子機器ではないので特に配線も電源も必要ありません。Cardboard にスマートフォンを挿せば、対応アプリがセンサーでユーザーの動きを検知して、状態にあわせた VR 映像を再生します。Cardboard アプリでは Google Earth の映像を使って上空を飛ぶ体験ができ、YouTube アプリの Cardboard モードでは 360 度動画を楽しむことができます。Cardboard 対応ハードウェアには多くの選択肢があり、本格的な VR ゴーグルに見えるような製品もあります。

Android 7.0 では、これを一歩推し進めて Daydream View として、より高品質な VR 体験を提供しています。描画遅延による応答速度の低下を起こさない VR モードが設定され、ハードウェアにも一定の要求水準が定義されています。ゴーグルだけでなく、コントローラー仕様やスマートフォン本体の操作も共通化され、より自然に使えるようになりました。次世代スマートフォンの方向性として、iOS とは違うベクトルを打ち出した Daydream は、新たな Android の価値となるのか、今後も目が離せません。

82 オープンソースソフトを利用する

暗号化したデータをファイルやSharedPreferenceに保存したり、通信でやりとりする時には、前項のように暗号化処理を自前で実装することになります。しかし、データベースでの利用に限定するのなら、「SQLCipher」というライブラリの利用も考えられます。

SQLCipherは、オープンソースなライブラリで、SQLiteデータベースのデータにAES暗号化を施すものです。Windows用DLLやiOS向けライブラリなどのバージョンもあり、幅広いプラットフォームで利用されています。有償のCommercial Editionと、無償のCommunity Editionがありますが、機能的にはどちらも同じです（提供形式、サポート、ライセンスの内容といった面が違います）。

Android用のライブラリは、BSDライセンスをベースとした独自ライセンスが適用されていて、アプリや関連資料にライセンス内容を記載するなどの配慮が必要ですが、かなり自由に使うことができます。

前項では、データを暗号化してデータベースに格納する例を見ましたが、ここではSQLCipherを組み込んでみましょう。SQLCipherは、データベースに挿入するレコード単位で暗号化するのではなく、データベースファイル全体を暗号化するという特徴があります。

■ ライブラリの準備

Android Studio上でbuild.gradleファイルに以下のような設定を行い、メニューから「Tools」→「Android」→「Sync Project with Gradle Files」を選択すればライブラリの準備は完了です。

▼リスト　build.gradle

```
dependencies {
    compile fileTree(dir: 'libs', include: ['*.jar'])
    testCompile 'junit:junit:4.12'
    compile 'com.android.support:appcompat-v7:23.4.0'
    compile 'net.zetetic:android-database-sqlcipher:3.5.4@aar'
}
```

dependencies ブロック内の 4 行目、sqlcipher の compile 指定を追加するだけです。

SQLCipher は libsqlcipher.so というネイティブ実装のライブラリを使用しています。そのため、Android フレームワークの API を用いて自前で暗号化処理を実装するより処理が高速です。

これでライブラリの準備はできたので、SQLCipher を使ったソースコードを見てみましょう。

■ データベース処理の実装

SQLCipher は非常によくできていて、インポートするパッケージを変えることと、鍵の処理を追加すること以外は、ほぼ通常の SQLite 操作と同じ実装になります。

▼**リスト** データベース処理

```
package com.example.sqlciphersample;

import android.content.Context;
import net.sqlcipher.database.SQLiteDatabase;
import net.sqlcipher.database.SQLiteOpenHelper;

public class CipherDbHelper extends SQLiteOpenHelper{
    // コンストラクタ。
    public CipherDbHelper(Context context) {
        super(context, "crypted.db", null, 1);
    }

    // データベース生成の初回のみ呼ばれるメソッド。
    @Override
    public void onCreate(SQLiteDatabase db) {
        // テーブル生成。
        db.execSQL("create table secret_data (" +
                "_id integer primary key autoincrement, " +
                "crypted_data blob)");
    }

    // データベースのバージョンが変わった際に呼ばれるメソッド。今回は未使用。
    @Override
```

```
    public void onUpgrade(SQLiteDatabase arg0, int arg1, int arg2) {
    }
}
```

ここでは、あえてimport文も含めて記載しましたが、ご覧のとおり、SQLite関連のパッケージがandroid.database.sqliteからnet.sqlcipher.databaseに変わっている以外は、ほぼ前の項で取り上げたDatabaseHelper.javaと同じ実装になっています。

暗号化を自前実装していた時は、テーブルにバイナリデータを格納するため、blob型の列を用意していました。一方、SQLCipherでは開発者が暗号化を意識する必要がないので、テキストを格納するためにtext型の列を用意しています。

■ アプリ本体の実装

次に、Activityの実装を見てみましょう。前項の暗号化自前実装版サンプルのActivityとかなり似ています。

SQLCipherのパッケージをインポートしている箇所は重要なので、あえて記載しました。このサンプルも、例外処理や非同期処理の実装は省いています。パスワードもソース内に固定で保持しているので、実際にアプリを開発する際には適宜実装してください。

▼リスト Activity

```
package com.example.sqlciphersample;

/** 略 **/

import net.sqlcipher.database.SQLiteDatabase;

/** 略 **/

public class MainActivity extends Activity {
    private EditText input = null;
    private Button button = null;
    private ListView list = null;
    private SQLiteDatabase db = null;
    private String password = "opensesame";
    @Override
```

```
protected void onCreate(Bundle savedInstanceState) {
    super.onCreate(savedInstanceState);
    setContentView(R.layout.activity_main);
    // データベースの準備。
    SQLiteDatabase.loadLibs(this);
    CipherDbHelper helper = new CipherDbHelper(this);
    db = helper.getWritableDatabase(password);
    // UI部品の取得。
    input = (EditText)findViewById(R.id.editText1);
    button = (Button)findViewById(R.id.button1);
    list = (ListView)findViewById(R.id.listView1);
    // ボタンをタップした時の動作を定義。
    button.setOnClickListener(new OnClickListener(){
        public void onClick(View view) {
            // 入力フィールドのテキストを取得、
            // 暗号化してデータベースに格納する。
            insertEncData(input.getText().toString());
            Toast.makeText(MainActivity.this, "保存完了",
                Toast.LENGTH_SHORT).show();
        }
    });
    // データベース内のレコードをListViewに表示。
    updateList();
}
@Override
protected void onDestroy() {
    super.onDestroy();
    if(db != null) db.close();
}

// 受け取った文字列を暗号化し、データベースに保存する。
// ※本来は非同期処理にするのが好ましい。
private void insertEncData(String str){
    ContentValues values = new ContentValues();
    // 値をContentValuesに格納。
    values.put("crypted_data", str);
    // データベースに挿入。
    db.insert("secret_data", null, values);
    // 画面上の一覧を更新。
    updateList();
```

```
    }

    private void updateList(){
        // データベースの値を格納するリストを用意。
        List<Map<String, String>> dataList = new ArrayList<Map<String, String>>();
        // 画面上の一覧を更新するためにデータベースから値を取得する。
        Cursor cursor = db.query("secret_data",
            new String[]{"_id", "crypted_data"},     // 取得する列。
            null, null, null, null, // where, parameter, group by, having。
            "_id asc",      // order by。
            null    // limit。
        );
        if(cursor.moveToFirst()){
            // カーソルを先頭に移動し、レコードの数だけループ。
            do{
                int recordId = cursor.getInt(0);
                String cryptedData = cursor.getString(1);
                // ListViewのAdapterにあてはめるためにMapに格納する。
                Map<String, String> data = new HashMap<String, String>();
                // 1行目はレコードID。
                data.put("firstLine", Integer.toString(recordId));
                // 2行目は暗号化したデータ。
                data.put("secondLine", cryptedData);
                dataList.add(data);
            }while(cursor.moveToNext());
        }
        cursor.close();     // カーソルは必ず閉じる。
        SimpleAdapter adapter = new SimpleAdapter(this,
            dataList,
            android.R.layout.simple_list_item_2,
            new String[]{"firstLine", "secondLine"},
            new int[]{android.R.id.text1, android.R.id.text2}
        );
        list.setAdapter(adapter);
    }
}
```

SQLCipherが暗号化を担っているので、byte[]データを意識する必要がなく、暗号化・復号処理もなくなったため、かなりシンプルになりました。リストに暗

7 重要なデータを守る

号化されたデータが表示されないのがつまらないぐらいです。本当に暗号化されているのか、疑問にすら思ってしまいます。

試しに、データベースファイルを抜き出して、中身をパソコン上のsqlite3.exeで確認してみましょう。

サンプルアプリを実機でなく、エミュレータ上で実行します。そして、adbコマンドでデータベースファイルを抜き出します。

Windowsのコマンドプロンプトを開き、Android SDKのディレクトリに移動し、次のコマンドを実行します。

▼コマンド

```
>platform-tools\adb.exe pull /data/data/[パッケージ名]/databases/crypted.db
```

次に、Android SDKに付属するsqlite3.exeでデータベースファイルの中身を閲覧します。先ほどと同じコマンドプロンプトで、次のコマンドを入力します。

▼コマンド

```
>tools\sqlite3.exe crypted.db
```

「sqlite>」プロンプトは表示されるのですが、.tablesコマンドでテーブル一覧を表示しようとしたり、select文を実行しようとするとエラーが表示されます。

▼実行結果

```
SQLite version 3.7.11 2012-03-20 11:35:50
Enter ".help" for instructions
Enter SQL statements terminated with a ";"
sqlite> .tables
Error: file is encrypted or is not a database
sqlite> select * from secret_data;
Error: file is encrypted or is not a database
sqlite>
```

実行結果から、ファイル全体が暗号化されていることがわかります。

暗号化したレコードをテーブルに格納するのではなく、データベース全体で暗号化しているため、アプリ内でデータベースを操作している時点では、レコードを普通に操作できます。ですから、select文でwhere句を指定したり、order by

や group by のような指定が可能なのです。

このように非常に優秀な SQLCipher ですが、利用すると、アプリにライブラリを取り込む分、apk ファイルのサイズが数 MB ほど大きくなる点には注意してください。

COLUMN 暗号化処理は輸出規制の対象

Android アプリは Google Play に登録して、ユーザーにダウンロードしてもらいます。日本のユーザーが Google Play からアプリをダウンロードした場合、Google Play サーバがアメリカにあるため、アメリカから日本にアプリを輸出したことになります。

暗号化処理は、輸出規制の対象になっていて、特定の条件を満たしていない場合、米国商務省に申告が必要な場合があります。暗号化処理がビジネス利用に関わる場合など、規制の対象になる可能性があるので、EAR（Export Administration Regurations）に関する資料を確認しておきましょう。

83 処理を解析から保護する

データ以外に「処理」も保護したいことがあります。たとえば、暗号化処理での鍵生成処理などは、解析されたくない処理ですね。また、ゲームアプリは、処理を解析されるとかんたんに攻略されてしまいますし、課金アプリは課金処理をすり抜けられてしまう可能性があります。

基本的に、Androidアプリは「逆コンパイルできるもの」として扱う必要がありますが、「難読化処理」を施すことで、「逆コンパイルしても読み難い」ものにできます。完璧とはいきませんが、ある程度アプリの処理を保護できます。

難読化ツールとして、Googleは「ProGuard」を提供しています。

以下サイトに難読化を含めたコードとリソースの縮小に関する説明があります。

▼URL　Shrink Your Code and Resources

```
https://developer.android.com/studio/build/shrink-code.html
```

このツールは、アプリを圧縮し、処理を最適化し、難読化処理をしてくれます。Android SDKに含まれているので、特に何かをダウンロードしたり、インストールしなくても、Android Studioのbuild.gradleファイルをほんの少し編集するだけですぐに使えます。

build.gradleファイル内のbuildTypesブロック内の各ビルドタイプに「minifyEnabled true」を指定すれば、ProGuardは有効になります。以下はデバッグビルドではProGuardを無効、リリースビルドでは有効にした例です。

▼リスト　build.gradle内ProGuard設定

```
buildTypes {
    release {
        minifyEnabled false
        proguardFiles getDefaultProguardFile('proguard-android.txt'), ↵
'proguard-rules.pro'
    }
    debug {
```

```
        minifyEnabled true
        proguardFiles getDefaultProguardFile('proguard-android.txt'), ↵
'proguard-rules.pro'
    }
}
```

上記設定でProGuardは有効になり、リリースビルドのたびにProGuardが実行されます。上記設定の「proguard-android.txt」は全プロジェクト共通のProGuard設定で、「proguard-rules.pro」がプロジェクトごとの設定になります。

実はproguard-android.txtの初期設定では、処理設定が「最適化しない」になっています。そのため、このままだとせっかくProGuardを実行させているのにビルド結果は何も変わらないことになります。proguard-android.txtを編集して最適化を有効にしても構いませんが、最適化を有効にした設定ファイルも用意されているので、その設定に置き換えるのがかんたんです。

ProGuardの設定を以下のように変更します。

▼リスト　build.gradle内ProGuard設定

```
proguardFiles getDefaultProguardFile('proguard-android-optimize.txt'), ↵
'proguard-rules.pro'
```

ProGuardの全プロジェクト共通設定ファイルは、Android SDKをインストールしたフォルダの配下にある「tools¥proguard」フォルダ内に配置されています。

次項ではProGuardの細かい設定について見ていきます。

84 難読化の注意点を知る

■ 必要なプログラムコードが消えることがある

ProGuardを使用すると、最適化のため、未使用と判断されたコードは削除されます。そのため、実際には使用されているクラスが削除されてしまうことがあります。その場合、ProGuard適用後のアプリを起動するとClassNotFoundExceptionが発生します。ProGuardが誤ってコードを削除してしまうケースとして、以下のような状況があります。

- AndroidManifest.xml内でしか参照されないクラス
- JNI（Java Native Interface）からのみ参照されるクラス
- 動的に参照されるフィールドやメソッド（JavaScriptインターフェース越しに呼ばれるメソッドなど）

必要なコードを削除されないよう、必要に応じてProGuardの設定を変更します。ProGuardの設定は、プロジェクトフォルダ配下の「app\proguard-rules.pro」ファイル（以前は「proguard-project.txt」や「proguard.cfg」という名称でした）で行います。

▼URL　ProGuard

```
https://www.guardsquare.com/en/proguard
```

上記URLのマニュアルページに、コマンドラインから直接ProGuardを使用する方法と、指定可能なオプションの説明が記載されています。proguard-rules.proにこれらオプションを指定して、最適化処理の細かい制御を行います。

ProGuardは、Androidに特化したツールではないので、Android開発ではあまり使わないようなオプションもありますが、大きく分けて入出力、保持、圧縮、最適化、難読化、事前検証、全体の7点に関してオプションの指定が可能です。いくつかのオプションと指定方法を見てみましょう。

Android向けのオープンソースライブラリもだいぶ増えてきましたので、アプリ内で外部ライブラリを利用することもあると思います。libsフォルダに.jar

ファイルを格納して Android アプリをビルドしますが、libs フォルダ内のライブラリにも ProGuard を適用したい場合は、以下のように -libraryjars オプションを指定します。

▼リスト　proguard-rules.pro 内でライブラリ最適化を指定する

```
-libraryjars libs/ExampleLibrary.jar
```

使用するライブラリで、ProGuard を適用したい分だけ、上記のオプション行を設定します。

次によく使うのは「特定のクラスのみ ProGuard を適用しない」という除外オプションではないでしょうか。以下のように -keep オプションで除外指定が可能です。

▼リスト　proguard-rules.pro 内で特定のクラスを最適化しないよう指定する

```
-keep public class jp.co.myexample.MyActivity { *; }
```

上記オプションの末尾に「{ *; }」という指定がありますが、これは「指定したクラス内のすべてのメソッド、フィールド」という意味のワイルドカード指定です。ワイルドカードを使用せず、特定のメソッドやフィールドを指定することも可能です。

▼リスト　proguard-rules.pro 内で特定のクラスの特定のメソッドを最適化から除外する

```
-keep public class jp.co.myexample.MyActivity {
    public void setOffset(int);
    public java.lang.String getTaxedPriceStr(double);
}
```

このようにピンポイントで除外することも可能ですが、実際にはそういうケースは少ないかもしれません。前述の「JNI からのみ呼ばれるすべてのクラス」のように、ワイルドカードなどを用いて、特定の条件に合った要素を除外することが多いと思います。

ここで、ワイルドカードの指定方法も見てみましょう。「*」には「.」や「/」といったパッケージやディレクトリのセパレータは含まれません。セパレータも含めたワイルドカードを指定したい時は、「**」を使用します。また、任意の 1 文字を指定したい時は「?」を使用します。以下は、メソッドの戻り値とメソッド名にワイルドカードを適用した例です。

▼リスト　proguard-rules.pro内でのワイルドカードの使用例

```
-keep public class jp.co.myexample.MyActivity {
    # 戻り値がjava.lang.*で、メソッド名は「myMethod」の後に1文字続くメソッドを
    # 除外（myMethod1(), myMethod2(), myMethod3()...）。
    public static java.lang.* myMethod?();

    # 戻り値の型は任意のクラスで、メソッド名がgetから始まり、
    # パラメータにintを受け取るメソッドを除外。
    public ** get*(int);
}
```


クラス自体の定義に条件を付けることも可能です。以下の例では、クラス名にワイルドカードを適用し、継承元のクラスやインターフェースを条件に-keepオプションの対象を指定しています。

▼リスト　proguard-rules.pro内でextendsやimplementsを条件に使う

```
# MyBaseClassを継承したすべてのクラスをProGuard適用から除外する。
-keep public class * extends jp.co.myexample.MyBaseClass {
    *;
}

# NoProguardInterfaceインターフェースを実装したすべてのクラスを
# Proguard適用から除外する。
-keep public class * implements jp.co.myexample.NoProguardInterface {
    *;
}
```

除外するメソッドなどを指定しない場合は、以下のようにも記述できます。

▼リスト　proguard-rules.pro内で特定のクラスに-keepを適用する

```
-keep public class * extends jp.co.myexample.MyBaseClass
```

ほかにも、最適化の実施回数を指定する-optimizationsオプションや難読化を無効にする-dontobfuscateオプションなど、細かい指定が可能です。

■試験はProGuard適用済のアプリで行う

ProGuardは、難読化・最適化を実現するため、多かれ少なかれプログラムコードを改変します。アプリの試験を行う時は、必ずProGuardを適用したapkファイルを使いましょう。「デバッグ用アプリで試験したら正常に動作していたのに、リリース版ではエラーが出た」といったケースが起きてしまうと、肝心のリリース版に潜む不具合を検知できず、せっかくの試験が台無しになってしまいます。

■スタックトレースが解析できなくなる

Android Developer Consoleには、クラッシュレポートの機能があり、アプリがクラッシュした際のスタックトレースが送られてくることがあります。

しかし、ProGuardを使用したアプリでは、難読化のため、クラス名やメソッド名が変更されています。そのため、スタックトレースには変更後のクラス名が表示され、実際にどのクラスでエラーが発生したのかわからなくなります。

そこで、Android SDKフォルダ内のtools\proguard\binフォルダにある、retrace.batというツールを使うと、スタックトレースを難読化される前の状態で表示することが可能になります。

ProGuardを適用すると、プロジェクトフォルダ配下に「app\build\outputs\[フレーバー名]\[ビルド種別]」フォルダが生成され、その中にdump.txt、mapping.txt、seeds.txt、usage.txtというファイルが生成されます。この中のmapping.txtには、難読化前と後のクラス、メソッド、変数名の対応が記されています。

クラッシュレポートに表示されるスタックトレースをコピーし、テキストファイルに保存してください。たとえばstacktrace.txtというファイルに保存したとして、以下のコマンドを実行すると、スタックトレースが、難読化前の状態に変換されて出力されます。

▼コマンド

```
retrace.bat -verbose mapping.txt stacktrace.txt
```

なお、mapping.txtがないと、難読化前の状態に戻せません。リリース用にapkをビルドした際には、必ずその時のmapping.txtを保存しておきましょう。mapping.txtは、ビルドのたびに上書きされます。ビルドを自動化している場合は、その処理の中でmapping.txtの保存処理を入れておくとよいでしょう。

■ ProGuardの限界

ProGuardがやってくれないこともあります。たとえば、ProGuardはクラスや変数の名前を変えても、難読化のために処理自体を変更するようなことはしません。また、難読化ツールの中には、解析を困難にするために難解な処理を加えるものもありますが、ProGuardはそういった処理は行いません。

定数はそのまま残ります。ソースコードの中で直接指定した文字列などは、特に暗号化されることもなく、そのまま残るため、逆コンパイルすれば抜き出せてしまいます。

XMLなどのリソースもそのままです。XMLファイルにパスワードや認証トークンといった重要な情報をそのまま格納するのは非常に危険です。

また、改ざんの検知はしてくれません。「adb pullコマンドでapkファイルを端末から抜き出し、apkファイルに手を加え、端末にapkを入れ直す」というクラック手法がありますが、ProGuardはそういった改ざんを検知できません。

ProGuardは優秀なツールですが、難読化にせよ最適化にせよ「完璧」ということはありません。やはり「絶対に解析されないことはない」という前提でアプリを設計する必要があります。

85 有償ツールを検討する

アプリの利用者が増えれば増えるほど、クラッカーの目にとまり、攻撃の対象になる可能性は高まります。企業が公開しているアプリがクラックされたとなると、その企業のイメージ、評価も悪くなってしまいます。アプリが扱う情報の内容によっては、ProGuardの適用以上に高いセキュリティレベルが求められます。

ProGuard以外にも、さまざまな難読化ツールが存在します。ほかのツールを検討してもよいでしょう。

非常に重要なデータを扱っていたり、とても重要な処理を行うアプリでは、ProGuardよりも高いレベルの難読化を実現する有償ツールの利用を検討しましょう。Java向けの難読化ツールもいくつか種類がありますが、「DashO」（ダッシュオー）や「DexGuard」がAndroidに対応しています。

DashOは、ProGuardでは実現されない文字列の暗号化や難解な処理の追加といった処理をしてくれる、高度な難読化ツールです。

▼**URL** DashO

```
http://www.agtech.co.jp/products/preemptive/dasho/
```

DexGuardは、ProGuardと同じ提供元のGuardSquareが提供している有償の難読化ツールです。

▼**URL** DexGuard

```
https://www.guardsquare.com/en/dexguard
```

このように、ProGuard以外にもさまざまな難読化ツールがあります。もちろんライセンス費用が発生するので、利用するかどうかは事前に顧客と調整する必要がありますが、求められるセキュリティレベルによっては検討すべきでしょう。

COLUMN 中華 droid のススメ

「ススメ」と書いておきながら、本当にすすめられるのかと言われると微妙なのですが……。

Amazon などで「Android」というキーワードで検索すると、見慣れない端末が出てくると思います。特にタブレット端末が多いのですが、何度かそういった見慣れない端末を購入してみたことがあります。結論から言うと、博打です（苦笑）。どこが博打なのかと言うと「表記されているスペックと違うことがある」という点です。「静電式」と書いてありながら感圧式だったり、「Android 4.x」と書いてありながら Android 2.x だったりしたこともあります。なかなか泣けます。

そんなリスクを知っていてなぜ買うのかというと、以下の理由があります。

1. 値段がそんなに高くはない
2. 表記どおりのスペックのこともある
3. adb shell のユーザーが root であることが多い
4. キーボード付き、スタイラス付き、LAN ポート付き、Android／Linux のデュアルブートなど、珍しいスペックのものがある
5. 最悪、想定と違うスペックだったら、実験に使う
6. なくしたり壊したりした時に、精神的ダメージが少ない

特に 3 は開発者にとってはありがたく、Android の挙動を解析する時に重宝します。もちろん、前述したエミュレータの shell ユーザーも root なのですが、やはり実機のほうが動作も速いですし、Wi-Fi や Bluetooth などの機能も利用できるので便利です。

最悪、手元に置く画像ビューアぐらいには使えると思うので、試しに買ってみるのも悪くないと思います（責任は持てませんが）。

第8章

機種依存を考慮した設計と実装

86 搭載機能を整理する

Androidは、オープンソースとして一般に公開されていて、自由に入手できます。各携帯端末メーカーは、公開されているソースコードに独自の機能を実装して、端末を発売しています。そのため、Android端末は、機種ごとに実装されている機能に差があり、画面サイズ、解像度、搭載されているセンサーなどに違いがあります。同じバージョンでさえも、まれにですが、提供されているAPIに差があることがあります。

できるだけ多くの機種に対応できるアプリを開発するためには、差分を吸収するクラスを作成して実装します。そのためにも、あらかじめ端末ごとに搭載機能の一覧表を作成しておくと、要件定義の段階で対応機種の調整がしやすくなりますし、開発者としても毎回同じことに悩まされずに済みます。

以下のような項目を考慮して、表を作成するとよいでしょう。

- 対応OSのバージョン
- 対応機種
- 対応画面サイズ（物理サイズ、解像度）
- 画面数（2画面端末もある）
- ハードウェア依存箇所
  - GPS
  - センサー
    - 加速度センサー
    - ジャイロセンサー
    - 照度センサー
    - 磁界センサー
    - 傾きセンサー
    - 圧力センサー
    - 近接センサー
    - 温度センサー
    - 重力センサー

- 直線化速度センサー
- 回転ベクトルセンサー
- 湿度センサー
- 歩数計（Android 4.4 から）
- 歩行検出（Android 4.4 から）

データ通信機能
- Wi-Fi
- 3G/4G
- Bluetooth (3.0、4.0)
- WiMAX

カメラ
- 搭載カメラ数
- カメラ撮影サイズ・書き出しサイズ

CPU タイプ /GPU の有無
- メモリ容量（RAM サイズ）

ディスク容量
- 外部 SD カードの有無

ハードウェアキーボードの有無

トラックボール

NFC、FeliCa

指紋センサー

特に注意が必要なのは、Google の公式ドキュメントに「API が用意されている」と書かれていたとしても、必ずしもその機能を利用できるとは限らない点です。本当にまれにですが、利用できないことがあります。

たとえば、端末のカメラで、コンティニュアス AF（Auto Focus）が使えたとしても、API が提供されているかどうかは別です。端末に機能があり、ドキュメントに API の記載があるから使えると思ったのに、実際には、端末が提供しているアプリが独自に機能を作り込んでいたり、ネイティブに組み込んでいて、それが公開されていないことがあります。これでは、開発するアプリでその機能を利用できません。

そこで、以下のようなコードでフォーカスモードの利用可否をチェックすることができます。

▼**リスト** カメラのコンティニュアスAFモードのチェック

```
if (parameters.getSupportedFocusModes().contains(
    Parameters.FOCUS_MODE_CONTINUOUS_VIDEO)) {
        parameters.setFocusMode(Parameters.FOCUS_MODE_CONTINUOUS_VIDEO);
}
```

上記のチェックを行って、コンティニュアスAFモードがエラーにならずに値をセットできるにも関わらず、動作しない端末も存在します。コンティニュアスAFが実際に動作するかは、結局のところ、実機で確認するしかないのです。

その機能が利用できるかどうかを確認する時は、エミュレータではなく、めんどうでも実機で確認することをおすすめします。確認した端末名とOSのバージョンも忘れずに記録しましょう。

COLUMN Androidに関わるライセンス

Android OSは、カーネルにLinuxを採用していて、ライセンスはGPLバージョン2.0です。カーネルの上にあるフレームワークから上位は、Apache License 2.0となっています。そのほかにも、公開されているソース内には違うライセンスのものが存在するので、OSを改変して利用する場合には注意が必要です。

Androidアプリ開発では、Android OS自体を改変することはありませんが、Androidは組み込み分野での利用が急速に広まっているので、組み込み開発に関わる際にはライセンスにも気を配る必要が出てきます。

Androidアプリの開発で外部のライブラリを利用する際も、ライセンスに注意が必要です。Android向けのオープンソースの便利なライブラリは日々増えていますが、中には商用利用に制限があったり、ソースコードの公開を条件とするものもあります。ライセンス条項を事前にしっかり読んでおきましょう。

さて、ライセンスにもいろいろありますが、具体的にどういうルールなのでしょうか。以下に代表的なライセンスと、そのおおまかな内容を記します。

- GNU GPL (GNU General Public License)　ライブラリを利用するアプリもGPL適用。要ソース公開
- LGPL (Lesser GPL)　LGPLライブラリを「利用するだけ」ならOK。アプリに静的結合した場合は要ソース公開。「静的結合」の解釈がさまざまなため扱いは要注意(基本的には商用利用を避けたほうが無難)
- BSD License　改変、再配布、商用利用はOK。要著作権表示。著作者名の宣伝利用は不可
- Apache License　改変、再配布、商用利用はOK。要著作権表示。ライブラリ改変の場合は要告知
- MIT License　改変、再配布、商用利用はOK。要著作権表示

これはかなり簡略化した説明なので、細かい点は条項を必ず確認してください。「××ライセンスをベースに、条件を一部変えた」ということもよくあるので、注意が必要です。ライブラリなどを利用する際には、しっかりライセンス条項を確認しましょう。

87 フォン型とタブレット型の両方に対応する

日本では、2010年にLuvPad AD100、SC-01C、LifeTouchなどのタブレットが各メーカーから発売されました。Googleもタブレットが普及するのを予想して、2011年2月22日にタブレット専用のAndroid 3.0を公開しました。そして、日本では、2011年3月にAndroid 3.0を初めて搭載したタブレットL-06Cが発売されました。それ以降、さらに多くのタブレットが発売され、アプリにもタブレット対応が求められるようになりました。

ところが、フォン型とタブレット型では画面サイズが大きく異なるため、それぞれに違うレイアウトで対応する必要があります。そのため、レイアウトファイルやActivityをそれぞれに作らなければなりません。そうすると、同じようなレイアウト、機能を重複して実装しなければならなくなり、工数の増加、品質の低下につながることが問題になります。

■ Fragmentで画面を実装する

そこでAndroid 3.0からは、フォン型とタブレット型でレイアウトや機能が重複しないように、「Fragment」という機能が加わりました。Fragment単位で実装することによって、Fragmentの組み合わせで画面を実装できるようになりました。

たとえばAndroidの設定画面のように、タブレット型では1画面内に2ペイン（pane、「窓枠」の意味）で左側に設定リスト、右側に設定詳細を表示して、フォン型の場合は設定リストと詳細を別画面に分けたい、といった場合に有効です。このとき、Fragmentという画面単位を使い、1画面内に表示するFragmentをフォン型、タブレット型ごとに調整することができます。

以下のGoogle公式サイトにフォンとタブレットの両方に対応する際のガイドラインと、ペインを用いたレイアウト作成の説明があります。

▼URL　Creating Single-pane and Multi-pane Layouts

`https://developer.android.com/guide/practices/tablets-and-handsets.html`

上記のサイトの概要を説明します。

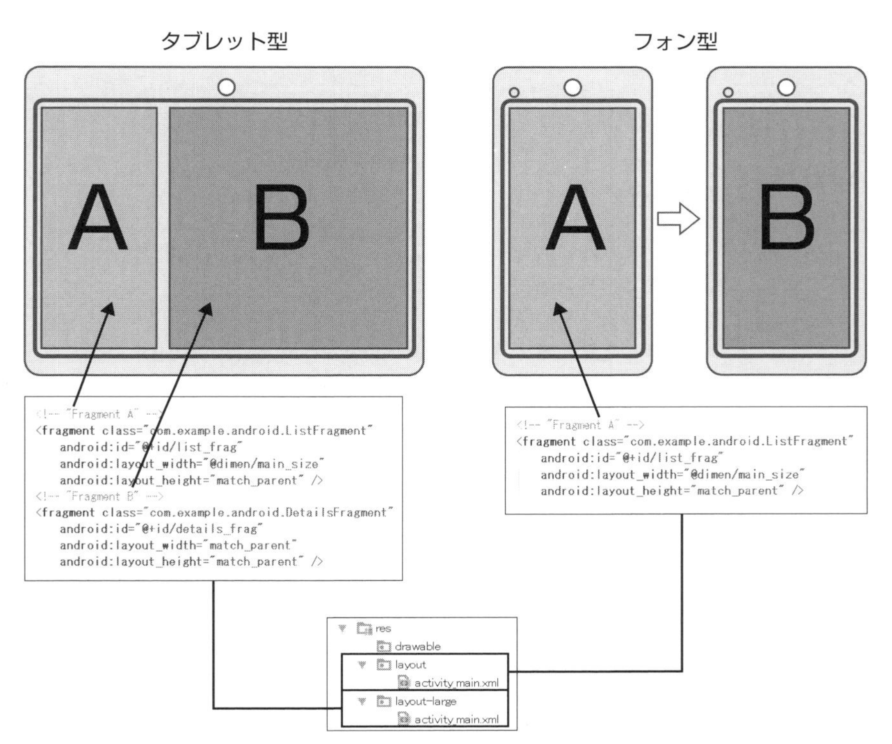

図 8.1 Fragment によるタブレット・フォン両レイアウト対応

図 8.1 を見てもわかりますが、Android OS は、画面サイズを判定し、大型の画面の場合（おもにタブレット型）と通常の画面（おもにフォン型）で異なるレイアウトフォルダのリソースを使用します。この仕組みにより、同じ Activity に異なるレイアウトが適用できます。下記のソースは Activity 内でレイアウト内に「Fragment B」があるかをチェックすることでレイアウトが 2 ペインかどうかを判定し、画面遷移するか、右画面（「Fragment B」）を更新するかを判断します。

▼リスト Fragment 判別

```
public class MainActivity extends Activity implements TitlesFragment.
OnItemSelectedListener {
    ...
```

```
    /** 以下は「Fragment A」のリスト要素が選択された時に呼ばれるコールバッ ➘
クメソッド */
    public void onItemSelected(int position) {
        // 「Fragment B」を取得する。
        DisplayFragment displayFrag = (DisplayFragment) getFragmentManager()
                                    .findFragmentById(R.id.display_frag);
        if (displayFrag == null) {
            // 「Fragment B」が取得できなかった（＝レイアウト内になかった）
            // 場合はフォン型なので、DisplayActivity「Activity B」を開始し、
            // 選択されたリスト要素の情報を渡す。
            Intent intent = new Intent(this, DisplayActivity.class);
            intent.putExtra("position", position);
            startActivity(intent);
        } else {
            // 「Fragment B」が取得できた（＝レイアウト内に存在した）場合は
            // タブレット型なので、「Fragment B」を更新する。
            displayFrag.updateContent(position);
        }
    }
}
```

フォン型、タブレット型の両画面に対応する場合、以下の作業を行います。

- レイアウトをフォン用、タブレット用にそれぞれ用意する
- プログラム内でレイアウトを解析し、Fragmentが存在するか判定する

以上の作業でFragmentを適用することで、フォン型、タブレット型のアプリを作る際に重複するパーツや、別々に処理を作らなければいけない箇所を、共通化できます。

88 基準になる単位を知る

ディスプレイのサイズについて話す際、さまざまな単位が登場します。画面の物理サイズ（スマートフォンなら5インチ台のサイズ、タブレットなら7インチや8インチといったサイズ）のほかに、画面密度（またはピクセル密度）という単位があります。これは、何ピクセルで1インチを表すか（1インチ幅の中に何ピクセル含まれるか）という単位で、DPI（Dots Per Inch）と記載します。

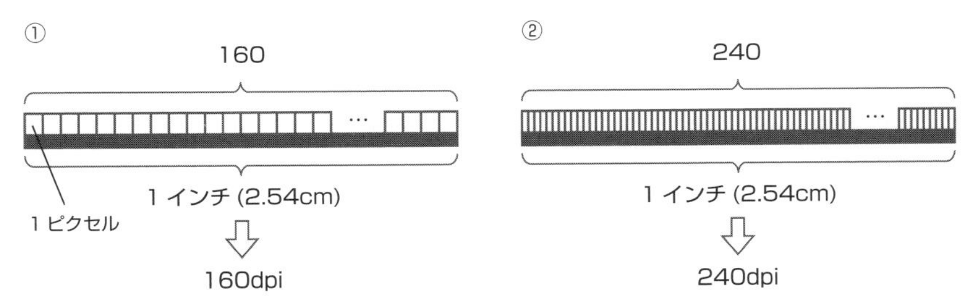

図 8.2 DPIの説明

図8.2で①と②を比べると、同じ1インチの中に、異なるピクセル数が表示されているのがわかります。このように、1インチの中に何ピクセルが入るかで、DPIの値が決まります。DPIの値が大きいほど、細かい表現が可能になる、つまり、表示がより高解像度になり、そのためデータ量は大きくなります。

Androidのアプリでは、各種レイアウトをXML内で指定できますが、そのXML内で使用するサイズ（Dimensions）には、次表の単位を指定できます。

表 8.1　単位の説明

名前		説明
dp（Density-independent Pixels）	密度非依存ピクセル	Density によってピクセルサイズが変わる
sp（Scale-independent Pixels）	スケール非依存ピクセル	Scale によってピクセルサイズが変わる
in（INch）	インチ	スクリーンの実サイズをベースとしたインチ
mm（MilliMeter）	ミリメートル	スクリーンの実サイズをベースとしたミリメートル
pt（PoinT）	ポイント	スクリーンの実サイズをベースとしたインチの 1/72 の値の単位
px（PiXel）	ピクセル	実画面サイズのピクセル（非推奨）

図 8.3 は、NexusS（左）と Nexus7（右）でボタンの横サイズを各単位で表示した際の画像です。

ボタンのサイズ指定は、上から順番に、以下のようになっています。単位によって表示されているボタンの幅が異なるのがわかります。

- 3 in
- 75 mm
- 200 pt

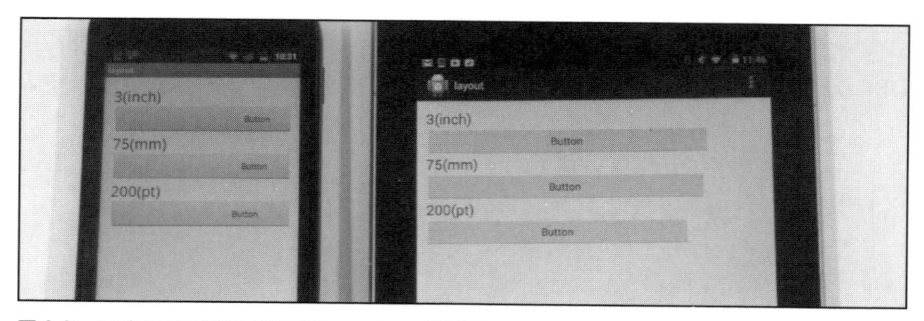

図 8.3　Android で設定できる Dimensions の説明

この例でわかるとおり、in、mm、pt は物理的なサイズなので、どちらの端末で表示しても同じ大きさになります。つまり in、mm、pt は物理サイズが変わったらデザインが崩れてしまい、「大きいボタンが小さい画面に入りきらなくなる」といったことが起こります。そのため、in、mm、pt は、通常使用しません。

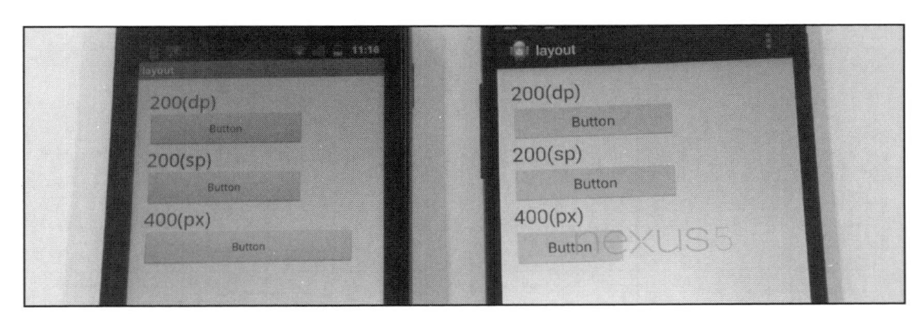

図 8.4　Android で設定できる Dimensions の説明

図 8.4 は、NexusS（左）と Nexus5（右）でボタンの横サイズを各単位で表示した際の画像です。

ボタンのサイズ指定は、上から順番に、以下のようになっています。

- 200 dp
- 200 sp
- 400 px

PX は画面上のピクセル数を表す単位ですが、この単位を使った場合も、端末によって表示できるピクセル数が異なり、デザインが崩れてしまうので、これも使用しません。Google のデベロッパサイトにも、公式に非推奨であることが明記されています。

機種依存を少なくするためには、通常 DP[注1] という単位を使用します。

■ 画面密度を理解する

Android が扱う画面密度には「ldpi」「mdpi」「hdpi」「xhdpi」があります。mdpi を 1（基準）として、ldpi が 0.75 倍、hdpi が 1.5 倍、xhdpi が 2 倍になります。

注 1　DP とは別に、フォントのサイズ指定に使う単位として SP があります。Android の設定画面で、ユーザーは Android 全体で使うフォントのサイズ（システムの文字スケール）を選択できますが、SP は、文字スケールが変わって文字の実サイズが変わっても同じ値を保持します。フォント用に用意されている単位なので、SP を使うのが正しいような気がしますが、デザイン仕様によっては SP でなく DP を使ったほうがよい場合もあります。システムの文字スケール設定に合わせて文字サイズを可変にするかどうか検討したうえで、採用するようにしてください。そうしないと、システムの文字スケール設定を変更したことによって、画面が崩れてしまうことがあります。注意が必要です。

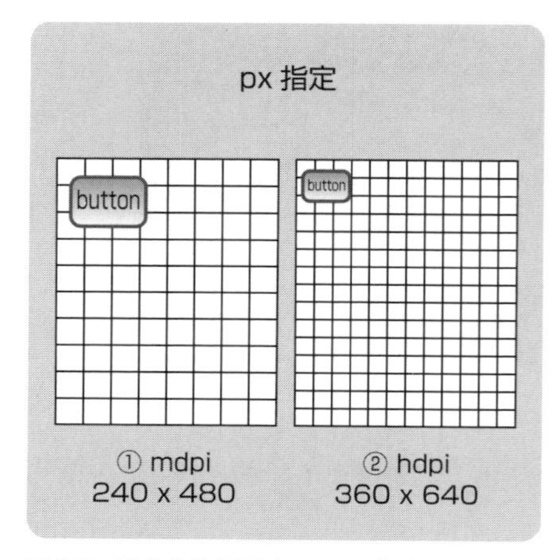

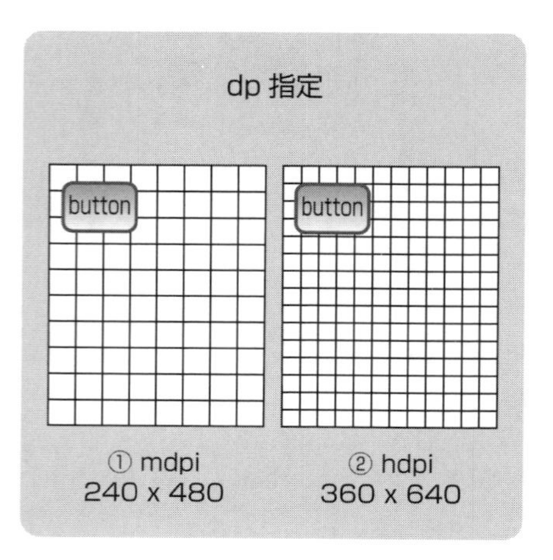

図 8.5 違う DPI 画面上での px 指定、dp 指定

図 8.5 の①と②は、画面が同じ物理サイズなのに、表示できるピクセル数が異なります。②のほうが高解像度で表示できる端末です。

①と②に、px 指定でボタンを表示すると、異なる物理サイズのボタンになってしまいます。そこで、px でなく dp を使用すると、画面密度に合わせて②のボタンを①のボタンの 1.5 倍のサイズで表示してくれるため、適切なボタンサイズになります。このように、dp を指定することでマルチスクリーンに対応できます。

画面密度には、現在以下の種類があります。

表 8.2 画面密度と比率

名前	ピクセル密度	比率
ldpi	120dpi	0.75 倍
mdpi	160dpi	1 倍
tvdpi	213dpi	1.3312501 倍
hdpi	240dpi	1.5 倍
xhdpi	320dpi	2 倍
xxhdpi	480dpi	3 倍
xxxhdpi	640dpi	4 倍

デザイナーは px で考えているので、デザイン部品の作成を依頼する時には、「px で何サイズの切り出しを行いたいか」を明確に伝える必要があります。このためにも、Android 独自の単位である dp と、デザインを行う上での px の相互変

換を知っておくことが大切です。

- dp → px の変換　px=dp*density
- px → dp の変換　dp=px/density

「density」は 160dpi を 1 とした比率です。比率は表 8.2 に記載されている値です。

たとえば、20dp のコンポーネントを作った場合、mdp（1 倍）の端末だと 20px、hdp（1.5 倍）の端末だと 30px で表示されます。

一方、密度が mdp の端末で 20px を表示している場合は、20dp になります。密度が hdp の端末で 30px を表示している場合は、20dp になります。

また、ldpi：mdpi：hdpi：xhdpi は、3：4：6：8 の比率になっています。これを「3：4：6：8 scaling ratio」と言い、この比率どおりの画像を作るようにします。たとえば、48 × 48dp の画像を使用する場合、各密度の端末用に以下の画像を作ることが考えられます。

- low-density のために 36x36 を作成
- medium-density のために 48x48 を作成
- high-density のために 72x72 を作成
- extrahigh-density のために 96x96 を作成

デザイナーに画像パーツの作成を依頼する時は、各画面密度用の素材作成を頼むのが理想です。もし、最大画像だけを作成してもらい、小さい画面でもその画像を使うと、画像縮小の際にデザインが崩れる可能性があります。逆に、最小画像だけを作成してもらうと、拡大の際に画像が荒くなります。

ただし、工数などの都合で、各画面密度の画像を作成できない場合は、対応機種の中で最も大きい dpi に合わせて作ります。たとえば、xhdpi まで対応する場合、xhdpi で見た際の画像を作成します。そうすると、hdpi の端末は 0.75 倍、mdpi の端末は 0.5 倍で表示するしくみになります。

最大 dpi に合わせて画像を作る時、重要な点が 1 つあります。それは、割り切れるサイズにすることです。たとえば、xhdpi を基準として 50px の画像を作ってもらう時、mdpi では 25px と適切なサイズですが、hdpi では 37.5px と端数が出てしまいます。そのような画像サイズを作ってしまうと、hdpi は個別で対応しなければいけなくなります。あらかじめ端数が出ないように計算して、デザイナーに依頼しましょう。

89 実サイズで切り分ける

Androidはさまざまな画面サイズに対応していて、いろいろな画面サイズの端末が存在します。Android OSは、それらの画面サイズを、4つの「セット」に分類しています。small、normal、large、xlargeがそのセットです。図8.6は、各セットにどの範囲の画面サイズが含まれるかを記したものです。なお、おおまかなマッピング図なので、厳密に正確ではありません。

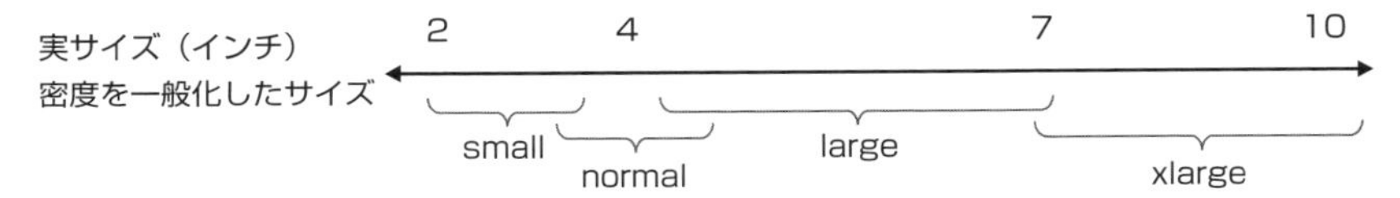

図8.6 画面サイズの説明

Google公式サイトでは、以下のURLに画面サイズに関する説明が記されています。

▼**URL** Range of screens supported

```
https://developer.android.com/guide/practices/screens_support.html
```

画面サイズはインチサイズで決まります。各画面サイズに対応する場合、通常は各画面サイズで最小のdpサイズを使用して、レイアウトやUIを想定します。以下が、システムで定義されている各画面サイズの最小サイズです。

- xlarge画面は、最小が960dp*720dp
- large画面は、最小が640dp*480dp
- normal画面は、最小が470dp*320dp
- small画面は、最小が426dp*320dp

画面サイズと画面密度は異なるものです。同じdp値の部品でレイアウトを作成しても、画面サイズが違うと、画面に収まりきらなかったり、逆に画面がスカスカになってしまうことがあります。たとえば、フォン型のサイズを想定してレイアウトを作成しても、タブレットでは画面がスカスカになってしまいます。そのため、画面サイズごとにレイアウトやUIを作成する必要があります。

また、サポートしない画面サイズがある場合は、非対応の画面サイズの端末ではGoogle Playからダウンロードできないようにします。

■ 対応する画面サイズを指定する

Androidアプリ作成時に、AndroidManifest.xml内で対応画面サイズを指定できます。supports-screensタグに以下の属性を指定できます。

- android:largeScreens="true"　ラージスクリーン（対角4.8インチ以上）をサポート
- android:normalScreens="true"　ノーマルスクリーン（対角4.0インチまで）をサポート
- android:smallScreens="true"　スモールスクリーン（対角2.6～3.0インチまで）をサポート
- android:anyDensity="true"　複数密度に対応している

この設定をしておくと、該当する端末のみがGoogle Playからアプリをダウンロードできます。

90 仮想デバイスで確認する

Android端末は、非常に多くの種類が存在するため、すべての端末でアプリを試そうと思っても、必要な端末をそろえられないことがあります。

そこでAndroid SDKには、仮想デバイス「AVD」(Android Virtual Device)を作成するためのツールが標準で含まれています。作成したAVDを使用して、Android端末の挙動をパソコン上でエミュレートし、そろえられなかった端末の代わりとして使用します。

■ エミュレータの使い方

エミュレータを使用すると、端末が手元にない場合でもアプリの挙動を確認できます。もちろん、実機で確認するのがベストですが、最近のエミュレータはより正確にレイアウトを表現してくれるので、便利です。

AVDは、OSバージョンごとに正確に端末をエミュレートしてくれます。たとえば、特定のAndroidバージョンが保持している証明書を確認したいといったことにも役立ちます。

コマンドプロンプトからAVDを生成する「android.bat」(Linux環境であればandroid.sh)というコマンドがAndroid SDKに付属していますが、現在はサポートが終了しています。

一応、コマンドプロンプトからAndroid SDKのtools\android.batを実行することでAVDの生成や削除が可能ですが、生成時の設定によってはAndroid Studioから直接起動できないといったデメリットもあるので、Android Studio付属のAVD ManagerからAVDを生成するとよいでしょう。

AVD生成はAndroid Studioから行うとして、生成したAVDの起動はコマンドプロンプトから実行できるので、試験の自動化などに活用ができます。AVDを起動するのはAndroid SDKのtoolsフォルダ内にある「emulator.exe」です。以下コマンドでヘルプが表示されます。

▼コマンド

```
> emulator.exe -help
```

8 機種依存を考慮した設計と実装

コマンドプロンプトで以下のようにemulator.exeを実行すると、指定した名称のAVDが起動します。下の例では-logcatオプションを組み合わせて、AVD起動後に、タグが「ActivityManager」のログを出力するよう指定しています。

▼コマンド

```
> emulator -avd <avd_name> -logcat ActivityManager
```

ヘルプに表示されるとおり、他にもさまざまなオプションがあります。たとえばキャッシュを無効にしたり、通信にproxyを指定したり、SDカードのイメージファイルを指定したりすることが可能です。

telnetコマンドを用いれば、起動したAVDにアクセスし、コマンドを発行することも可能なので、上記オプションと組み合わせて試験の自動化に活用することもできるでしょう。

telnetからAVDに対して可能な制御には、電源や通信の状態、ハードウェアイベント、GPS位置情報などがあります。それらの制御で試験を行い、ひととおり試験が終わったらemulator.exeのオプションでAVDの状態を初期化するといったことも可能です。

emulator.exeのオプションやtelnet越しに実行可能なコマンドに関しては、以下ページが参考になります。

▼URL Control the Emulator from the Command Line

```
https://developer.android.com/studio/run/emulator-commandline.html
```

COLUMN シミュレータとエミュレータの違い

iOS でのアプリ開発でも、Android でのアプリ開発でも、アプリを実機でなく、ソフトウェアで再現された端末で動かすことができます。このソフトウェア端末のことを、iOS ではシミュレータ、Android ではエミュレータと呼びます。

シミュレータとエミュレータ、何が違うのでしょうか？　どちらも現実の端末を真似ているのは同じなのですが、じつは、内部処理に大きな違いがあります。

iOS のシミュレータは、あくまでも iOS アプリをパソコン上で動かす環境を提供しているだけです。それに対し、Android のエミュレータは、アプリの動作だけでなく、OS 自体の動作も実機と同じになります。「エミュレータ」は現物の代わりになる環境であるのに対し、「シミュレータ」はあくまでも特定の動作を模擬するのにとどまるのです。

ピンと来ませんか？　こう考えるとわかりやすいかもしれません。「フライトシミュレータは、航空機の操縦を模擬するけれど、実際に移動はできない。本当に移動できたら、それはフライトエミュレータだ」と。

ちなみに、Android のエミュレータは、端末がデフォルトで保持している CA（Certification Authority）証明書も、Android のバージョンごとに再現してくれます（「/system/etc/security/cacerts.bks」に保存されています）。SSL（Secure Socket Layer）通信を行うアプリを作成する際などに、古い Android バージョンでの対応状況を確認するのにエミュレータを使うことができます。

91 異なる画面サイズに対応したWebデザインにする

Androidアプリでは、WebViewを利用して、かんたんにWebサイトを表示できます。しかし、Webサイトの表示においても、モバイル端末ごとの画面サイズには注意する必要があります。せっかくAndroidアプリ（ネイティブ）側でユーザビリティに優れた実装をしても、アプリ内WebViewで使い勝手が悪くなってしまっては、アプリ全体としての評価が悪くなるからです。

ただし、Androidアプリ（ネイティブ）側で対応できることは限られます。根本的にはWebサイト側がモバイルで利用されることを想定した作りにしておく必要があります。

■ Webデザインのトレンド

数年前から「レスポンシブデザイン」という考え方に注目が集まっています。「リキッドレイアウト」をはじめ、ブラウザのウィンドウサイズにより表示が変化するサイトが増えてきています。これは画面サイズがさまざまに異なるモバイル端末を想定したサイトにも適応されています。

■ レスポンシブデザインとは

レスポンシブデザインは、単一のHTMLに対し、CSSで画面サイズに最適な表示を行う方法です。PC、フォン型、タブレット型など、それぞれに最適なWebサイトのUIを提供できます。

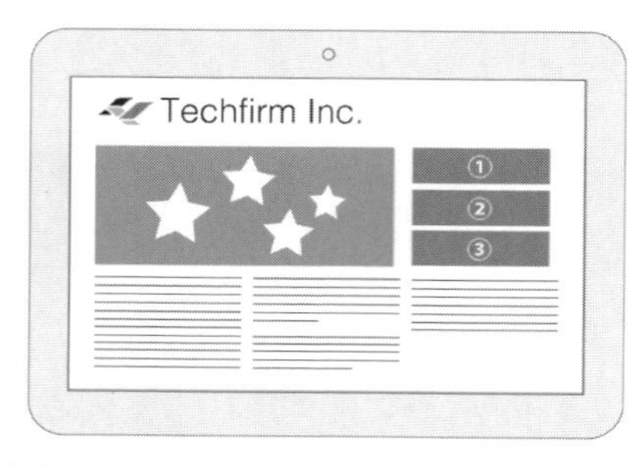

図8.7 レスポンシブデザイン

レスポンシブデザインを作成できる便利なライブラリが多く公開されています。有名なものには、Twitter 社が提供する「Bootstrap」があり、かんたんにレスポンシブデザインのサイトを作れます。レスポンシブデザインのサイトをどのように作るのか、試してみてはいかがでしょうか。

▼URL Twitter-Bootstrap

```
http://getbootstrap.com/
```

■ viewport を指定する

スマートフォンサイトで重要なのが、サイトの表示領域（横幅、縦幅）や拡大縮小の許可、倍率を指定する「viewport 指定」です。HTML の meta 要素として、以下のように指定します。

▼リスト viewport

```
<meta name="viewport" content="target-densitydpi=device-dpi, width=device-↵
width, initial-scale=1.0, user-scalab">
```

viewport 指定は、iOS と Android の両 OS で有効ですが、Android でのみ有効な target-densitydpi という指定があります。これは dpi 指定が可能となるものですが、Android 4.4 からはサポートされなくなりました。注意してください。

また、スマートフォンサイトを作成し、利用するには、次のような課題もあります。

- 描画スピードが PC ブラウザに比べて遅い
- 画像のスケール処理で CPU、メモリの負荷が大きい
- 大きなファイルの不必要なダウンロードが発生する可能性がある

レスポンシブデザインは、モバイル端末ごとに異なる画面サイズに柔軟に対応できます。しかし、これらの課題が大きな問題となる場合には、画面サイズに最適化した個別のサイトを作る方法を検討する必要があるかもしれません。

92 リソースの管理方法を決める

Android アプリを開発する際に、画像作成をデザイナーに依頼するなどして、アプリと画像を別々に作ることがあります。また、ロゴなど一部の画像を顧客に提供してもらうこともあります。

デザイナーに画像作成を依頼する際、依頼する側は、画像サイズやパーツの切り分け方など、画像の仕様を明確にしなければなりません。そうしないと、実際に画像をアプリに当て込む際に不備が出ます。

また、必要なパーツは何で、どれが出来上がっているか、といったことも管理しなければなりません。必要なパーツが漏れているのがわかってから、再度依頼するようでは、時間のロスになります。

同時に、どの画像を、だれ（もしくはどの会社）が用意したのか、といった情報も管理しておくとよいでしょう。アプリの不具合修正や新機能の追加など、次の開発時に、画像はだれが作ったか調べる手間を省けます。

■ 一覧表で管理する

表 8.3 のようなパーツ切り出し表を作ることで、パーツのそろい具合を確認できます。また、表のファイル名やデータ内のどこかに作成者（もしくは作成会社）を記載しておくと、作成者がだれだか明白になり、開発を別の人に引き継いだ場合でも状況が明確になって、不要なトラブルが起きにくくなります。

表 8.3　デザインパーツ一覧

パーツ名	画面名（番号）	パーツ番号	サイズ（HxW）	BIT	透過有無	9-patch	size
ボタン	全画面	001	100x30	RGBA	有	有	mdp
ボタン（プッシュ時）	全画面	002	100x30	RGBA	有	有	mdp
ボタン（フォーカス時）	全画面	003	100x30	RGBA	有	有	mdp
背景	001	004	480x640	RGBA	無	無	mdp
ボタン	全画面	001	200x60	RGBA	有	有	xdp
ボタン（プッシュ時）	全画面	002	200x60	RGBA	有	有	xdp
ボタン（フォーカス時）	全画面	003	200x60	RGBA	有	有	xdp
背景	001	004	960x1280	RGBA	無	無	xdp

93 伸縮できる画像を利用する

画像を作る際には、ボタンの背景などもアプリ独自のデザインで作成することがあります。その際、どの端末で表示しても崩れにくいようにすることが大切です。

図8.8のように、ボタンの背景を角丸の画像で作成すると、端末のサイズや描画サイズの伸縮で崩れてしまいます。

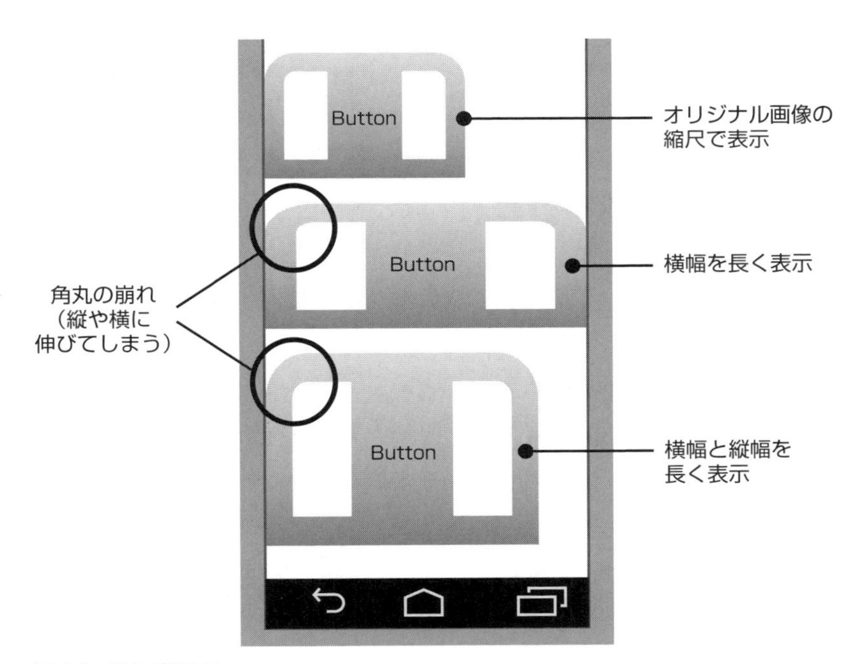

図8.8 角丸が崩れる

■ 伸縮できる画像を利用する

この問題への対策として有効なのが、9-patchです。9-patchは、Androidが自動的に背景のビューの内容に適合するようにリサイズする伸縮性のBitmap画像です。一部分だけを伸縮することで、端末や描画サイズによってボタンの背景の角丸が伸縮で崩れるのを防ぐことができます。

また、リサイズされる画像上に配置するコンテンツの領域を指定することで、リサイズによる伸縮部分にコンテンツがかぶることを防ぐこともできます。それぞれの領域は、左右上下の4方向で位置を指定します。伸縮領域の指定、コンテンツ領域の指定の順番で説明します。

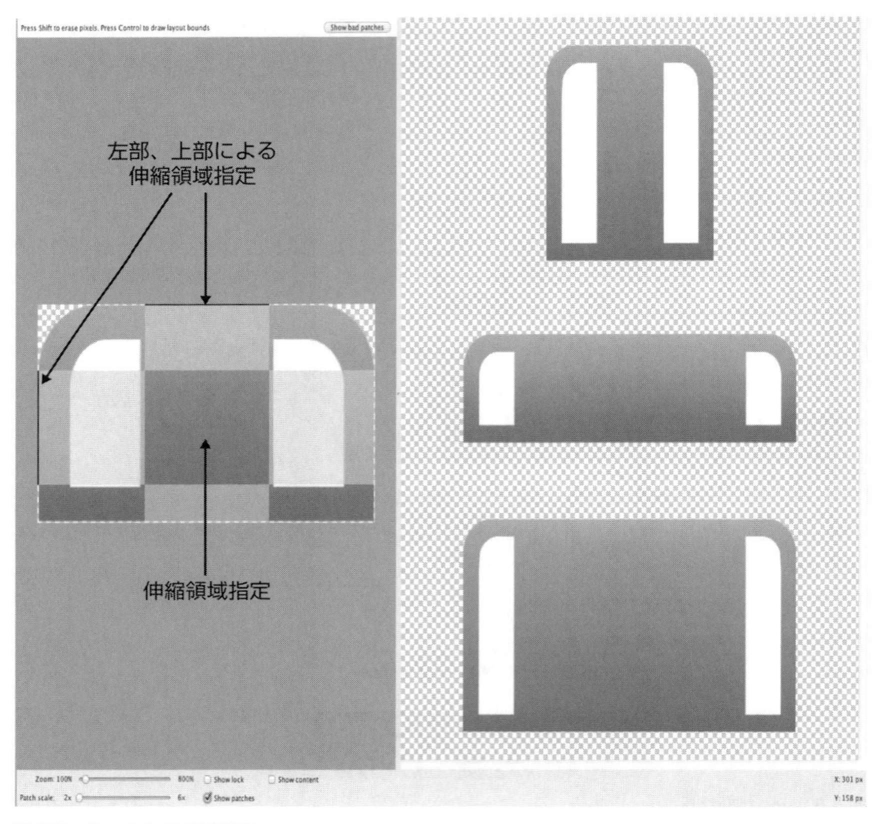

図 8.9 9-patch の伸縮部分

図 8.9 は、9-patch のツール上で、伸縮領域の指定を行っているところです。

ツールの左側では、画像の上部と左部の組み合わせで、伸縮を許可する領域を指定しています。

右側では、画像を縦横に拡大した際の画像がプレビューで表示されています。伸縮領域を正しく指定することで、角丸が崩れることなく表示されていることが確認できます。

なお、画像に拡縮をかける方向によっては、グラデーションが崩れる可能性があります。拡縮する方向とグラデーションをかける方向には、注意してください。

■ コンテンツ部分

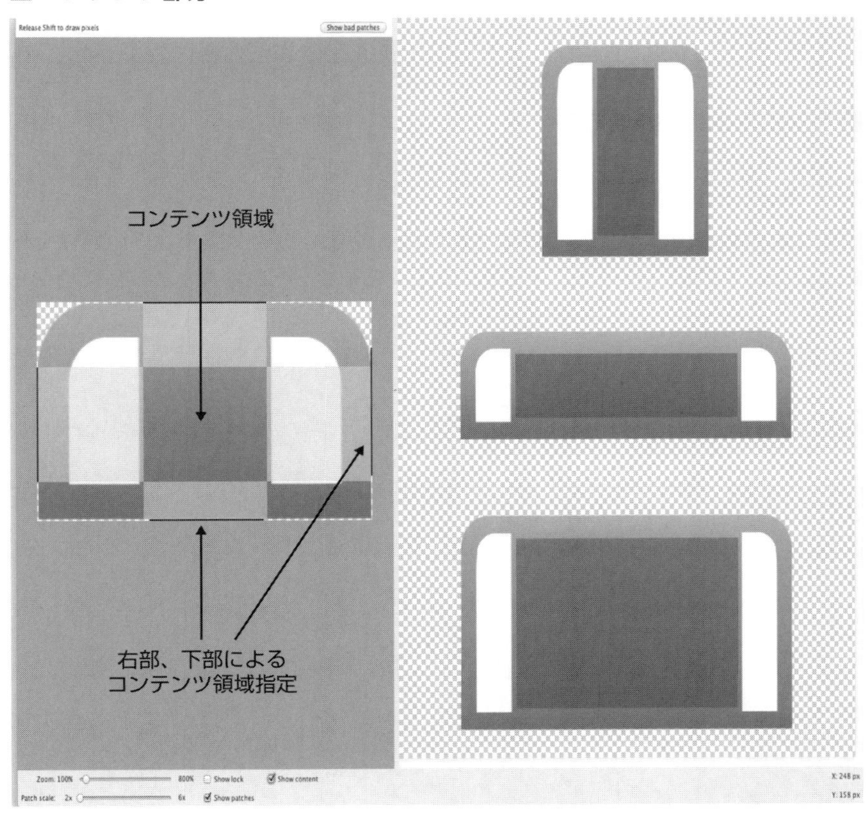

図 8.10　9-patch のコンテンツ表示部分

図 8.10 は、コンテンツ領域を指定しています。コンテンツ領域は、画像上に文字などを配置することが可能な領域です。伸縮領域と同様に、ツールの左側で領域の指定を行います。

画像の下部と右部の組み合わせでコンテンツ領域を指定すると、右側のプレビューで画像上に指定した領域を確認できます。

コンテンツ領域は、画像の伸縮に影響されることに注意してください。伸縮領域を指定した後に、コンテンツ領域を指定しましょう。

表 8.4 9-patch の説明

概要	説明
左と上の線	画像内の拡縮する範囲を指定（指定された範囲が複製され、繰り返し描画される）
下と右の線	コンテンツ領域を指定（この範囲内にコンテンツが格納される）

■ 9-patch 画像の作成方法

9-patch 画像は Android SDK がインストールされたディレクトリにある tools\draw9patch.bat で作成できます。

また、有料かつ Mac 用になりますが、Sketch というソフトでは1つ画像を作成すると、各端末のサイズに適した画像を作成することができます。作業効率向上のため、導入を検討するのもよいでしょう。

94 正しい配置方法を知る

Androidでは、端末によって異なる画面密度がいくつも用意されています。複数の画面密度が存在するため、端末によっては、代替リソースを用意する必要があります。たとえば、mdpi、hdpiに対応しようとして、mdpiベースで画像を作成すると、hdpiで表示した画像がmdpiの1.5倍に拡大されます。一見正しく表示されますが、拡大されるため、ジャギー（ギザギザ）が目立ってしまう可能性があるのです。この場合、mdpiとhdpiで別サイズの画像を用意する必要があります。

そこで、Androidには、リソースファイルを画面密度や画面サイズごとなどに切り分けるしくみが用意されています。

■ グループに分ける

Androidでは、リソースファイルやレイアウトを、画面サイズ（small、normal、large）や画面密度（ldpi、mdpi、hdpiなど）、端末サイズ（px指定）に応じて分けることができます。指定したい画像サイズ、画面密度、端末サイズ単位でグループを作ることで、端末のスペックに合った画像やレイアウトを表示できます。

グループ分けに対応しているリソースディレクトリはanim、animator、color、drawable、layout、menu、raw、values、xmlで、これらのディレクトリの中にグループごとのサブディレクトリを作成します。図8.11は、layoutのグループにサブディレクトリとして、port（画面が横向きの場合）とlarge（画面サイズがlargeに対応している場合）を追加した例です。

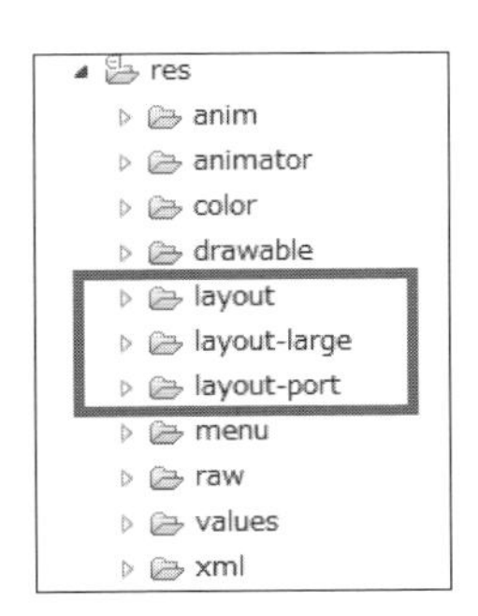

図8.11　サブディレクトリを追加

8 機種依存を考慮した設計と実装

具体例を見てみましょう。ここでは、layoutをグループ分けして、端末の画面サイズに応じてリソースを分けることにします。

サイズ関連の指定は、以下のようなグループ指定が可能です。layoutというフォルダ名に、ハイフンつなぎでグループ指定を行うと、Androidが端末スペックに合致したグループのリソースやレイアウトを選出してくれます。

表8.5　リソースをグループ分けする基準の例（おもにサイズ系の基準）

概要	指定方法	説明
サイズ	small、normal、large	画面サイズによって選出する
密度	ldpi、mdpi、xdpi、nodpi、tvdpi	画面の画素密度で切り分ける
オリエンテーション	land、port	縦か横で切り分ける
アスペクト比	long、notlong	longはWQVGA、WVGA、FWVGA。notlongはQVGA、HVGA、VGAのような長くない端末を選出する

たとえば、下のように2つのレイアウトフォルダを用意した場合、通常はlayoutフォルダ内のレイアウトが使用されますが、largeScreensの端末ではlayout-largeフォルダ内のレイアウトが使用されます。この判断はAndroid OSが自動的に行います。

- res/layout/my_layout.xml
- res/layout-large/my_layout.xml

layoutの次に、drawableもグループ分けしてみましょう。今度は画面密度を基準にグループ分けしてみます。この場合も、もちろんAndroid OSが自動的に適切なリソースを選択してくれます。

- res/drawable/my_icon.png
- res/drawable-hdpi/my_icon.png

Android 3.2以降では、上記の指定以外にも、swXXXという、最小サイズの設定ができるようになりました。SDKの最小バージョンが3.2以降の場合は、以下のようなグループも使用できます。

表 8.6　グループ

概要	指定のしかた	説明
最小の横の長さ	sw<N>dp	<N> 以上の dp だった場合に対応
横の長さ	w<N>dp	横の長さと <N> が一致した場合に対応
縦の長さ	h<N>dp	縦の長さと <N> が一致した場合に対応

こちらも具体例を見てみましょう。

以下の設定の場合、通常は layout フォルダ内のレイアウトが使用されますが、横の長さが 600dp 以上の端末では、layout-sw600dp フォルダ内のレイアウトが使用されます。

- res/layout/main_activity.xml
- res/layout-sw600dp/main_activity.xml

■ グループ分けの基準と優先順位

画面の設定以外にも、以下のような基準でリソースをグループ分けできます。

▼ **URL**　Grouping Resource Types

```
https://developer.android.com/guide/topics/resources/providing-resources.html
```

表 8.7　リソースのグループ分け

概要	指定方法（例）	説明	備考
MCC and MNC	mcc310、mcc310-mnc004、mcc208-mnc00	SIM カード の MCC(Mobile Country Code) や、MNC(Mobile Network Code) に、よって切り分ける	—
Language and region	en、fr、en-rUS、fr-rFR、fr-rCA	設定された言語で切り分ける	—
Layout Direction	ldrtl、ldltr	アプリケーションのレイアウトの方向。ldrtl は "layout-direction-right-to-left" の意味で、右から左にレイアウトが変更された場合を選出する	API Level 17 で追加
smallestWidth	sw<N>dp、sw320dp、sw600dp	最小サイズが N の端末を選出する	API Level 13 で追加
Available width	w<N>dp、w720dp、w1024dp	横が N の端末を選出する	API Level 13 で追加
Available height	h<N>dp、h720dp、h1024dp	縦が N の端末を選出する	API Level 13 で追加
Screen Size	small、normal、large、xlarge	画面サイズで選出する	—
Screen aspect	long、notlong	long は WQVGA、WVGA、FWVGA。notlong は QVGA、HVGA、VGA のような長くない端末を選出する	—

概要	指定方法（例）	説明	備考
Round screen	round, notround	ウェアラブルデバイスのように画面が円形かどうかで切り分ける	API Level 23 で追加
Screen orientation	port、land	画面の向きで選出する	
UI mode	car、desk、television、appliance、watch	ドックに表示している★で切り分ける	API Level 8 で追加。television は API Level 13 で追加
Night mode	night、notnight	night は夜の時間、notnight は曜日時間で選出する	API Level 8 で追加
Screen pixel density (dpi)	ldpi、mdpi、hdpi、xhdpi、nodpi、tvdpi、anydpi	画面の画素密度で切り分ける	―
Touchscreen type	notouch、finger	notouch はタッチスクリーンを持っていない端末を選出する	―
Keyboard availability	keysexposed、keyshidden、keyssoft	キーボードの状態で切り分ける	―
Primary text input method	nokeys、qwerty、12key	入力方法で切り替える	―
Navigation key availability	navexposed、navhidden	ナビゲーションキーで切り替える	―
Primary non-touch、navigation method	nonav、dpad、trackball、wheel	ナビゲーションで切り替える	―
Platform Version (API Level)	v<N>、v3、v4、v7	プラットフォームバージョンで切り替える。v7 が指定された場合は API Level 7 以降が対象になる	―

グループ分けの基準は、表8.7の上から順番に優先度がつけられていて、その順番にフォルダ名に指定します。たとえば、Screen orientation と Screen pixel density を指定する場合、Screen orientation のほうが優先度が高いので「drawable-port-hdpi/」と指定できます。しかし、「drawable-hdpi-port/」と指定するのは誤りになります。

複数の基準を指定した場合には、優先度順に基準がチェックされ、より多くの基準がマッチしたグループが選択されます。

■ リソースファイルの選ばれ方

Android が、端末のスペックから該当するリソースのグループを判定するまでの工程を見てみましょう。例は、次の開発サイトを参考にしています。

▼ **URL** How Android Finds the Best-matching Resource

`https://developer.android.com/guide/topics/resources/providing-resources.html`

アプリ内では以下のディレクトリ構成でリソースが配置されていることとします。

▼リスト 配置

```
drawable/
drawable-en/
drawable-fr-rCA/
drawable-en-port/
drawable-en-notouch-12key/
drawable-port-ldpi/
drawable-port-notouch-12key/
```

端末は以下のようなスペックである前提で、グループ特定までの挙動を説明します。

▼リスト スペック

```
Locale = en-GB
Screen orientation = port
Screen pixel density = hdpi
Touchscreen type = notouch
Primary text input method = 12key
```

まず、端末構成と矛盾するリソースファイルを対象リソースから外します。下の実行結果の中の「削」の行です。

指定されている基準の中で、最も優先度の高いLanguage and regionがen-GBになっているため、この指定に矛盾するfr-rCAが指定されているリソースが対象から外れます。

▼リソース判定の流れ

```
   drawable/
   drawable-en/
削 drawable-fr-rCA/
   drawable-en-port/
   drawable-en-notouch-12key/
   drawable-port-ldpi/
   drawable-port-notouch-12key/
```

次に、指定された基準を「含まない」グループが対象から外れます。ここではLanguage and regionの指定がない3グループが対象から外れます。

▼リソース判定の流れ

```
削 drawable/
   drawable-en/
   drawable-en-port/
   drawable-en-notouch-12key/
削 drawable-port-ldpi/
削 drawable-port-notouch-12key/
```

指定されている基準の中で、Language and regionの次に優先度が高い基準を判定します。この例ではScreen orientationが該当するので、Screen orientation指定のないグループが対象から外れます。

▼リソース判定の流れ

```
削 drawable-en/
   drawable-en-port/
削 drawable-en-notouch-12key/
```

このように優先度順に指定されている基準を判定していき、最後に残る1つのグループが対象となります。この例では、最終的に「drawable-en-port」が選ばれます。

■ mipmapについて

Android 4.2より、画像リソースの格納先としてmipmapフォルダが追加されました。Androidは画面のdpi値に応じて、各drawableのリソース（hdpiやxhdpiなど）を選択していましたが、mipmapは画面のdpi値ではなく表示解像度に適したリソースを選択してくれます。

おもに想定されている利用ケースとしては、アプリランチャーのアイコンなどがあげられます。さまざまなランチャーアプリが存在するので、ランチャーアプリがどのサイズでアプリアイコンを表示するかわかりません。drawableにアイコンを設定すると、解像度でなく密度での画像が選択されるため、表示に適した画像が選択されない場合があります。

▼URL　Providing Resources

```
https://developer.android.com/guide/topics/resources/providing-resources.html
```

上記ページの「Grouping Resource Types」に mipmap フォルダに関する説明があります。

Android Studio の「File」→「New」→「Image Asset」を選択すると「Asset Studio」ツールが起動し、アプリアイコンが作成できますが、このツールを使うと複数のサイズのアイコンが作成され、適切な mipmap フォルダにデータを保存します。

▼URL　Create App Icons with Image Asset Studio
https://developer.android.com/studio/write/image-asset-studio.html

Nexus 9 のアプリアイコンを drawable で設定した場合と mipmap で設定した場合で比べてみます。

Nexus 9 の dpi は xhdpi

drawable の場合
android:icon="@drawable/ic_launcher"

mipmap の場合
android:icon="@mipmap/ic_launcher"

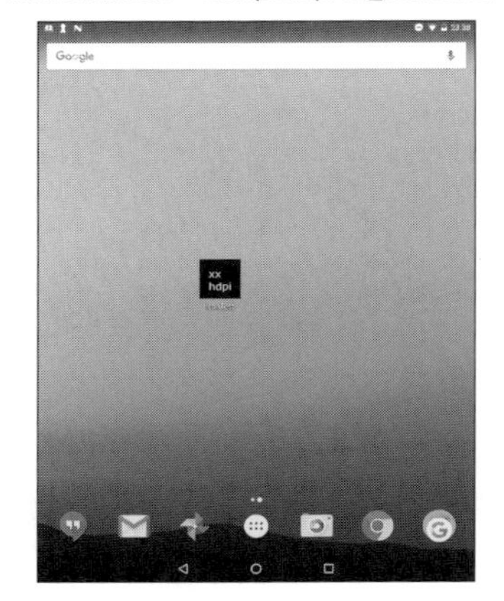

図 8.12　ランチャーでアプリアイコンを表示した場合

Nexus 9 の画面密度は xhdpi です。ですが、アイコンの格納先に mipmap を使用すると xxdpi のアイコンが表示されます。このように画面密度に関係なく最適なリソースが選択されるようになります。

また、Android 4.1 に対応しているアプリは drawable、mipmap の両方に画像を加える必要があります。

- Android 4.2 以降　　mipmap フォルダを使用
- Android 4.1 以前　　drawable フォルダを使用

95 外部・内部ストレージの利用可能領域を知る

Android 4.4から、外部ストレージに対するセキュリティが強化され、外部ストレージの利用に制限が付きました。

また、Android 2.xまでは外部ストレージ・内部ストレージを端末の環境変数で判定することができましたが、以降のAndroidバージョンでは外部ストレージ、内部ストレージを切り分ける方法も一旦なくなりました（後述しますがAndroid 7.0では判定機能が追加されています）。

現在のAndroidバージョンではストレージのディレクトリがどのように管理されていて、どの範囲がアクセス可能なのか把握する必要があります。

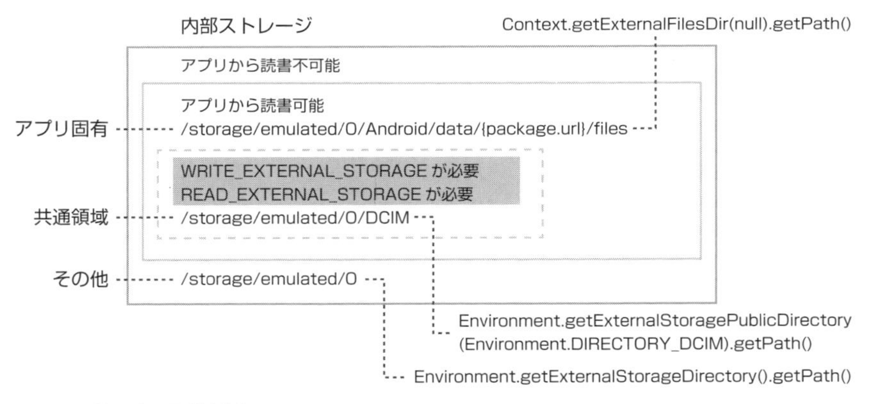

図8.13　読み書き可能領域について

図のとおり、Android 4.4以降、読み書きできる領域は、アプリ固有の領域と共通領域の2つで、その他の領域に書き込もうとするとPermission deniedエラーが発生します。

共通領域に書き込む際にはWRITE_EXTERNAL_STORAGE、読み込む際にはREAD_EXTERNAL_STORAGE権限が必要になります。

■ 外部ストレージ、内部ストレージについて

Android 7.0よりStorageVolumeを使用すればisRemovable()で取り外し可能

か判定できるようになりました。そのため、端末によっては外部ストレージ・内部ストレージの判定が可能です。

▼リスト　Android 7.0での外部ストレージ判定

```
StorageManager sm = (StorageManager)getSystemService(Context.STORAGE_SERVICE);
for (StorageVolume volume : sm.getStorageVolumes()) {
    if(volume.isRemovable()){
        // 外部ストレージ
    }
}
```

ただし上記機能は過去の端末では使用できないため、外部ストレージ・内部ストレージのいずれが使用されても問題ないように実装するのがよいでしょう。

■共通領域内の特定のフォルダにアクセスする

WRITE_EXTERNAL_STORAGE、READ_EXTERNAL_STORAGEの権限を使用すると、Environment#getExternalStoragePublicDirectory()で取得できる共通領域すべてにアクセスできます。ですが、Android 7.0からは、一部の共通領域に限定すれば権限設定無しでアクセスできるようになりました。

下記のコードは共通領域のMUSICフォルダにアクセスするコードです。

▼リスト　Android 7.0での一部の共通領域を使用

```
private void accessMusicDirectory() {
    StorageManager storageManager =
        (StorageManager)getSystemService(Context.STORAGE_SERVICE);
    StorageVolume volume = storageManager.getPrimaryStorageVolume();
    Intent intent = volume.createAccessIntent(Environment.DIRECTORY_MUSIC);
    startActivityForResult(intent, 1);
}

public void onActivityResult(
        int requestCode, int resultCode, Intent resultData) {
    if (requestCode == 1 && resultCode == Activity.RESULT_OK) {
        if (resultData != null) {
            Uri uri = resultData.getData();
            DocumentFile destinationDirUri = DocumentFile.fromTreeUri(this, uri);
```

```
            DocumentFile[] files = destinationDirUri.listFiles();
        }
    }
}
```

上記例のaccessMusicDirectoryを実行すると、権限確認のダイアログが表示されます。ユーザーがアクセスを許可するとonActivityResultが呼ばれ、許可されたディレクトリのURIが引数で渡ってきます。

96 そのほかの機種依存を知る

Android端末は、提供元のメーカーがソースコードを改変しているため、各端末には挙動の差異があります。一見、端末側に不具合があるのではないかと思うような挙動もいくつかありますが、じつは挙動が異なるだけで、不具合ではないことがあります。

そこで、対応端末に機種依存が強い端末が入っている時は、アプリ開発者が対応端末の挙動をしっかり理解して、個別対応をする必要があります。もし対応していなければ、ある機種だけ動かない状況になってしまうからです。

また、対応できない場合は、対応機種から外す検討が必要です。どちらにせよ機種依存を理解しておく必要があります。

特殊な挙動をする端末が対応機種に入っている場合、アプリ側でそれらの挙動を考慮していなければ、後から、追加で改修したり、非対応端末にするなどの判断が求められます。

たとえばカメラアプリを1つ作ろうとしても、端末によって以下のような挙動の違いがあります。

- **Cameraクラスのコンティニュアスオートフォーカスの定義値が特殊**

  端末に搭載されているカメラがコンティニュアスオートフォーカスに対応しているかは、Camera.Parameters.getSupportedFocusModes()で取得する値がCamera.Parameters.FOCUS_MODE_CONTINUOUS_PICTUREやCamera.Parameters.FOCUS_MODE_CONTINUOUS_VIDEO定数に合致するかで判定できますが、SBM102SHという機種だと上記の定数に一致せずに「caf」という値が返ります。

- **Cameraクラスのマクロモードの設定方法が特殊**

  F-05Fという機種では、Camera#startPreviewを実行する以前にフォーカスモードを指定しないとマクロモードが有効になりません。

- **Camera2 クラスの CaptureSession#capture の挙動が特殊**

  Camera2 では、基本的には撮影時（CaptureSession#capture）に撮影音が鳴りません。そのため、MediaActionSound の API を使って撮影音を鳴らす必要があります。しかし、F-04G（Android 5.0）、DM-01G（Android 5.0.2）、SH-04G（Android 5.0.2）では撮影音が鳴るため、MediaActionSound で撮影音を鳴らすと二重に聞こえてしまいます。

- **加速度センサーの取得できる値が特殊**

  カメラアプリを作成する場合、端末回転時の処理に加速度センサーを使用することがあります。その際に SensorManager#getOrientation で取得できる値が SCV31 の場合は、通常の端末と比べて値が 1／6 になります。

このような機種依存の特性に対応する場合、個別に処理を実装する必要があるので要注意です。

COLUMN Miracast と AirPlay と Google Cast

かの有名なデヴィッド・リンチ監督は「Watching movies on a smartphone is pathetic.」（スマホで映画を観るなんて哀れだ）と言ったそうです。

しかし今や若者はテレビよりもスマホで動画を見る時代。4k 放送の標準化もままならないテレビ放送を尻目に、すでにネット動画は 4k 対応が当たり前になり、4k 動画を撮影できるスマートフォンも珍しくありません。ひとりで使うスマートフォンに大画面はいらなくても、家族で映画を観たり、オフィスで資料を共有するには、50 インチや 100 インチといった大画面はとても魅力的です。手元のスマートフォンから大画面テレビに画像を飛ばして使いたいのは自然な発想といえるでしょう。

しかし、映像を送るために必要な帯域は桁違いです。4k 映像に対応した HDMI 2.0 は 18Gbps の伝送速度を持ち、8k まで対応する DisplayPort 1.4 の伝送速度は 32Gbps にもなります。とても映像信号をそのまま無線で送ることはできません。スマートフォンのコンテンツを自然にテレビで観られるように、複数のしくみが提供されています。

Miracast は画面を圧縮してデータ容量を小さくすることで、HDMI の代わりに Wi-Fi を通して送信する技術です。ケーブル接続を代替することを目的に作られているため、利用イメージはプロジェクターにケーブル接続して外部画面に投影する場合と同じです。違いは物理的なケーブルがないことと、圧縮によって画像が劣化することですが、Wi-Fi Direct を利用するため、Wi-Fi のインターネット接続に制限が出るスマートフォンもあります。

iOS には AirPlay があり、iPhone や iPad からかんたんに使えます。AirPlay は Apple 社独自の規格ですが、技術的には Miracast とよく似ています。正規のものではなさそうですが、Android 向けにも、AirPlay 対応をうたうアプリが散見されます。

Miracast や AirPlay がスマートフォンの画面を「飛ばす」のに対して、Google Cast はスマートフォンとテレビを連携させるしくみです。スマートフォン側で Google Cast に対応したアプリであれば、アプリの処理の一部をテレビ（Android TV や Chromecast）側で実行することができます。再生中にスマートフォンは占有されず、動画も高画質。Google Cast を活用してスマホで 4k 映画を満喫するのは、今や最高にゴージャスな使い方なのです。

97 マルチユーザー対応時の注意点

マルチユーザーはAndroid 4.2から搭載された機能で、1つの端末を複数のユーザーで共有できる機能です。

Android 4.2では、ホーム画面、ウィジェット、アカウント、設定、アプリなどが各ユーザーで分けられるようになりました。たとえば、家族で使用する場合を考えてみましょう。父親と母親で別々のメールアドレスを使っていて、お互いメールの内容を見られたくない場合、マルチユーザー機能を使用すれば、ユーザーごとにデータを分けることがかんたんに実現できます。

さらに、Android 4.3からは、使用できるアプリを制限した「制限付きユーザー」を作ることも可能となりました。家族で使用する場合、子供にネットワークを使用させたくないときには、子供ユーザーにブラウザアプリを使用させないように設定することができます。

マルチユーザー機能が追加されたことで、OS上の各種データの構成・権限が変わりました。

■ 制限事項とアプリ作成の注意点

Androidのアプリケーションは、「/data/data/パッケージ名/」の下にfilesフォルダやデータベースファイル、アプリ独自のデータなどを格納して、アプリ個別のデータを管理しています。

しかし、マルチユーザーに対応した端末では、各ユーザーのデータを分けて管理するために「/data/user」フォルダが増え、各ユーザーのフォルダが作られるようになりました。そのため、各データは「/data/user/ユーザーID/パッケージ名/」に収められています。

プログラムでは、次のように各ユーザーの値を取得します。

▼リスト　ディレクトリの取得

```
// 通常ユーザー
Context.getApplicationInfo().dataDir
 結果: /data/data/パッケージ名
Context.getFilesDir().getPath()
```

```
 結果: /data/data/パッケージ名/files

// マルチユーザー機能(Android 4.2以降)
Context.getApplicationInfo().dataDir
 結果: /data/user/ユーザーID/パッケージ名
Context.getFilesDir().getPath()
 結果: /data/user/ユーザーID/パッケージ名/files

// 制限付きプロフィール(Android 4.3以降)
Context.getApplicationInfo().dataDir
 結果: /data/user/ユーザーID/パッケージ名
Context.getFilesDir().getPath()
 結果: /data/user/ユーザーID/パッケージ名/files
```

また外部・内部ストレージ上のデータも同様に、ユーザーごとに別々のディレクトリに保存されます。外部・内部ストレージには、以下のように、アプリ固有とアプリ共有の2つの指定方法があります。

▼**リスト**　外部または内部ストレージのディレクトリを取得

```
// アプリ固有ディレクトリ
Context.getExternalFilesDir(ディレクトリ名)
 結果: /storage/emulated/ユーザーID/Android/data/アプリ名/files/ディレクトリ名

// アプリ共有ディレクトリ
Environment.getExternalStoragePublicDirectory(ディレクトリ名)
 結果: /storage/emulated/ユーザーID/ディレクトリ名
```

このように、マルチユーザーでは、各ユーザー別にデータが保存されます。

98 複数プロセスを考慮する

通常、アプリはBroadcastで送信されたIntentをBroadcast Receiverで受け取ることができます。BroadcastされたIntentは、マルチユーザーで選択されているユーザー（端末を使用中のユーザー）のアプリだけに届くのではなく、プロセスが生きていればほかのユーザーのアプリにも届きます。

■ マルチユーザー時のレシーバの挙動

マルチユーザーは、最大8ユーザーまで登録することできます。しかし、全ユーザーのアプリのプロセスが同時に動作するわけではありません。8ユーザーでアプリを動かした場合にどうなるのか、実際に試してみましょう。

まず、端末上で8人分のユーザーを設定します。

次に、以下のBroadcast Receiverを実装したアプリを用意して、すべてのユーザーにインストールします。時間が変更された際にシステムから通知される「android.intent.action.TIME_SET」を受信して、時間の設定変更を監視するアプリです。

▼リスト　時間変更の通知を受け取るBroadcast Receiverの実装

```
public class TimeSetReceiver extends BroadcastReceiver {
    @Override
    public void onReceive(Context context, Intent intent) {
        if (intent != null) {
            Log.v("TimeSetReciever", "action = " + intent.getAction());
        }
    }
}
```

▼リスト　AndroidManifest.xml内のBroadcast Receiverの設定

```
<receiver android:name="com.example.timesetreceive.TimeSetReceiver" >
    <intent-filter>
        <action android:name="android.intent.action.TIME_SET" />
    </intent-filter>
</receiver>
```

アプリを全ユーザーにインストールしたら、特定のユーザーを選択します。

Androidの設定画面から時間を変更すると、ログに以下のような結果が表示されます。

▼実行結果

```
03-05 23:17:00.420: V/TimeSetReciever(8106): action = android.intent.action.
TIME_SET
03-05 23:17:00.470: V/TimeSetReciever(8138): action = android.intent.action.
TIME_SET
03-05 23:17:00.510: V/TimeSetReciever(8153): action = android.intent.action.
TIME_SET
```

時間の設定を変更した際に、android.intent.action.TIME_SET Intentが3ユーザーのアプリに届きました。

この結果から、プロセスが生きている限り、選択されているユーザー以外のアプリにも通知が届くことがわかります。

また、8人のユーザーがアプリをインストールしているにも関わらず、3人にしか届きませんでした。マルチユーザーはすべてのユーザーのアプリに届くようにはできていないようです。

このように、バックグラウンドで動いているすべてのユーザーのアプリにBroadcast Intentが届く前提で設計を行うのは危険だということがわかりました。

また、この状態で異なるユーザーに変更してAndroidの設定画面で時間を変更すると、以下のような結果になります。

▼実行結果

```
03-05 23:14:00.640: V/TimeSetReciever(9550): action = android.intent.action.
TIME_SET
03-05 23:14:00.720: V/TimeSetReciever(9611): action = android.intent.action.
TIME_SET
03-05 23:14:00.780: V/TimeSetReciever(9648): action = android.intent.action.
TIME_SET
```

先ほどの結果で返されたプロセスID（8106、8138、8153）とは、すべて異なっているのがわかります。マルチユーザーのユーザーを切り替えた際、プロセスIDが変わったことになります。

このことから、ユーザー切り替え時にアプリのプロセスが再作成されていることがわかります。

99 画面のズームを考慮する

Android N から画面の拡縮ができるようになりました。この機能も、マルチウィンドウ同様に画面サイズが変更されるため、画面サイズが変わる前提でアプリを設計しないといけません。

画面のズームは設定の「ディスプレイ」→「表示サイズ」から変更できます。小、デフォルト、大、特大、最大の５種類から選択できます。

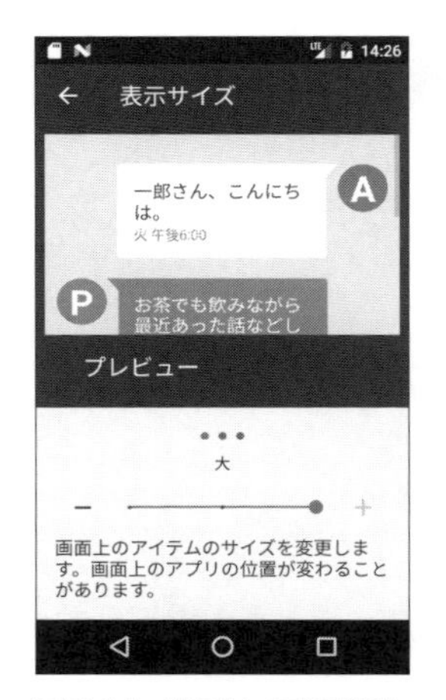

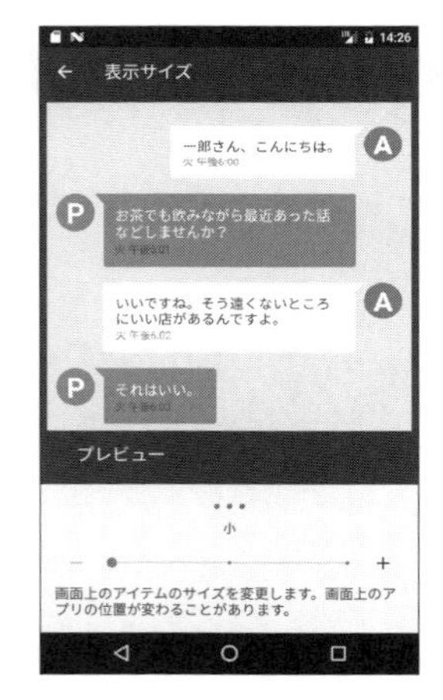

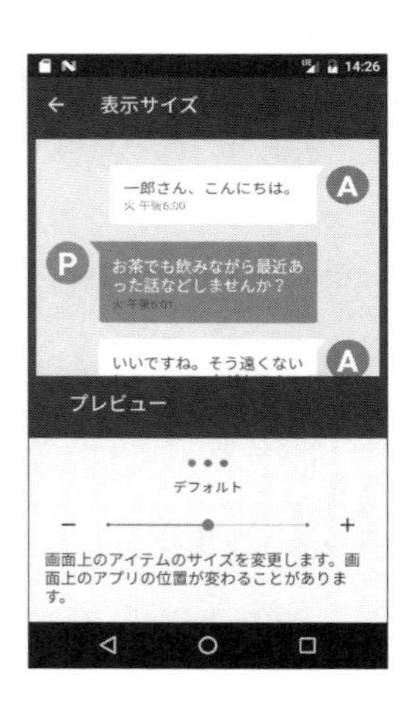

図 8.14 表示サイズの設定

表示サイズ設定を変更すると、アプリ上の表示も次のように変わります。

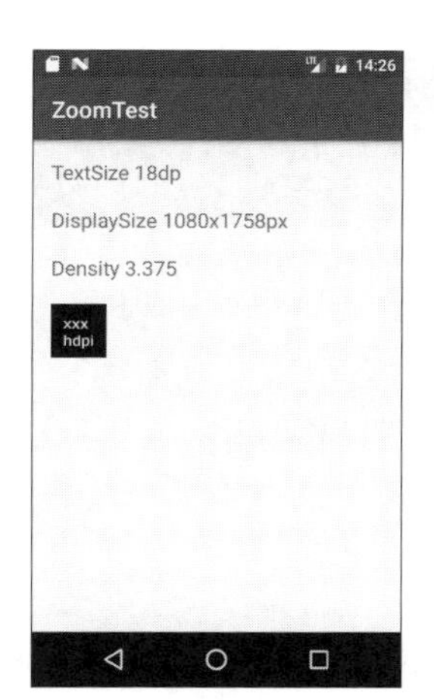

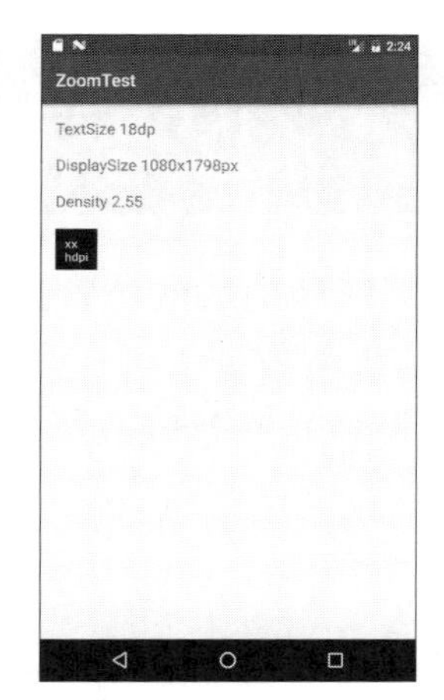

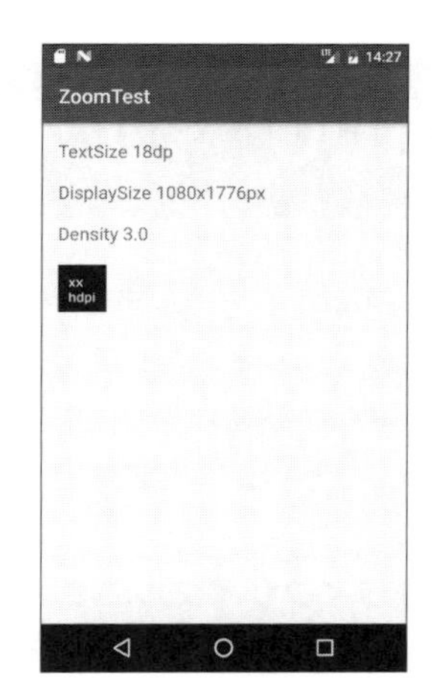

図 8.15　表示サイズを変更した際のアプリの見え方

図を見るとわかるように、タイトルバーや画面サイズ、フォントが拡縮されています。サイズ変更時のライフサイクルはフォントサイズを変更した場合と同じなので、表示サイズを変更した後にアプリを表示すると Activity が再生成されます。

「マルチウィンドウに対応する」の「2. コンテンツの一部が隠れてしまう可能性」に記した内容と同様の注意が必要です。サイズ変更の結果コンテンツの一部が隠れてしまわないよう、スクロールの利用を検討しなければならなかったり、画面サイズによって使用されるリソースが変わるといった点に注意しましょう。

100 マルチウィンドウに対応する

Android Nからマルチウィンドウ機能が追加されました。マルチウィンドウ機能を用いると、画面を分割して複数のアプリを同時に表示できます。マルチウィンドウの挙動の理解をしていないと、思わぬところで想定外の動作をしてしまうので、しっかりと理解しておきましょう。

■ ライフサイクルについて

マルチウィンドウを理解するには、Activity、Fragmentのライフサイクルを把握し、どの動作をした時にどのライフサイクルメソッドが呼ばれるのか知る必要があります。

通常起動した場合は図8.16のとおりアプリが画面全体に表示され、ActivityとFragmentに対して、表の上から順にライフサイクルメソッドが呼ばれます。

通常起動

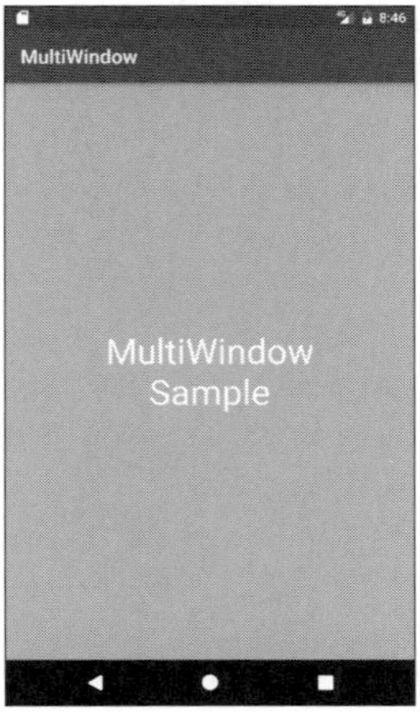

Activity	Fragment
onCreate	
	onAttach
	onCreate
	onCreateView
	onStart
onStart	
onResume	
	onResume

図8.16　通常起動時のライフサイクルメソッド呼び出し順

通常起動した状態から、オーバービュー画面（最近使ったタスクリスト）に遷移した場合、画面上は図8.17のようにタスクリストが表示され、もともとアクティブだったアプリに対しては、表の上から順にライフサイクルメソッドが呼ばれます。

バックグラウンド

Activity	Fragment
	onPause
onPause	
	onStop
onStop	

図 8.17 通常起動からオーバービュー画面に遷移した際のライフサイクルメソッド呼び出し順

ここからがマルチウィンドウのライフサイクルになりますが、オーバービュー画面でアプリを長押しすると画面上部に「分割画面を使用するにはここにドラッグします」というメッセージが表示されます。

図 8.18 マルチウィンドウ表示する際の長押し

この状態で、マルチウィンドウ表示したいアプリを長押ししたままメッセージ部分にドラッグ＆ドロップすると、そのアプリがマルチウィンドウの上部ウィンドウに表示されます。

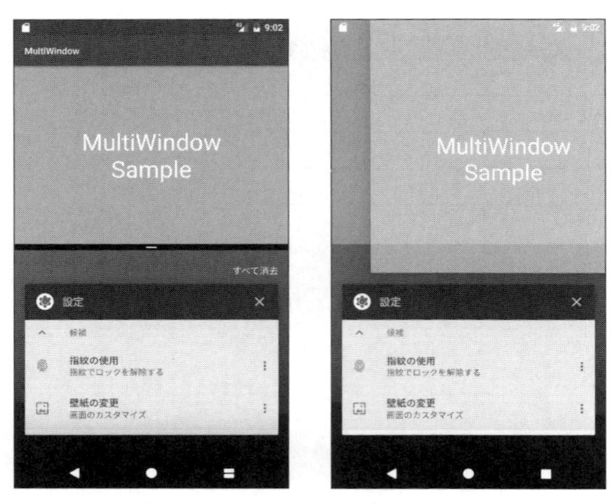

図 8.19　アプリをドラッグ＆ドロップしてマルチウィンドウ表示

この際、マルチウィンドウの上部ウィンドウに表示されたアプリに対しては、表 8.8 の順でライフサイクルメソッドが呼ばれます。

表 8.8　マルチウィンドウ表示時のライフサイクルメソッド

Activity	Fragment
	onDestroy
	onDetach
onDestroy	
	onAttach
	onCreate
onCreate	
	onCreateView
	onStart
onStart	
onResume	
	onResume

一度 onDestory が呼ばれて Activity が再生成されていることがわかります。

マルチウィンドウからオーバービュー画面に遷移した場合は、通常起動からオーバービューに遷移した時と同じライフサイクルメソッドが呼ばれます。

マルチウィンドウは、ウィンドウの境目部分をドラッグすることでウィンドウサイズが変更できますが、この際にもライフサイクルメソッドが呼ばれます。境目の部分を長押しすると、境目の幅が若干太くなり、中央にあるアイコンの形が変わります。

図 8.20 ウィンドウの境目を長押し

この状態でドラッグすると、境目の移動や、ウィンドウサイズの変更ができます。図 8.21 は移動途中の状態です。

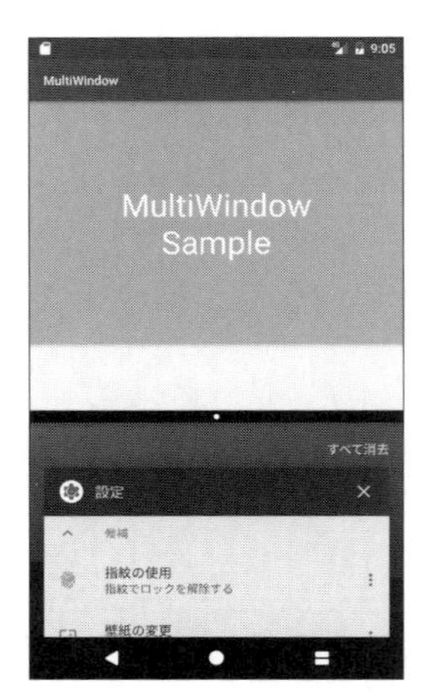

図 8.21　ウィンドウの境目を移動

　ドラッグし終わると、ウィンドウのサイズがそこで固定され、アプリがアクティブになります。この一連の操作でもライフサイクルメソッドが呼ばれます。

表 8.9　マルチウィンドウのウィンドウサイズ変更時のライフサイクルメソッド呼び出し順

Activity	Fragment
	onPause
onPause	
	onStop
onStop	
	onDestroy
	onDetach
onDestroy	
	onAttach
	onCreate
onCreate	
	onCreateView
	onStart
onStart	
onResume	
	onResume

　一度 onPause が呼ばれ、その後 Activity が再生成されます。初回にマルチウィ

ンドウになった場合と違い、onDestroyが呼ばれないのがわかります。これは画面の回転時と同じライフサイクルになります。

以下はマルチウィンドウのライフサイクルで気を付けなければいけない点です。

1. **ウィンドウサイズ変更時の入力値**

   画面の縦横回転と同じく、ウィンドウサイズが変更されるとActivityが再生成され、ユーザーが入力していた値がクリアされてしまいます。このようなことにならないように第3章で説明した「onSaveInstanceStateの使用法」の対応を行って入力データが消えないようにしてください。

2. **コンテンツの一部が隠れてしまう可能性**

   今まで想定していたビューサイズより小さくなるため、画面レイアウトは縮小される前提で設計しなければなりません。たとえば画面内で、画面の高さの半分を超えるLinearLayoutを使用していると、マルチウィンドウ表示をした際に画面の一部が隠れる可能性があります。そういった箇所はスクロールされる前提で設計したほうがよいでしょう。

3. **ウィンドウサイズ変更を契機に開始する処理**

   たとえば、onResume()などのタイミングで通信をしているアプリの場合、ウィンドウサイズ変更のたびに通信が発生してトラフィックが多くなります。このようなことにならないようにアプリをきちんと設計しなければなりません。

■リソースで気を付けなければいけない点

通常表示からマルチウィンドウに画面表示が変更された場合、使用されるリソースも変わります。

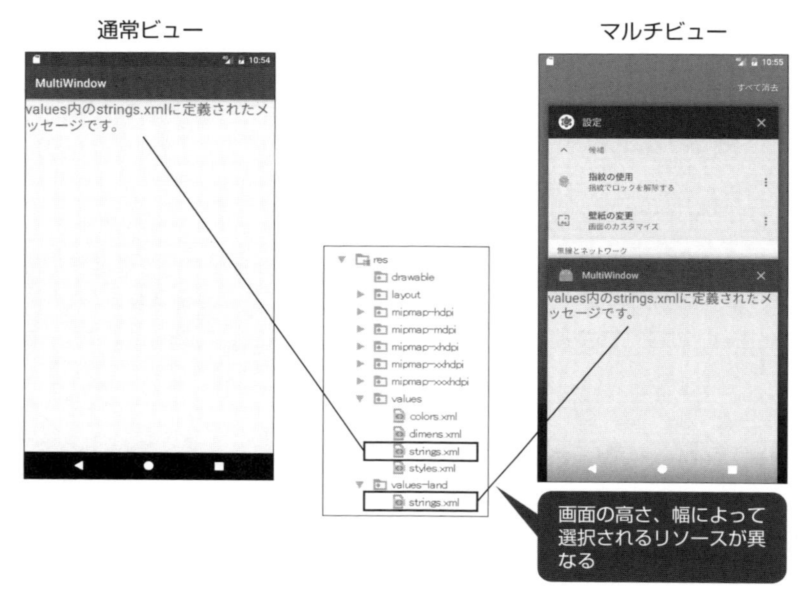

図 8.22 マルチウィンドウのリソースの選択

見た目上でもわかるように、通常表示は縦長でも、縦画面のままマルチウィンドウ表示にすると個々のウィンドウは横長になります。そのためマルチウィンドウを使用すると横画面用のリソース（drawable-land）が使用されます。また、最小サイズも変更されるため、sw フォルダのリソース（最小サイズ設定、「正しい配置方法を知る」参照）もマルチウィンドウ表示時と通常表示時で異なります。

■ マルチウィンドウ非対応にする

ここまでマルチウィンドウに対応する方法を記載してきましたが、マルチウィンドウ非対応にすることもできます。

AndroidManifest.xml の application タグに以下のコードを追記します。

▼リスト マルチウィンドウ非対応時の AndroidManifest.xml 設定

```
android:resizeableActivity="false"
```

この値を設定すると、そのアプリをマルチウィンドウで表示しようとした際に、ウィンドウにならず、通常表示してくれます。

マルチウィンドウ表示不可なアプリを起動した後、オーバービュー画面に遷移し、そのアプリを長押しすると、画面上部に「アプリで分割画面がサポートされていません」というメッセージが表示されます。

図 8.23　マルチウィンドウ非対応アプリの長押し

最近使ったタスクの中に、マルチウィンドウ非対応アプリがある場合に、別のアプリからマルチウィンドウに遷移すると、下部のウィンドウに非対応アプリが表示され、ウィンドウ内に「アプリで分割画面がサポートされていません」というメッセージが表示されます。

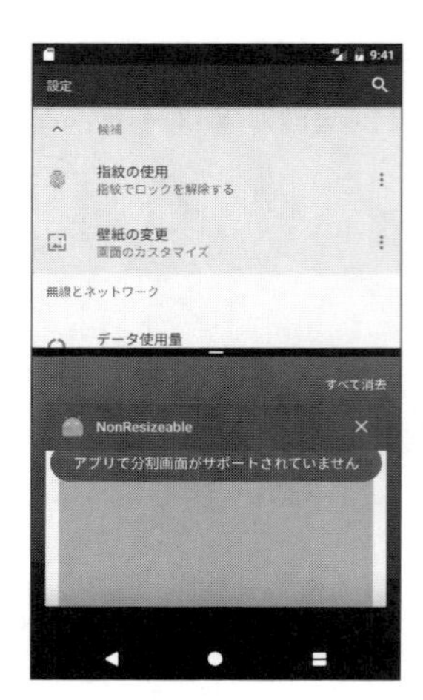

図 8.24　マルチウィンドウ非対応アプリを含んだマルチウィンドウ表示

上記の状態で、下部のウィンドウをタップすると、下部に表示されているアプリがアクティブになりますが、アクティブになった直後、少しの間「アプリで分割画面がサポートされていません」というメッセージが表示されます。

図 8.25　マルチウィンドウ解除直後のメッセージ

第9章

品質向上のための開発とテスト

101 Gradleのビルドで環境を切り分ける

一般的な開発フローは、以下のような「ウォーターフォール」モデルですが、開発フェーズによって、アプリの挙動を変えたいことがあります。

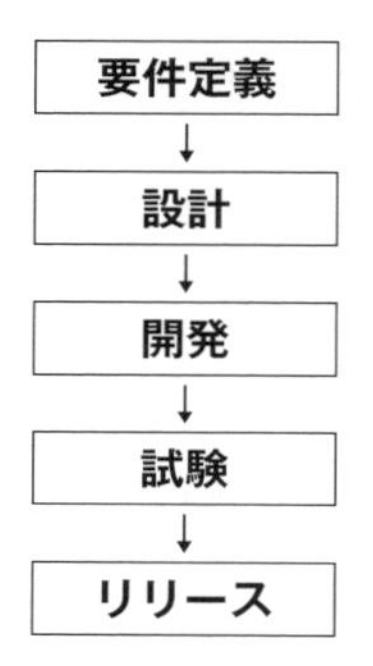

たとえば、開発時とリリース時でデバッグログの表示を変えたり、開発用とリリース用で対向サーバのURLを変える、などです。

しかし、試験やリリースのたびに、ソースコードを手で修正していると、修正ミスが発生する可能性が高くなり、試験のやり直しや再リリースを行わなければならないといった問題が起きます。

Androidアプリの場合、開発環境がEclipseからAndroid Studioになったことで、ビルドツールも刷新されてGradleが採用されました。GradleはGroovyというDSL（Domain Specific Language）で、ビルド内容を簡潔に記述することができます。Android用Gradleプラグインもあり、そのプラグイン用のDSLも存在します。

▼URL　Android Gradle DSL

```
http://google.github.io/android-gradle-dsl/
```

DSLの書き方や使用できる項目は、プラグインのバージョンによって異なります。

Gradleの構成や詳細を記載するとそれだけで1冊の本になってしまうので、

本書ではGradleの詳細な説明は行いません。その代わり、ここではAndroid Gradle Plugin DSLを使用して開発を楽にしてくれる項目を抜粋していきます。

■ 異なる環境の署名を行う

Androidアプリを Google Playにアップロードしたり、デバイスにインストールする際に何かしら署名が必要になります。またアプリの試験フェーズでも、同じ署名を使用していないとバージョンアップ試験ができないなど、開発者ごとの環境によって署名が異なることがないよう、Gradleのビルド設定に署名の指定を組み込んでおくと便利です。

Android Studioのプロジェクトフォルダ内に「keystore」フォルダを作成し、そこに署名ファイルを格納して、build.gradleファイルの設定を以下のような構成にします。

```
▶ app
▶ build
▶ captures
▶ gradle
▼ keystore
    product.keystore
    staging.keystore
```

図 9.1 keystoreの配置

module/build.gradleにsigningConfigsブロックを追加します。

▼リスト signingConfigsブロックの追加

```
android {
    signingConfigs {
        release {
            storeFile file("keystore/product.keystore")
            // 以下、署名のパスワード等は実際の設定値にあわせる
            storePassword "product_password"
            keyAlias "product_alias"
            keyPassword "product_password"
        }
        staging {
            storeFile file("keystore/staging.keystore")
            storePassword "staging_password"
            keyAlias "staging_alias"
            keyPassword "staging_password"
```

```
        }
    }
}
```

これでビルド時に本番用（product.keystore）と開発用（staging.keystore）で署名を切り分けることができます。

■ 複数の異なるバージョンのアプリを作成する

Android用GradleのDSLにはBuild Variantsという設定値があり、1つのアプリの異なるバージョンを作る仕組みがあります。

異なるバージョン、つまりビルドの種類は「Build Variant」という値で識別され、この「Build Variant」値は後述する「BuildType」と「ProductFlavor」という2つの値の組み合わせで構成されます。

BuildTypeもProductFlavorも、ビルド設定を切り分けられるという点では同じです。しかし、用途や設定できる値は異なっています。

● BuildTypeとは

BuildTypeはその名のとおりビルド種別です。おもにデバッグ用、β試験用、リリース用、といった開発状況に応じた切り分けに使用します。設定方法は、下記のようにbuildTypesブロックを使用します。

▼リスト　buildTypesブロックでのビルド種別設定

```
android {
    buildTypes {
        release {
            minifyEnabled true
            signingConfig signingConfigs.release
        }
        debug{
            signingConfig signingConfigs.staging
        }
    }
}
```

上記の例ではリリース時（「release」ブロック）にはminifyEnable値（minifyはビルド時のバイトコード圧縮を意味していて、以前のGradleバージョンでは

runProguardという名称の指定でした）が有効になり、かつ、APKをリリース用証明書で署名します。デバック時（「debug」ブロック）にはAPKをステージング用証明書で署名します。

設定できるプロパティは以下に記載されています。

▼URL BuildType

```
http://google.github.io/android-gradle-dsl/current/com.android.build.
gradle.internal.dsl.BuildType.html
```

● **ProductFlavorとは**

ProductFlavorは製品自体の種別を切り分けるのに使用します。たとえば無償デモ版、有償ライト版、有償全機能版といった、同じ製品の違うバージョンを切り分ける際などです。以下のようにproductFlavorsブロックを使用します。

▼リスト 有料版と無料版でパッケージを分ける場合

```
android {
    productFlavors {
        charge {
            applicationId "com.example.charge"
        }
        free {
            applicationId "com.example.free"
        }
    }
}
```

設定できるプロパティは下記に記載されています。

▼URL ProductFlavor

```
http://google.github.io/android-gradle-dsl/current/com.android.build.
gradle.internal.dsl.ProductFlavor.html
```

設定したBuildTypeとProductFlavorの組み合わせは、Android Studioで「View」→「Tools Windows」→「Build Variants」を選択すると、表示されるウィンドウでの確認、切り替えが可能です。

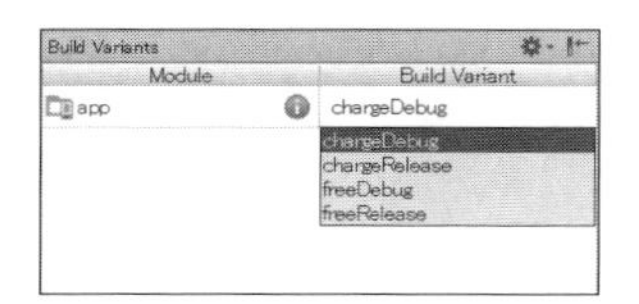

図 9.2 Build Variants ウィンドウ

- **ビルドの実行**

build.gradle 内に「apply plugin: 'com.android.application'」という設定を追加するとプラグインが有効になります（Android Studio でプロジェクトを生成した場合は最初から設定されています）。そして、Android Studio から「Tools」→「Android」→「Sync Project with Gradle Files」を選択すると、ビルドに必要なタスクが自動的に生成されます。

ここで言う「タスク」とは、Gradle が行う処理、及びそのプログラムのことです。Gradle は、設定が済むとビルドに必要なプログラムを生成します。このプログラムさえあれば、Android Studio がなくてもビルドが可能になります。Windows であれば、プロジェクトフォルダ内の gradlew.bat を実行するだけでビルドできます。

gradlew.bat には実行するタスクを指定することも可能です。たとえば、コンパイルは行わず、ビルド済みファイルの削除だけ行いたい場合はコマンドプロンプトから「gradlew.bat clean」というように実行すると、clean タスクを指定できます。

タスクには、Java プログラム全般で使用可能なものと、Android に特化したものがあります。代表的なものでは、前者は assemble、check、build、clean など、後者は connectCheck、deviceCheck などがあげられるでしょう。

利用可能なタスクは以下に記されています。

▼URL Gradle Plugin User Guide

```
http://tools.android.com/tech-docs/new-build-system/user-guide
```

これらのタスク以外に「assemble<Build Variant>」という指定も可能です。この指定を行うと、その Build Variant に指定された BuildType と Product Flavor でビルドを行います。build.gradle 内に指定したすべての Product Flavor 名と BuildType 名の組み合わせが指定できます。ProductFlavor か

BuildType、いずれか片方の指定も可能です。

たとえば「gradlew.bat assembleChargeRelase」という指定でビルドするとしましょう。

ProductFlavorが「charge」、BuildTypeが「release」の設定でビルドされ、ビルドされたファイルが出力されます。

「gradlew.bat assembleCharge」というようにProductFlavorだけ指定してビルドすると、ProductFlavorを「charge」に設定した状態で、BuildType「release」と「debug」の2つのビルドを行い、両方の結果が出力されます。

さらに「assemble」だけを指定してビルドを実行すると、すべての種類のビルドを行います。

■ プロパティや処理を切り分ける

たとえば通信を行うアプリを開発する際、開発中とリリース時とで通信先を変更したい場合があるでしょう。

そのような場合に、ProductFlavorを利用して通信先を変更する方法を紹介します。

通信先を変更するには、xmlに設定を記載する方法と、ソースコード内で切り分ける方法があります。

● xmlを使用した場合

以下のようにプロジェクトを作成して、各ProductFlavor用のxmlを配置します。

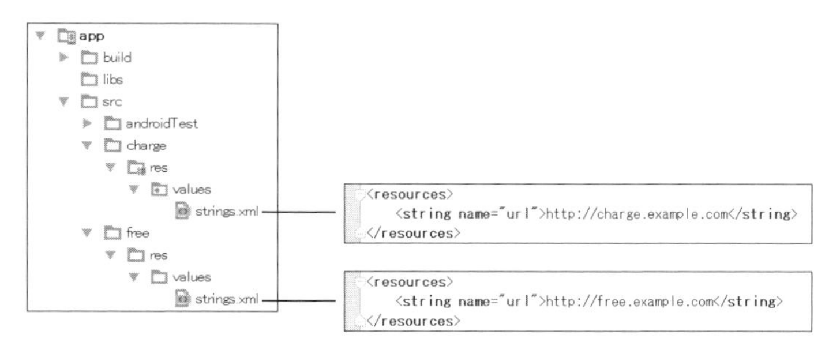

図9.3 xmlの配置

▼リスト　xmlに指定されたURLの値を取得する

```
String url = getResources().getString(R.string.url);
```

ProductFlavorを変えても使用するコードは同じですが、通信先はProductFlavorに応じて各xmlに記載されている値になります。ここではProductFlavorに応じてビルドに使用するフォルダが切り替わるため、こういった自動切り分けが実現できるのです。

- **コードで切り分ける場合**

以下のようにJavaコード内でもProductFlavorを判定して切り分けられます。

▼リスト　ProductFlavorを使用したURLの切り分け

```
String url = null;
if ("charge".equals(BuildConfig.FLAVOR)) {
    url = "http://charge.example.com";
} else  if ("free".equals(BuildConfig.FLAVOR)) {
    url = "http://free.example.com";
```

このように2つの方法でProductFlavorごとのビルド切り分けが可能ですが、xmlを利用する場合はxml内の値がかんたんに抜き出せてしまうので、扱う値には注意が必要です。

ソースコードで切り分ける場合は値（上記例では通信先URL）を定数にして、Dash OやEnsure ITといった有償の難読化ツールを使うことで値が抜き出される可能性は低くなります。ただし、難読化しても決して完全ではありません。たとえば通信先URLであればWiresharkなどのパケットキャプチャリングツールで解析されるなど、アプリ内リソースを完全に隠すのは無理だと考える必要があります。

xmlを用いた切り分けは、ソースコードに手を加えずに設定を変更、追加できるので、機微な情報を扱わないときは便利でしょう。

2つの方法にはいずれも特徴があり、一概にどちらがよいとは言えないので、メリット、デメリットをしっかりと把握して設計することが大切です。

102 静的コード解析を行う

ソースコードの品質を高めるためには、早い段階で不具合や問題点を見つける必要があります。実装が完了して、単体試験や結合試験フェーズなどで不具合が発覚した場合、修正に十分な時間が取れずにその場しのぎのコードを書いてしまう可能性があったり、影響範囲を見直すといった作業で大きな修正コストがかかったりします。

静的コード解析を開発時に導入しておくと不具合箇所を早期に発見でき、品質向上につながるでしょう。

Android Studio には、おもに2つの静的コード解析ツールが使われています。

- **Android Lint**
  ソースやリソースをチェックして潜在的な問題を指摘してくれる静的コード解析ツール

- **FindBugs プラグイン**
  Android Studio からもプラグインとして使用することができる有名な静的コード解析ツール

Android Lint に関しては、詳しい使用方法を第3章の「遅くないレイアウトを考える」で解説しました。ここでは、FindBugs プラグインを使用した静的コード解析の方法を紹介します。

■ FindBugs プラグインのインストール

「File」メニューから「Settings」を選択し、Settings ウィンドウ内の「Plugins」を選択します。プラグイン一覧の下部にある「Browse Repositories」ボタンを押すと、プラグインを検索するウィンドウが表示されます。画面上部の検索欄に検索キーワード「FindBugs-IDEA」を入力して検索を実行すると FindBugs プラグインの詳細が表示されます。そこに表示される「Install」ボタンをクリックすればインストールできます。

■ 不要ファイルを除外する

FindBugsはデフォルトだとすべてのファイルが解析対象となるため、リソースのR.系のファイルなどを除外する必要があります。

「File」メニューから「Settings」を選択し、「Other Settings」に含まれる「FindBugs-IDEA」を選択します。「Filter」タブを選択し、「Exclude filter files」欄の「+」ボタンを押下してください。するとファイル選択ダイアログが表示されるので、次のfilter.xmlを指定します。

▼リスト　フィルター(filter.xml)

```
<?xml version="1.0" encoding="UTF-8"?>
<FindBugsFilter>
    <Match>
        <Class name="~.*.R"/>
    </Match>
    <Match>
        <Class name="~.*.R¥$.*"/>
    </Match>
</FindBugsFilter>
```

■ 解析を実行する

たとえば、以下のようにidから名前を取得するメソッドがあるとします。

▼リスト　idから名前を取得するメソッド

```
public String getName (int id) {
    String name;
    switch (id) {
        case 0:
            name = "Yamada";
            break;
        case 1:
            name = "Sato";
        default:
            name = "none";
            break;
    }
    return name;
}
```

このメソッドはcase 1の箇所にbreakがありません。そのため、id値が1の場合にnameが「none」になってしまう不具合があります。

そこで、以下の手順でコード検査を行いましょう。Android Studio上でプロジェクトを右クリックして、「FindBugs」のサブメニューから「Analyze Project Files」を実行してください。解析が開始され、下図のようにswitch文でbreakが必要ということを指摘してくれます。

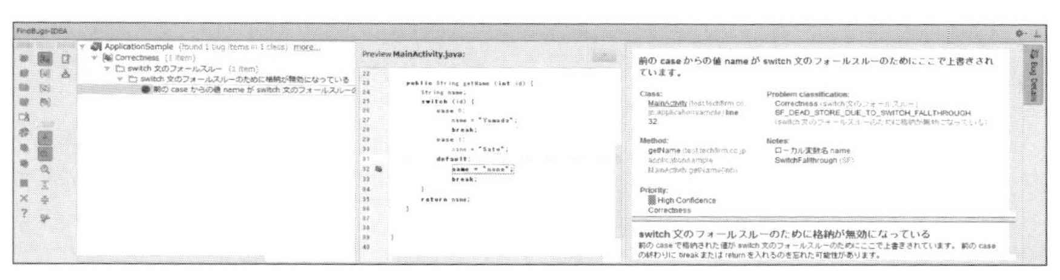

図 9.4　FindBugsの解析結果

複数人で開発している際には、コミット前に静的コード解析を実行するといった開発運用ルールなどを設けるとよいでしょう。しかし、必ずやらない人がでてきます。そんな人のために、CIに組み込んで定期実行するのも1つの手です。詳しくは「継続的インテグレーションを行う」で説明します。

103 処理が遅かった場合の対処

速度を測った結果、想定よりも遅い機能が出てくると思います。その際、機能のどの部分が遅いのかを調べるのに時間がかかります。そこで、Android SDKで提供されている解析ツールを使用します。

■ ボトルネックを探す

Android SDKに付属する「Traceviewツール」を使うと、CPU処理時間をメソッド単位で解析してくれます。このツールは、関数に解析用の処理を埋め込んで使用するため、どの処理がボトルネックになっているのかをかんたんに見つけることができます。

以下のサンプルでボトルネック調査を行ってみます。以下のspeedTestメソッドをActivity内に実装し、ActivityのonCreateメソッド内で実行する想定で進めます。

▼リスト　サンプルプログラム

```
public void speedTest()
{
    Debug.startMethodTracing("calc");
    // ここで計測したい機能を呼び出す
    mainFunction();
    Debug.stopMethodTracing();
}
```

AndroidManifest.xmlに以下のパーミッションを加えます。

▼リスト　パーミッションを追加

```
<uses-permission android:name="android.permission.READ_EXTERNAL_STORAGE"/>
<uses-permission android:name="android.permission.WRITE_EXTERNAL_STORAGE"/>
```

上のプログラムを実行した結果は、SDカード、または内部ストレージの配下に「calc.trace」というファイル名で保存されます。adbツールのpullコマンドでcalc.tarceを取得します。

▼コマンド

```
adb pull /sdcard/calc.trace
```

Android SDK の tools/traceview を実行すると、GUI 画面が表示されます。

▼コマンド

```
traceview calc.trace
```

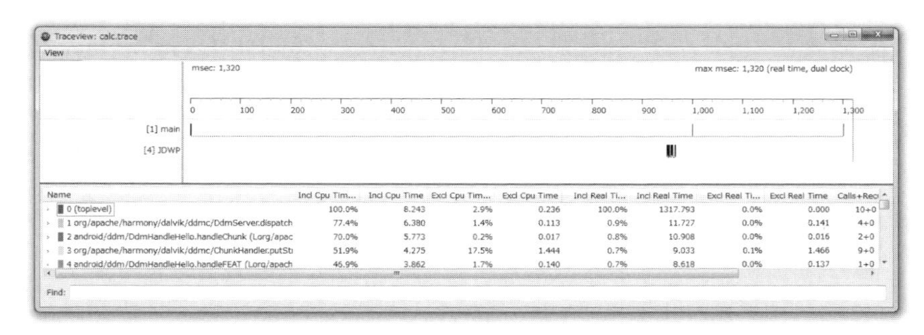

図 9.5 Traceview の結果

上側はタイムラインパネルです。

これらは各スレッドの実行時間に、各メソッドがどれくらい使用されたかを、時系列でわかりやすく表示してくれます。今回の結果では、1,300 まで msec のメータがあり、その間に何が処理されたかが、カーソルを合わせるとわかります。試しに 66msec あたりの処理にカーソルを合わせると、次のような結果が表示されます。

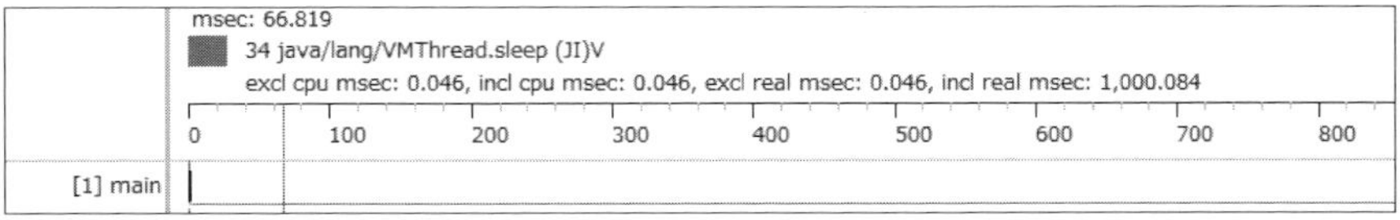

msec: 66.819
34 java/lang/VMThread.sleep (JI)V
excl cpu msec: 0.046, incl cpu msec: 0.046, excl real msec: 0.046, incl real msec: 1,000.084
0 100 200 300 400 500 600 700 800
[1] main

図 9.6 66msec 前後の処理

「java/lang/VMThread.sleep」は Thread.sleep のことです。サンプルプログラムの mainFunction 内でスリープ処理が呼ばれ、その処理に時間がかかっていることがわかります。

図 9.5 の下側は、プロファイルパネルです。プロファイルパネルには、各メソッ

ドの実行時間が記載されています。

Name	Incl Cpu Time %	Incl Cpu Time	Excl Cpu Tim...	Excl Cpu Time	Incl Real Time %	Incl Real Time
11 com/example/speedanalaize/MainActivity.mainFunction ()V	4.3%	0.354	0.1%	0.009	98.7%	1300.549
Parents						
0 (toplevel)	100.0%	0.354			100.0%	1300.549
Children						
self	2.5%	0.009			0.0%	0.007
12 com/example/speedanalaize/MainActivity.subFunction ()	85.0%	0.301			76.9%	1000.441
23 java/lang/Thread.sleep (J)V	12.4%	0.044			23.1%	300.101

図 9.7　プロファイルパネル

図 9.7 で、[11] の com/example/speedanalaize/MainActivity.mainFunction() を見ると、その中に「Parents」と「Children」があり、Parents は呼び出し元（今回の例だと 0 の toplevel から呼び出されている）、Children は処理中の呼び出し先（mainFunction 内で実行されている各種メソッド）であることがわかります。

各項目は以下のようになります。

表 9.1　Excl と Incl の説明

項目	説明
Exclusive time(Excl xxx Time)	メソッドで使用した時間
Inclusive time(Incl xxx Time)	メソッドで使用した時間にほかの関数から呼ばれた時間を加えた値

mainFunction の Incl Real Time を見ると、mainFunction 内で呼んでいる subFunction というメソッドで 1000.441msec、Thread.sleep で 300.101msec かかっています。mainFunction の Incl Real Time は 1300.549msec となっており、mainFunction は合計で 1.3 秒かかっていることがわかります。

なお、あまり長い時間ログを取得するとファイルの容量が肥大化するため、ログは小さな範囲で取得するなど、分けたほうがよいでしょう。

■試験環境を残す

性能試験の結果は、Android 環境やアプリの使用状況によって変わりやすいため、実行速度を計測する前には、必ず以下の試験した環境を残しておきます。

- 端末設定
- OS バージョン
- ネットワーク環境など

104 リソース負荷を測定する

携帯端末のリソースは非常に限られています。大量のデータを扱うアプリでは、リソース不足が発生する可能性があります。そういった状況を想定して、負荷試験を行い、特定のデータ量に対するアプリケーションの品質を保証することが重要です。

■ 負荷試験のポイントを把握する

負荷試験では、「アプリをひたすら使い続けてもきちんと耐えられるか？」という観点が大切になります。リリース後、ユーザーが1週間アプリを使って、データ量が多すぎてアプリが使えなくなった、といったことが起こらないようにするためです。

負荷をかける要素には、通信、ファイル読み書き、計算量、データベースのレコード数など、たいていは何らかの「量」が関わります。そこで、最低値と最大値のいわゆる「境界値」と、最低値と最大値の間の状態である「通常時」を考慮する必要があります。負荷試験に限って言うと、「最大値」での動作を検証することになりますが、試験項目にはこれらすべての観点を含めておきましょう。

なお、事実上、最大値がない要素もあり得ます。たとえば日付を扱う場合、数年使用する想定であれば、X年後のデータの観点で試験を行わなければなりません。

一般的なことですが、アプリ内でデータベースやファイルを使用している場合、数年後を想定して「1日n件登録するから、3年後にはn × 365 × 3件程度登録されるだろう」というように、どの程度容量が使用されるかを予想することが大切です。

負荷試験は、予想した容量のデータをデータベースやファイルに書き出して、アプリの挙動を見ることで行います。もちろん、容量が最大に達した場合の処理も想定しておく必要があります。

105 アプリ機能に負荷を与える

携帯端末の処理速度は、デスクトップパソコンなどと比べると貧弱です。その状況で、複数のアプリを同時に使用したり、大量の計算を必要とする処理を行うと、システムの負荷が上がります。このような状況を想定して、負荷試験を行い、処理に負荷がかかっている状態でのアプリケーションの品質を保証する必要があります。

もしも処理速度や耐久性でユーザーの要望に応えられなければ、性能問題となってしまいます。特に、ユーザーはアプリの反応には敏感で、処理が途中で止まったり、長い待ち時間や処理の遅れがあることを嫌います。ユーザーのアプリ使用率に関わるため、試験段階でしっかりと負荷を与えて、問題が起こるパターンを探さなければなりません。

■ monkeyrunner で試験を自動化する

処理に高い負荷をかけたケースを試験するには、Android SDK にある負荷ツールの「monkeyrunner」[注1]を使用します。

▼ **URL**　monkeyrunner

```
https://developer.android.com/studio/test/monkeyrunner/index.html
```

以下は monkeyrunner を使用して、キープレスとスクリーンショットを取るサンプルです。特定の操作を実行した時のスクリーンショットを撮っておくと、試験実施のエビデンスとして利用できるので便利です。

1. 初めに「test.py」というファイルを作成し、tools に保存します。以下のスクリプトを test.py に記述します。

▼ **リスト**　test.py

```
# monkeyrunnerモジュールをインポートする
```

注 1　monkeyrunner は、Python の Java 実装である Jython を利用しています。Python 言語で monkeyrunner の操作を記述しますが、Python をインストールしていなくても利用できます。

```
from com.android.monkeyrunner import MonkeyRunner, MonkeyDevice
# 端末に接続する。接続すると、MonkeyDeviceのオブジェクトが返却される
device = MonkeyRunner.waitForConnection()
# メニューボタンをクリックする
device.press('KEYCODE_MENU', MonkeyDevice.DOWN_AND_UP)
# スクリーンショットを撮る
result = device.takeSnapshot()
# スクリーンショットを保存する
result.writeToFile('C:\\tmp\shot1.png','png')
```

2. 「test.py」が用意できたら、次のコマンドを実行します。

▼ **コマンド**

```
tools/moenyRunner.bat test.py
```

monkeyrunnerには、MonkeyRunner、MonkeyDevice、MonkeyImageというクラスがあります。各クラスの役割は、以下のとおりです。

- MonkeyRunner　アラートやスリープなどのユーティリティ
- MonkeyDevice　タッチやActivity操作など
- MonkeyImage　画像加工

今回のテストソースは、MonkeyRunner、MonkeyDeviceを使用しています。初めにMonkeyRunner.waitForConnectionで接続端末を取得します。その後、press()でメニューを表示して、takeSnapshot()でスクリーンショットを撮影し、デスクトップに保存しています。

これで端末ごとに負荷を与えたり、その結果をスクリーンショットに撮り、試験のエビデンスとして残すことができます。

106 メモリリークを取り除く

Android アプリは、Dalvik もしくは ART という VM（Virtual Machine）上で動作していることに加え、Java という比較的メモリ管理の楽な言語で実装されています。しかし、それでもメモリリークが起きる可能性があります。メモリリークが発生するアプリは強制終了してしまうため、アプリの安定実行を保証するために、メモリリークが起こらないかを検証する必要があります。

Android Studio の「Android Monitor」というウィンドウを使うと、パソコンに接続している端末のメモリ情報をリアルタイムで監視できます。

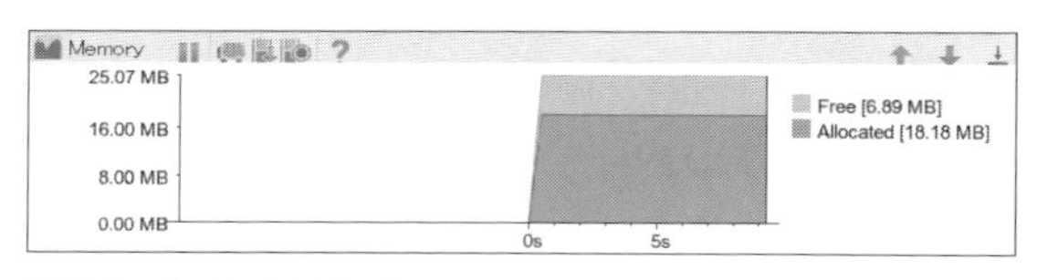

図 9.8　Android Monitor

Allocated が使用されているメモリで、Free が空きメモリです。左端の縦軸に記された値で、確保されている全体のメモリ量を確認できます。使用メモリ量が上がり続けるようであれば、メモリリークを引き起こす可能性があります。

■ メモリ解析

「Android Monitor」の「Memory」欄にある「Dump Java Heap」ボタンを押すとヒーププロファイリングの結果が.hprof という拡張子のファイルに出力され、その内容が画面に表示されます。画面上部のプルダウンメニューから「Package Tree View」を選択すると、パッケージからクラスがたどれて便利です。

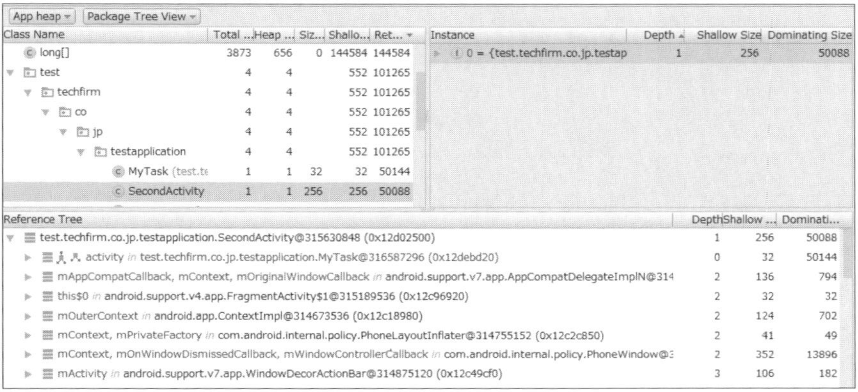

図 9.9　ヒーププロファイリングの結果

表 9.2　ヒーププロファイリングの項目

項目	説明
Class Name	メモリ確保元のクラス名
Total Count	インスタンス数の合計
Heap Count	選択したヒープ内のインスタンス数
Sizeof	インスタンスのサイズ（可変の場合は 0）
Shallow Size	ヒープ内の全インスタンス合計サイズ
Retained Size	選択したクラスの全インスタンスに割り当てられているメモリサイズ
Instance	選択したクラスのインスタンス
Reference Tree	選択したインスタンスへの参照、及びインスタンスへの参照の参照
Depth	GC ルートからの最小ホップ（参照）数
Shallow Size	選択したインスタンスのサイズ
Dominating Size	選択したインスタンスが保持しているメモリサイズ

ヒーププロファイリングの各種値を確認することで、取得した際のメモリの状況がわかります。

■ 改善するための分析

画面右端の「Analyzer Tasks」を押すと、Analyzer Tasks ウィンドウが開きます。

Depth	Shallo...	Domi...
71	36	21888
122	36	20052
246	36	15588
228	36	16236
247	36	15552

図 9.10　Analyzer Tasks ボタン

ここでリークしているActivityの情報が取得できます。Analyzer Tasksを開いて緑色の三角のボタンを押すと、下図のようにLeaked ActivitiesとDuplicated Stringsが表示されます。

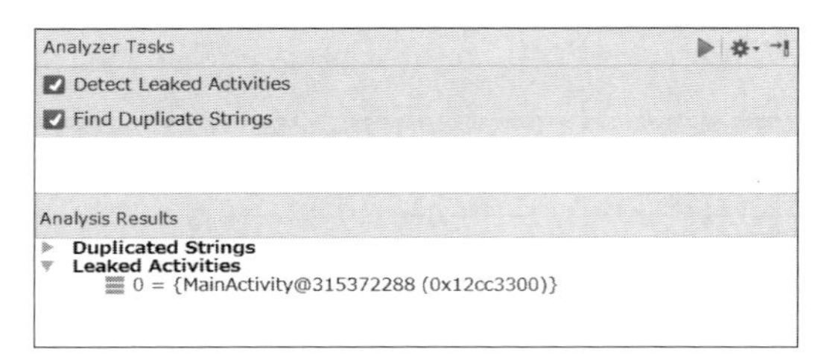

図 9.11　Analyzer Tasks の解析結果表示

Leaked Activitiesはメモリがリークしている可能性があるActivityで、Duplicated Stringsは重複している文字列です。これらは改善できる可能性があります。

■ オープンソースソフトウェアを利用する

ヒーププロファイリングの解析を行う以外にも、オープンソースソフトウェアを利用してメモリリークを検知する方法もあります。

▼URL　LeakCanary

```
https://github.com/square/leakcanary
```

Squareが提供しているオープンソースなライブラリで、Androidアプリに組み込むことで非常にかんたんにリーク個所を見つけることができます。

導入方法もかんたんで、build.gradleにライブラリを指定し、Applicationを継承したクラス内にLeakCanary開始の処理を実装するだけです。

▼リスト build.gradle

```
dependencies {
    debugCompile 'com.squareup.leakcanary:leakcanary-android:1.5'
    releaseCompile 'com.squareup.leakcanary:leakcanary-android-no-op:1.5'
}
```

▼リスト Applicationを継承したクラスのonCreateメソッド内に1行足す

```
public class MyApplication extends Application {
    @Override public void onCreate() {
        super.onCreate();
        LeakCanary.install(this);
    }
}
```

LeakCanaryを組み込んだアプリでメモリリークが発生すると、Notificationが表示されます。このようにオープンソースソフトウェアを利用することも、よい手段となるでしょう。

■ Zygoteとは

アプリを実行する際、Android OSはVMをアプリごとに起動しているわけではなく、すでに起動されているVMのプロセスをforkシステムコールでコピーします。その元のプロセスがZygoteです。メモリリークを起こしている場合は、NativeかVMのHeap Allocが増え続けます。

COLUMN メモリ情報詳細の取得について

Android Studio の Android Monitor ウィンドウにある Memory 欄を確認すれば、アプリが使用しているメモリと空きメモリ量がわかりますが、詳細まではわかりません。詳細を取得する場合は Android Monitor の検索マークから Memory Usage を選択します。

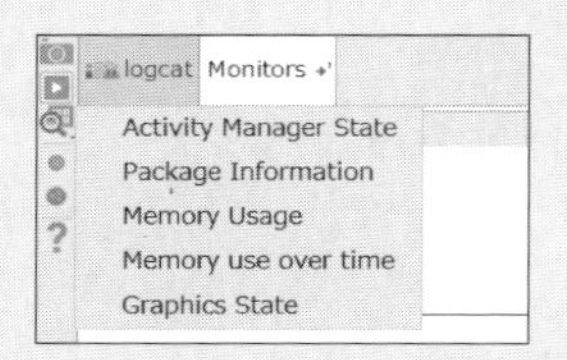

図 9.12 Memory Usage

するとコマンドラインから「adb shell dumpsys meminfo アプリ名」を実行した場合と同じ情報が取得できます。値は KB 単位です。

▼実行結果

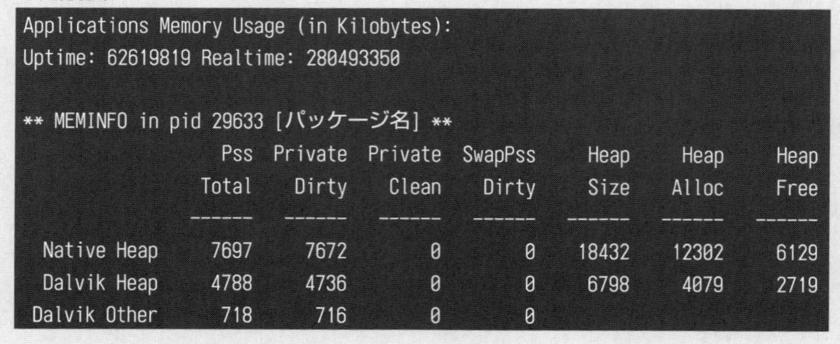

```
Applications Memory Usage (in Kilobytes):
Uptime: 62619819 Realtime: 280493350

** MEMINFO in pid 29633 [パッケージ名] **
                   Pss  Private  Private  SwapPss     Heap     Heap     Heap
                 Total    Dirty    Clean    Dirty     Size    Alloc     Free
                ------   ------   ------   ------   ------   ------   ------
  Native Heap     7697     7672        0        0    18432    12302     6129
  Dalvik Heap     4788     4736        0        0     6798     4079     2719
 Dalvik Other      718      716        0        0
```

Memory Usage を選択して取得した meminfo 情報の内容は、以下のとおりです。

表 9.3 meminfo 項目

項目	説明
Pss (Proportional Set Size)	Total プロセス間で共有した RAM の使用量。プロセス間でページの共有を考慮して、アプリの RAM 使用量を測定する
Private dirty	すべての Dalvik と Native のヒープの合計
Shared dirty	Dalvik と Native と Zygote プロセスのヒープの合計
Heap Size	使用できるヒープのサイズ
Heap Alloc	確保しているヒープのサイズ
Heap Free	ヒープの残りのサイズ
Native	ネイティブのメモリ
Dalvik	Java で使用するメモリ

107 端末・OSに関わる試験の観点を明確にする

Androidは画面サイズの違いや、メーカ依存、ライフサイクルのタイミング、設定変更など、PCのソフトウェアとは違う試験観点を考慮しなければいけません。

以下はAndroidアプリを試験する際に行ったほうがよい試験機種と観点です。

■ OSのバージョンを選定する

各バージョンの特性を考えて試験を行う必要があります。また、バージョンによって追加実装しなければいけない場合もあります。

たとえば、有名な話ですが、Android 5.0以上の端末でButtonコンポーネントを使用するとボタン上の英文字がすべて大文字で表示されてしまいます。大文字小文字両方を表示する場合はButtonのtextAllCapsプロパティにfalseを設定する必要があります。Android 4.4以前の端末で実行すると、このプロパティを指定しなくても大文字と小文字が表示されるので、Android 4.4端末を使って開発していると、Android 5.0以降での表示の差に気づけずにtextAllCaps設定の実装が漏れてしまう可能性があります。

また、Notificationやロック画面で表示できる項目などもバージョンによって異なります。そのため、各OSバージョン（少なくともメジャーバージョン）で画面や挙動の確認試験を行う必要があるでしょう。

第2章でもDozeモードやPermissionに関する新機能について記載しましたが、バージョンによってはこのように新たに追加された機能もあります。不整合が起きないように、各機能がアプリに影響するか確認する必要があります。

表9.4 Androidバージョンと追加・変更された主要機能

OSのバージョン	追加・変更機能
Android 4.2、4.3	マルチユーザー
Android 4.4	WebKit → Chromium、ART
Android 5.0、5.1	ART(デフォルト)、マテリアルデザイン
Android 6.0	Request Permission、Dozeモード、指紋API
Android 7.0	マルチウィンドウ、データセーバー

■ 画面サイズ別で端末を選定する

第8章でも触れていますが、端末で表示できる幅、高さは、各端末ごとに異なります。Androidのサイズはdpiと画面サイズの組み合わせで大枠のケースは対応できると思います。以下のURLから、dpiや画面サイズの最新のシェア状況が確認できます。

▼ **URL** Screen Sizes and Densities

```
https://developer.android.com/about/dashboards/index.html
```

最低でも大多数を占めるhdpi〜xxhdpiの端末は試験しておきましょう。

■ 画面の縦横切り替えを試験項目に含める

画面のレイアウトが崩れていないか確認する際には、向きを変更した場合の試験も必要です。Activityの設定で、縦横をサポートしていない（固定している）場合でも、端末の向きを変えて何も起こらないことを確認します。サポートしている場合は、画面の崩れ（縦と横で画像や文字などが入りきるか）や入力項目の初期化を確認する必要があります。

また、画像を使用している場合は、画面切り替え時の初期化処理でメモリリークする可能性もあるので、何度か縦横切り替えを繰り返して確認することも重要です。

■ 文字サイズの変更を試験項目に含める

文字サイズも、画面サイズと同様に、端末ごとに表示サイズが異なります。「設定」→「ディスプレイ」→「フォントサイズ」から文字サイズを変えることができます。縦横切り替えと同様に、文字サイズ切り替えで画面が崩れないことを確認する必要があります。フォントサイズ以外に、フォントスタイルも変更できる端末もあるので、そういった端末ではフォントスタイルを変更した際のチェックも必要です。

■ 言語切り替えを試験項目に含める

グローバル（国際化）対応しているアプリでは、端末の言語設定切り替えで、正常にテキストの言語が変更しているか、文字列の長さが変わることによる画面の崩れが発生していないか、などをチェックする必要があります。言語設定は、「設定」→「言語と入力」→「言語」で変えられます。変更した際にはActivityが初期化されるため、初期化前に画面に表示されていた値がクリアされないかを確認する必要があります。

■ タイムゾーン変更を試験項目に含める

時刻の設定変更がアプリの挙動に影響がある場合は試験が必要です。「設定」の「日付と時刻」設定で「日付と時刻の自動設定」と「タイムゾーンの自動設定」をオフにすると､「日付設定」「時刻設定」「タイムゾーンの選択」が変更できます。

アプリ内で時刻やAlarmManagerを使用している場合は動作に影響があるので、時刻設定の変更でアプリが想定外の挙動をしないか確認しておきましょう。

■ アプリのキャッシュ、データ削除を試験項目に含める

「設定」の「アプリ」には「強制停止」「データを消去」「キャッシュ」といったボタンがあり、アプリの停止や、データの消去ができます。これらの操作を行った際に、アプリが予期せぬ動作をしないか確認する必要があります。

■ 通信の設定を試験項目に含める

ユーザーがどのような通信環境でアプリを使用するかわからないので、ネットワークを使用する場合は通信状態の確認が必須です。通信種別にはおもにWi-Fiとセルラーがありますが、それぞれで通信可能と不可能な状態での試験をする必要があります。

セルラー通信の電波を遮断するには、モバイルネットワークをOFFにするか機内モードにするのがてっとりばやいです。「設定」→「無線とネットワーク」→「機内モード」で設定できます。Wi-Fiで通信不可状態を試験する場合は、「設定」→「Wi-Fi」でオン／オフを設定できます。

ローミング状態でアプリの挙動を変えたい場合もありますが、日本から国外に移動しないと試験できません。Androidでは、アプリからMCC（Mobile Country Code）が取得できるので、MCCの値を見てローミング判定している場合は「Gradleのビルドで環境を切り分ける」で記載したとおり、プロパティファイルで挙動を分けることなどを考える必要があります。

■ ハードウェアに依存する処理を試験項目に含める

端末によってはカメラもGPSも搭載されていない可能性があります。カメラやGPSを使用するアプリを作成した場合、必要なハードウェアが搭載されていない端末を非対応にするのか、その端末はサポートするけれど搭載されていない機能を使えなくするのか、方向性を決める必要があります。端末自体を非対応にした場合は、第10章の「端末のフィルタリングを確認する」に記載している方法で、Google Playで対象端末を絞りましょう。その端末でアプリが使われなくなるため、試験をする必要はありません。

一方、端末の仕様に合わせて、アプリ側で機能の利用可否を切り替える場合は、切り替えが正常に行われるか試験する必要があります。アプリが使用する各種ハードウェアが搭載されている端末と、搭載されていない端末を用意し、正しい挙動をするか確認しなくてはなりません。また、ハードウェアが存在していても、APIから使えるオプションが機種によって違う場合があります。たとえば、Cameraクラスのオートフォーカスオプションは、機種によっては使用時に「UnsupportedException」が発生することがあります。そういった状況にもアプリが正しく対応できているか確認する必要があるので、試験項目には搭載機能のオプションの有無、種類ごとの項目も必要になります。

アプリがサポートする端末の種類が多いと大変ですが、各端末のスペックや、利用可能オプションを確認し、試験項目に含めるようにしましょう。

■ バージョンアップを試験項目に含める

新規インストールやアップデート（バージョン1→2、2→3）、バージョンをまたぐアップデート（複数のバージョンがある場合、バージョン1→3）が、それぞれ正しく動作するか検証する必要があります。

■ 連携するソフトウェアが入っていない端末での挙動を試験項目に含める

ほかのソフトウェアと連携する場合、連携するソフトウェアが必ず入っているとは限らないので、連携できない場合も考慮しなければなりません。たとえば、地図を連携するアプリであるGoogleMapsは、最初からインストールされていない端末があります。必ず、連携できない場合を想定して試験をします。また、ソーシャルアプリと連携する際は、Facebookなど連携先のアプリが入っていない場合の試験が必要になります。

Android 4.0からは、アプリ情報画面からプリインストールのアプリを無効にできる機能が追加されました。この機能でも確認可能です。

■ プロセスがkillされた場合を試験項目に含める

Android上のプロセスは、システムの状態によっていつ終了させられるかわかりません。プロセスをkillされた場合の挙動を確認する必要があります。

端末を接続したパソコン上で、Android Studioの「Tools」メニューから「Android」→「Android Device Monitor」を選択すると、Android Device Monitorが起動します（Android Studio SDKフォルダ配下にあるmonitor.batで起動することも可能です）。画面左上の「DDMS」を押し、「Devices」ペイン内でアプリを選択して「Stop」アイコンを押すと、プロセスをkillできます。たとえば通信途中やファイル保存中など、さまざまなタイミングでのkillを検証し、通信や保存が失敗しても以降の処理で復帰することを確認しましょう。

■ アプリ中断を試験項目に含める

最も一般的な中断の契機は電話着信でしょう。アプリがサーバと通信している時や、何らかの負荷の高い処理を行ってる時に電話着信を行い、意図しない挙動にならないか確認する必要があります。

また、ハードウェアから操作できる項目にも注意してください。たとえば、SIMを抜かれた場合や、SDカードを抜かれた場合なども、アプリによっては検討したほうがよいです。端末によっては起動中でもSIMを抜いたり、SDカードを抜けるものもあります。

電池がなくなったり、電源を落とされた場合もアプリ処理は中断されます。データベース更新時などに、たまたま電池がなくなり、電源が落ちるといったことも考慮しなければなりません。中途半端なデータベース処理でデータに不都合が起こらないように、トランザクション処理を正しく設計して、更新時の中断処理を何回か試すことをおすすめします。

108 単体試験を行う

通常の開発の流れでは、実装が終わると試験を行います。複数人で開発している場合や外部システムと連携する場合は内部と外部モジュールの結合試験を行います。この結合試験で不具合を出すと大勢の人に影響して非常にコストが高くなるため、単体試験の早い段階で可能な限り不具合を取り除きます。

Android 特有のことではありませんが、単体試験は非常に重要なため本項では単体試験に関する技術について記載します。

■ 単体試験の注意点

ここでは純粋にロジック部分を試験する場合を想定します。その場合、ユーティリティクラスを用いた単体試験を行うことをおすすめします。

単体試験を行う際には以下のような観点で試験項目を作成し、実施しましょう。

- ホワイトボックス試験（判定、条件網羅）
- ブラックボックス試験（同値分割、限界値分析）

判定、条件網羅の試験は、試験用のコードを書いてもその試験コードがどの程度のケースを網羅しているのかわかりづらいです。そのため、この網羅具合を確認するのに「カバレッジ測定」という機能を使用します。そして単体試験を実施する際に多くなるのがブラックボックス試験の項目です。

何らかの入力値があるような場合の試験では、期待する範囲の最大値、最小値、無効値などは試験項目に含めておきましょう。単純な不具合であっても、広い範囲に影響し多くの関係者に負担を強いる可能性があるので、このような基礎部分の単体試験をしっかり行う必要があります。

■ 単体試験の実施方法

Android Studio でプロジェクトを作成すると、プロジェクトフォルダ内に試験コードの雛形が自動的に追加されます。図 9.13 のように、アプリモジュールフォルダ配下のsrc/testとsrc/androidTestフォルダが試験コードを配置する場所になります。

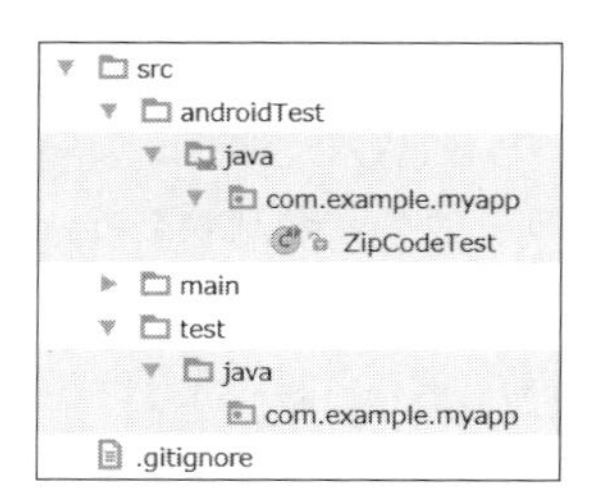

図9.13　試験構成

「test」フォルダはAndroidフレームワークのクラスを用いない純粋なJavaコードの試験をJUnitなどで実施するためのフォルダで、「androidTest」フォルダはAndroidに紐付いたクラスの試験を行うフォルダです。今回はコードカバレッジの出し方も含めて説明するので、Androidに依存しないクラスの単体試験もandroidTestフォルダに置きます。

試験にはJUnit 4を使用します。JUnit 4を使うためにはGradleにJUnitの設定を記述をしますが、これもプロジェクト作成時にデフォルトで記述されているため、特に何の設定もしなくてもすぐに試験コードを動かせます。

具体的な試験コードを見てみましょう。たとえば以下のような、郵便番号を該当住所に変換するユーティリティクラスの試験を見てみます。

▼リスト　試験対象ユーティリティクラス

```
public class ZipCodeUtil {
    public static String convertAddress(String text) {
        if ("163-1490".equals(text)) {
            return "東京都新宿区西新宿";
        } else if ("150-0042".equals(text)) {
                return "東京都渋谷区宇田川町";
        } else {
            return "";
        }
    }
}
```

src/androidTest/java/[パッケージ名]配下に、以下のようにファイルを作成します。

▼リスト 試験実行用クラス

```
@RunWith(JUnit4.class)
public class ZipCodeTest {
    @Test
    public void addressTest() {
        assertEquals(
            ZipCodeUtil.convertAddress("163-1490"),
            "東京都新宿区西新宿"
        );
    }
    @Test
    public void noAddressTest() {
        assertEquals(ZipCodeUtil.convertAddress("169-0072"), "-");
    }
}
```

Android Studioの「Run」メニューから「Edit Configurations」を選択して表示される「Run/Debug Configurations」ウィンドウの左側に「Defaults」という項目があるので、その配下の「Android Tests」を選択してModule、Test（テスト範囲）、試験対象クラスなどを入力して「OK」ボタンを押すと試験の準備が完了します。Projectウィンドウからテストコードを記載したクラス（上記例では「ZipCodeTest」クラス）を右クリックし、「Run 'クラス名'」を選択すると試験が実施されます。図9.14は試験結果を表示した例です。

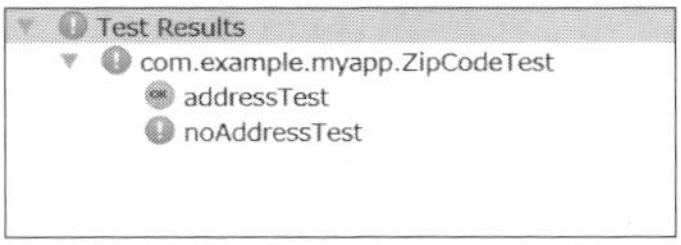

Test Results
com.example.myapp.ZipCodeTest
addressTest
noAddressTest

図9.14 試験結果（失敗）

また、試験用のZipCodeTestクラス内のnoAddressTestメソッドでは、変換できない郵便番号を引数に指定していますが、図9.15のように赤い「！」アイコンが表示され、試験が失敗したことがわかります。

▼リスト　試験に失敗したメソッドの修正個所（戻り値を空文字からハイフンに修正）

```
@Test
public class ZipCodeUtil {
    public static String convertAddress(String text) {
        …中略…
        } else {
            return "-";
        }
    }
}
```

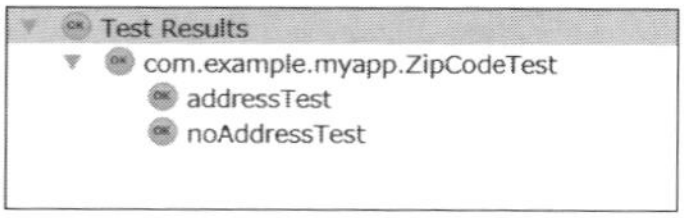

Test Results
com.example.myapp.ZipCodeTest
addressTest
noAddressTest

図9.15　試験結果（成功）

今回の例では試験パターンが少ないですが、試験観点で記載したように無効値（null）を試験したり、成功パターンになる値で試験したり、大文字、小文字、キャメルケースなどさまざまなパターンで仕様に沿った結果が得られるかしっかり単体試験を行い、結合試験に向けて品質を上げていきます。

■カバレッジを出力する

ホワイトボックスを試験する際にはカバレッジ測定が有効です。カバレッジ（coverage）とはテストを行う範囲のことで、ソースコード上あり得るすべての命令実行や分岐に対して、実際の試験コードがどこまでを網羅しているのかを示します。Android Studio上でカバレッジ測定を有効にするためには、build.gradleファイル内でtestCoverageEnabledを有効にします。

▼リスト　カバレッジレポートの設定をbuild.gradleに記載

```
android {
    …省略
    buildTypes {
        debug {
            testCoverageEnabled true
        }
    }
```

```
}
```

設定が有効になるとGradleのビルドタスクが追加されます。

コマンドプロンプトから（MacやLinuxであればターミナル）、以下のようにタスクを指定してgradlewコマンドを実行します。

▼コマンド

```
>gradlew createDebugAndroidTestCoverageReport
```

すると/app/build/reports以下のフォルダにカバレッジ測定結果を格納した各種ファイルが出力されます。

図9.16　カバレッジ測定結果の出力先

以下はindex.htmlを開いた画面で、前述のZipCodeTestに対してカバレッジ測定を行った結果です。網羅率も確認できます。

ZipCodeUtil

Element	Missed Instructions	Cov.	Missed Branches	Cov.	Missed	Cxty	Missed	Lines	Missed	Methods
ZipCodeUtil()		0%		n/a	1	1	1	1	1	1
convertAddress(String)		86%		75%	1	3	1	5	0	1
Total	5 of 17	71%	1 of 4	75%	2	4	2	6	1	2

Element	意味	convertAddressメソッドの例
Missed Instructions	命令網羅率	「150-0042」の分岐とその分岐内のreturn処理が試験されない
Missed Branches	条件網羅率	試験されない郵便番号変換パターンがある
Missed Cxty	網羅されている複雑度	郵便番号「150-0042」の試験がない
Missed Lines	網羅されている行	通らないreturnがあるため、Missedが1
Missed Method	網羅されているメソッド	メソッドが呼ばれているため、Missedが0

図9.17　カバレッジの詳細

カバレッジを測定する場合は以下の点に気を付けましょう。

- 試験が失敗した場合は出力されない
- 実機を使った場合、機種によって出力されない（エミュレータだと確実に出力される）

また、メソッドごとのリンクを選択すると、以下のようにソースコード内の試験網羅状態も表示されます。

```
public class ZipCodeUtil {

    public static String convertAddress(String text) {
        if (text.equals("163-1490")) {
            return "東京都新宿区西新宿";
        } else if (text.equals("150-0042")) {
                return "東京都渋谷区宇田川町";
        } else {
            return "-";
        }
    }
}
```

図 9.18 ソースコードの試験網羅状態

赤い箇所は一度も網羅されていない箇所で、黄色い箇所は部分的に網羅されていない条件がある箇所、緑の箇所は網羅されている箇所です。

Androidのアプリ開発ではUIを多用していて、カバレッジを100％にすることはとても難しく、率を上げるとコストもかさみます。そのため、このカバレッジ測定結果は、あくまでも単体試験の範囲が適切か判断するための参考値として見るのがよいでしょう。また第三者や顧客が見て納得いくようにカバレッジ率を上げるという考えもありますが、カバレッジ率ばかりを気にしてしまうと、範囲が網羅されていても本来必要な内容の試験ができていない、といった本末転倒の状況になることもあります。

十分な単体試験を行うためには、ブラックボックスの観点からしっかりと単体試験項目を記載する必要があります。

109 UI 試験を行う

Android アプリ開発では、Activity や View を使用して画面やコンポーネントを作ります。Android Studio にはそれら画面上の UI を操作した場合の動作を試験するための仕組みがあります。

Android 向けに Android Testing Support Library というライブラリ群が用意されていて、build.gradle ファイルに androidTestCompile 値を設定することでそれらの試験用ライブラリが使用できるようになります。

今回は UI 操作に関する Espresso という UI 試験フレームワークを取り上げます。Google アプリケーション（Drive や Maps、G + など）で使われてきた、簡素に記載でき、信頼性の高い UI 試験ができるツールです。

Android Studio 2.2 以降であれば、プロジェクトを作成した時点で Espresso の設定が build.gradle に記述されます。それ以前の Android Studio の場合は、Android SDK Manager からインストールし、build.gradle に設定を追加する必要があります。

それでは Espresso を使用したかんたんな試験を説明します。

1. Android 端末の設定

「設定」→「開発者向けのオプション」から、以下の３つの設定を無効にして、端末を再起動します。

- ウィンドウアニメスケール
- トランジションアニメスケール
- Animator 再生時間スケール

2. 試験対象 Activity の作成

この例では、Button と EditText が配置されている画面で、Button をクリックすると EditText のテキストが変わる、という Activity で試験を行います。

▼リスト　試験対象 Activity

```
public class MainActivity extends AppCompatActivity {
```

```
    @Override
    protected void onCreate(Bundle savedInstanceState) {
        super.onCreate(savedInstanceState);
        setContentView(R.layout.activity_main);
        findViewById(R.id.button).setOnClickListener(
            new View.OnClickListener() {
                @Override
                public void onClick(View view) {
                    EditText editText = (EditText)findViewById(R.id.edit ➘
Text);
                    editText.setText("click");
                }
            }
        );
    }
}
```

3. 試験実行クラスの作成

Android Studioのプロジェクトフォルダに「app」フォルダがありますが、その配下のsrc/androidTest以下に試験に使う各種コードを配置します。src/androidTest/java/[パッケージ名]配下に以下のようにファイルを作成します。

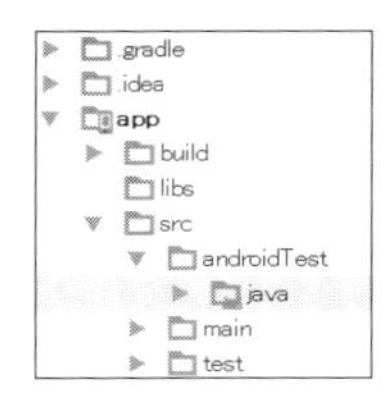

図9.19 試験用フォルダ

▼リスト 試験

```
package jp.co.techfirm.testapplication;

import android.support.test.filters.LargeTest;
import android.support.test.rule.ActivityTestRule;
import android.support.test.runner.AndroidJUnit4;

import org.junit.Before;
import org.junit.Rule;
```

```
import org.junit.Test;
import org.junit.runner.RunWith;

import static android.support.test.espresso.Espresso.onView;
import static android.support.test.espresso.action.ViewActions.click;
import static android.support.test.espresso.assertion.ViewAssertions. ↴
matches;
import static android.support.test.espresso.matcher.ViewMatchers.withId;
import static android.support.test.espresso.matcher.ViewMatchers.withText;

@RunWith(AndroidJUnit4.class)
@LargeTest
public class MainActivityTest {

    @Rule
    public ActivityTestRule<MainActivity> mActivityRule =
        new ActivityTestRule<>(MainActivity.class);

    @Before
    public void init() {
    }

    @Test
    public void changeText_sameActivity() {
        onView(withId(R.id.button)).perform(click());
        onView(withId(R.id.editText)).check(matches(withText("click")));
    }
}
```

試験の実装にはJUnit 4ライブラリを使用します。JUnit 4用のアノテーションを使用して試験用メソッドを作成します。そのメソッドの中で、EspressoのAPIを使用します。おもに使用するJUnitアノテーションには以下のようなものがあります。

- @Rule　試験のルールを決める
- @After　@Testの後に処理を行う
- @Before　@Testの前に処理を行う
- @Test　試験実施

ActivityTestRuleはActivityを試験するためのクラスで、このクラスのメソッドをオーバーライドすることでActivity起動前や起動後の動作を定義できます。ActivityTestRuleは特定の1つのActivityに対する試験を想定しています。ActivityTestRule以外にも、Serviceを試験するためのServiceTestRuleといったクラスもあります。

4. **実行**

Android Studioの「Run」メニューから「Edit Configurations」を選択して表示される「Run/Debug Configurations」ウィンドウの右欄から「Defaults」配下の「Android Tests」を選択し、画面右側のModule、Test（テスト範囲）、試験対象クラスなどを入力し、単体試験と同様に試験クラスの右クリックから試験が実行できます。アプリは事前にインストールしておきます。図9.20は試験結果を表示した例です。

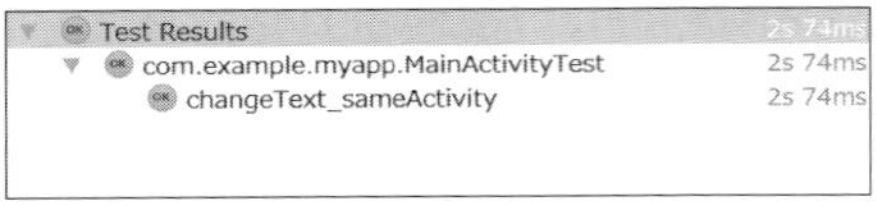

Test Results	2s 74ms
com.example.myapp.MainActivityTest	2s 74ms
changeText_sameActivity	2s 74ms

図9.20 試験結果

UI試験はListViewの操作など、試験を自動化しにくい部分も多々あります。さらに、新規のアプリ開発の場合は、利用実績のない画面を作成するので、開発途中でデザイン変更を依頼されることもあるでしょう。デザインが変わると当然試験内容にも影響が出るので、より多くのコストがかかってしまいます。また、UI試験はUI操作だけでなくデザイン自体の確認も必要で、目視確認する場合もあります。そういった試験は、結合試験の項目と部分的に被る場合もあります。UI試験をどこまで自動化するかは、状況に応じてバランスを考える必要があるのです。

UI試験の自動化は、Googleのように長期間運用され、かつ多くの人に使用されるサービスなどに向いていると思われます。そのようなサービスの多くは開発環境にCI（継続的インテグレーション）の仕組みが導入されているので、UI試験コードを組み込み、改修のたびにCIのサイクルの中で試験を自動実行し、より品質のよいサービスを早期に提供できます。

時間が十分に取れる場合は、Androidアプリであっても、新規アプリであっても、UI 試験を自動化したほうがよいのですが、その準備にかかるコストを考えると、UI 試験以上にロジック部分の試験に力を入れるほうが現実的な場合が多くあります。前述のとおり、長期間運用しているアプリやサービスでは、UI 試験の自動化を推進するのも品質を上げる施策としてよいのではないかと思います。

また、極力 UI 試験を減らせるよう、UI とロジックの実装を切り離し、試験しやすい実装にしておくことも重要です。

110 継続的インテグレーションを行う

CI（Continuous Integration：継続的インテグレーション）はビルドやテストを継続的に行う開発手法で、この手法を取り入れると不具合などの問題を早期に発見できます。複数プログラマで開発を進める場合などは、それぞれが作成したモジュールを結合するまで問題が発見できないことがありますが、結合時になってから問題が発覚すると納期やコストへの影響が大きくなってしまいます。そういった潜在的な問題も、できるだけ早い段階で発見することが重要です。

現在普及しているJenkinsやTravis CIといったCIツールは開発中のさまざまなプロセスを自動化してくれるので、開発者の負担を軽減することができます。

Androidアプリ開発にCIツールを導入する場合、その用途は「最新バージョンを開発者以外の人に配布、試験してもらう」「すでに運用中のアプリの保守プロジェクトで定期的にテストを行いたい」などプロジェクトによって異なりますが、一般的には以下の用途・流れで使われることが多いと思います。

1. Git・SVNリポジトリからソースコードを取得する
2. ビルドを行う
3. 単体テストを行う
4. 品質解析を行う
5. 配布する

この流れのいずれかが失敗するとメールなどで失敗の内容が関係者に通知されます。上記を定期的、またはコミット時に行い、品質を担保します。アプリの配布にはDeployGateといったサービスを利用すると便利です。

■ CI環境を作る

Bitbucket（Gitリポジトリのホスティングサービス）からソースを取得して、Androidのビルドと単体テストをJenkinsに登録してCI環境を作ってみます。

▼URL　Jenkins のインストール

```
https://jenkins.io/
```

上記サイトの「Download Jenkins」リンクから Jenkins をダウンロードします。ダウンロード形式がいくつかあるので、環境に応じたファイルをダウンロードしましょう。Jenkins はサーブレットなので、Tomcat などのサーブレットコンテナが動いている環境であれば、war をダウンロードし、サーブレット用のフォルダに配置し、展開されれば利用可能です。Windows 環境であれば、インストーラをダウンロードすることも可能です。今回はサーバコンピュータなどは用意せず、ローカル環境にインストールする前提で進めます。

インストールが完了したらブラウザで以下にアクセスします。

▼URL　ローカル環境の Jenkins にアクセスする URL

```
http://localhost:8080/
```

すると次のような画面が表示されます。

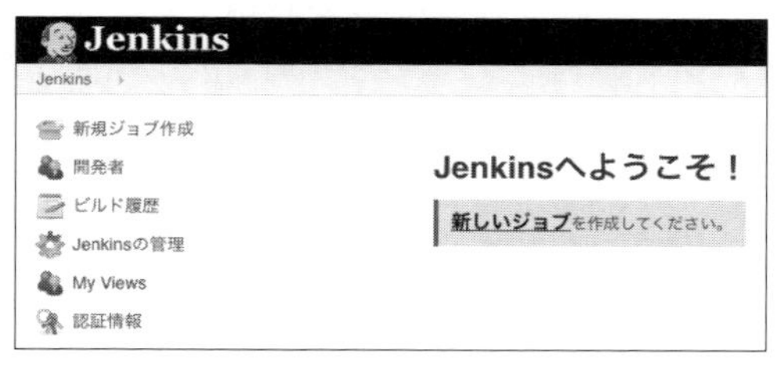

図 9.21　Jenkins 起動画面

■ Jenkins を設定する

まずは、Jenkins の処理結果を受け取れるよう、通知メールの設定を行いましょう。Jenkins のトップ画面から「Jenkins の管理」→「システム設定」リンクをたどります。システム設定画面に「E-mail 通知」欄があるので、ここに Jenkins からメール送信するための設定を入力します。以下のような入力欄があるので、該当する値を指定します。

表 9.5　Jenkins の E-mail 通知設定項目と入力例

SMTP サーバー	smtp.gmail.com
SMTP 認証	チェックを入れる
ユーザー名	xxx@gmail.com
パスワード	SMTP サーバにログインするためのパスワード
SSL	チェックを入れる
SMTP ポート	465

次に「GitBucket」プラグインをインストールします。このプラグインを導入することでJenkinsからGitリポジトリにアクセスできるようになります。今回は前述のとおりGitリポジトリにBitbucketを使います。

■ ジョブを作成する

Jenkinsの基本的な設定ができたら、Jenkinsの新規ジョブを作成します。Jenkinsのトップから「新規ジョブ作成」を選択し、新規ジョブ作成画面の最初にあるジョブ名入力欄に適当なジョブ名を指定し、その下の選択肢から「フリースタイル・プロジェクトのビルド」を選択します。

ジョブが生成できたら、GitBucketプラグイン関連の設定を行います。まず、ソースを保持しているBitbucketリポジトリのトップページへのURLを指定します。ここに指定したURLのリンクがジョブの画面に表示されます。

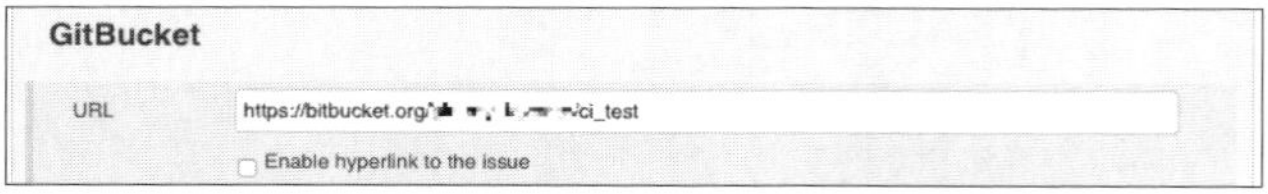

図 9.22　GitBucket の URL 設定

次に「ソースコード管理」画面ではリポジトリに接続するのに必要な情報を入力します。「Repository URL」欄にはBitbucket上の、ソースリポジトリ自体のURLを入力します。.gitで終わるURLです。「Credentials」欄に追加ボタンがあるので、このボタンを押すとBitbucketユーザーの設定を追加できます。ここにユーザー名とパスワードを指定し、「Branches to build」にGitのブランチ名を指定します。

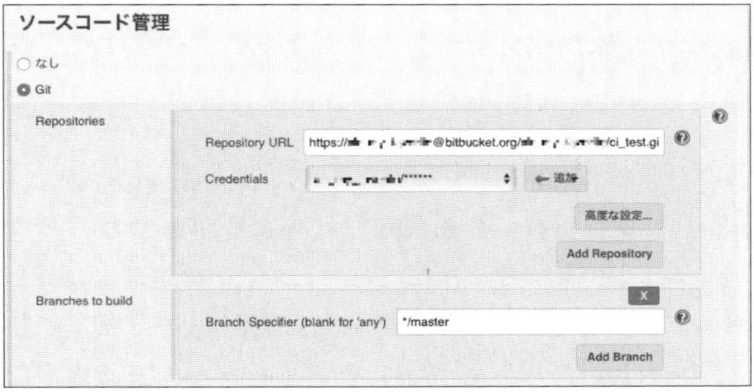

図 9.23 GitBucket のソースコード管理画面

「ビルド・トリガ」画面では、どのタイミングでビルドを行うか指定できますが、ここでは「定期的に実行」をチェックして定期実行させましょう。スケジュールは「分 時 日 月 年」で設定が可能です。今回の例では分に「H」、時に「9」を指定してみました。分に「H」を指定すると、0〜59分のいずれかの値がセットされます。この値はプロジェクト名のハッシュから計算されるので、毎回同じ時間がセットされますが、プロジェクトごとに「H」の値は変わります。

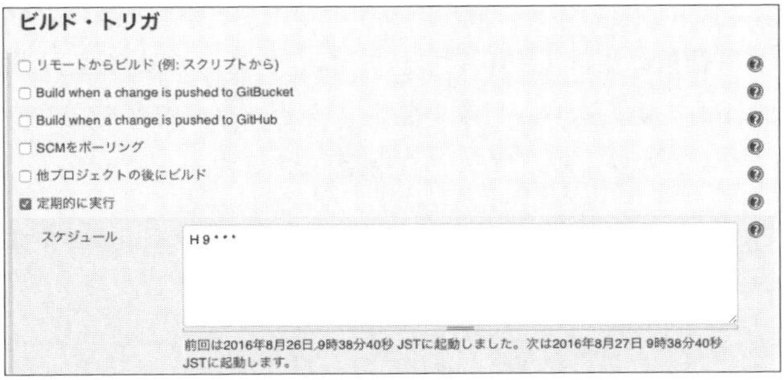

図 9.24 毎日9時〜9時59分のどこかで実行する例

「ビルド環境」画面ではビルド時に行う処理を設定します。「ビルド手順の追加」メニューがあるので、その中から「シェルの実行」を選択し、シェルスクリプトの入力欄に実行する命令を記載します。ここに指定した命令がJenkinsによって定期実行されます。以下はLinuxかMac OSを想定した処理ですが、Android SDKのインストールディレクトリを環境変数に指定し、Gradleビルドを実行しています。

▼シェルスクリプト

```
export ANDROID_HOME=/usr/local/android/sdk/
./gradlew test
```

ANDROID_HOME 環境変数は Jenkins のトップ画面から「Jenkins の管理」→「システムの設定」をたどり、「グローバル環境」画面からも設定可能です。

シェルスクリプトの設定ができたら、その次にある「ビルド後の処理」に「ビルド後の処理の追加」メニューがあるので「E-mail 通知」を選択して、宛先に任意のメールアドレスを追加すれば、ビルド完了時にメール通知を受けることができます。

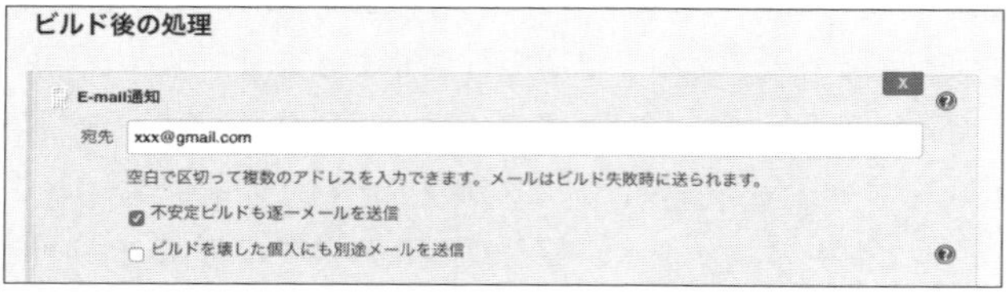

図 9.25 E-mail 通知

ビルド後の処理として、JUnit テストも設定してみましょう。「ビルド後の処理の追加」から「JUnit テスト結果の集計」が指定できます。「テスト結果 XML」入力欄に JUnit 試験結果の xml ファイルへのパスを設定すると、その内容を読み取り、集計してくれます。パスにはワイルドカードも指定可能です。

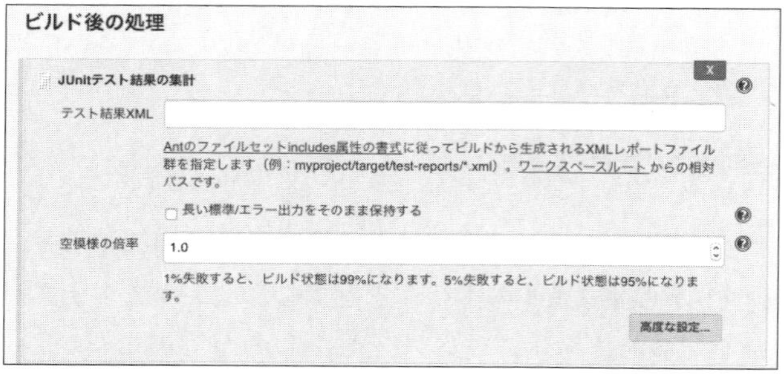

図 9.26 JUnit テスト設定

■ ジョブを実行する

作成したジョブを実行すると、「ビルド・トリガ」画面で設定した時間に定期的にビルド、テストが実行されます。結果は以下のようにグラフで表示されます。

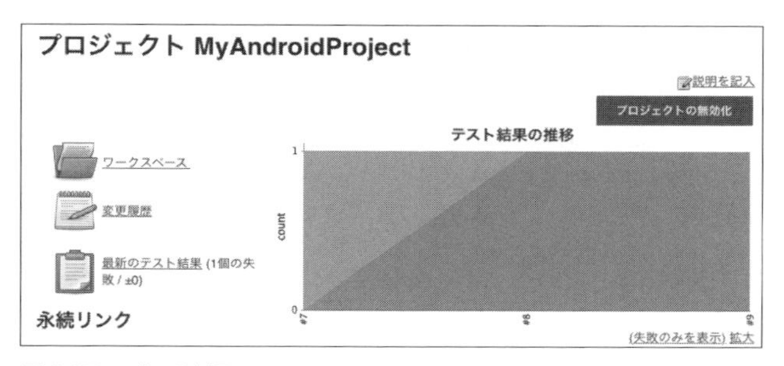

図 9.27 ビルド結果

ビルド結果のグラフ下部、横軸に #7、#8、#9 という番号が振られていますが、これはジョブ実行番号です。今回の場合1日1回実行した結果がグラフ表示されています。#8 から失敗の count 値が上がっているのがわかります。この時点からビルド実行が失敗しているのです。失敗したら E-mail 通知で設定したアドレスにメールが届くので、開発者は問題があったことと問題点を早期に発見できます。

「最新のテスト結果」リンクをたどればテスト結果の詳細も確認できるので、どのテストパターンで問題が発生したのか確認できます。

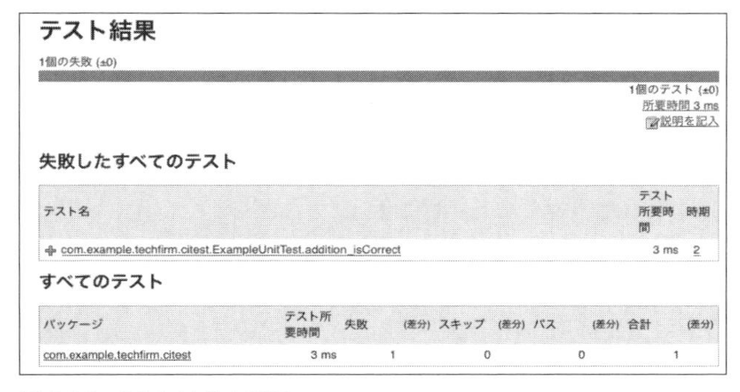

図 9.28 JUnit 結果の詳細

111 Bazelでビルドする場合を考える

Bazelは Googleが提供するビルドツールです。もともとはGoogle内部でサーバ用ソフトをビルドするのに使用していたツールですが、クライアントソフトウェア（Android、iOS）にも対応するよう拡張され、現在のBazelに至っています。サイズが小さく、ビルドも速く利便性が高いツールです。

▼URL　Bazel

```
https://bazel.build
```

Bazelのロードマップを見ると、Beta 0.7で2017 Q2からAndroid Studioで運用されると記載があり、Androidの開発で今後使用する機会が多くなると予想されます。

▼URL　ロードマップ

```
https://bazel.build/roadmap.html
```

以下に各プラットフォームでのインストール手順が記載されています。2017年1月時点ではWindows用の安定版がまだないので、以降の内容はUbuntuを前提に進めます。

▼URL　インストール

```
https://bazel.build/versions/master/docs/install.html
```

■Bazelの構成

Bazelを理解する上で、2つの重要な項目があります。

- **ワークスペース**
  Bazelがビルド作業を行うディレクトリで、このワークスペース内にビルドに必要なソースコードやビルド結果出力先のシンボリックリンクなどが含まれる。ワークスペース直下には必ずWORKSPACEファイルがあり、外部ライブラリとの依

存関係などが指定できる

- **ビルドファイル**
  BUILDというファイルを読み込み、どのようなビルド対象があるかを確認する。BUILDファイル内の記述はPythonの文法に似た仕様になっている。基本的にはビルドルールの定義で、入力ソース、結果出力、結果の生成方法が記される

まずはBazelを使ったかんたんなビルド設定を見ていきましょう。下記のようにワークスペース用のディレクトリと、その直下に設定ファイルを配置します。

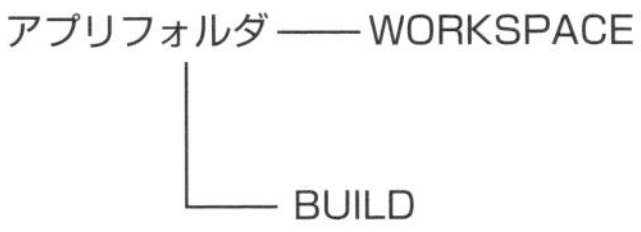

```
アプリフォルダ ―― WORKSPACE
      |
      └── BUILD
```

図9.29 Bazelワークスペースのディレクトリ構成

▼**コマンド** WORKSPACEファイルの作成

```
$ touch WORKSPACE
```

特に指定したい依存関係がなければ、WORKSPACEファイルは空でも構いません。ここではviで内容を記述せず、単にtouchコマンドでファイルを生成しています。

▼**コマンド** BUILDファイルの作成

```
$ vi BUILD
genrule(
  name = "hello",
  outs = ["hello_world.txt"],
  cmd = "echo Hello World > $@",
)
```

「genrule」という設定項目にはビルドのラベル、生成されるファイルの一覧と、それらファイルを生成するシェルコマンドを指定します。

「genrule」以外にもいくつか指定があります。BUILDファイルに記述する基本的なルールは以下に記されています。

▼URL　General Rules

```
https://bazel.build/versions/master/docs/be/general.html
```

BUILDファイルを記述したら、ビルドを実行します。

▼コマンド　ビルド実行

```
$ bazel build :hello
```

bazel buildの後にコロン＋BUILDファイルのgenruleに設定したname値（ラベル）を指定すると、そのgenruleに沿ってビルドを実行します。すると、ビルドに必要なソースファイルとは別のディレクトリにビルド結果が格納されます。今回の例では以下のフォルダに結果が出力されます。

▼実行結果

```
アプリフォルダ/bazel-genfiles/hello_world.txt
```

今回は動作が比較的シンプルなgenruleを使いましたが、基本的には言語に応じたルールセットを用います。対応している言語とルールは以下で確認できます。

▼URL　Language-specific Rules

```
https://bazel.build/versions/master/docs/be/overview.html#language-specific-↴
rules
```

■ Androidのビルド方法

次はAndroidプロジェクトをビルドしてみましょう。Android Studioでプロジェクトを作成すると以下のような構成のディレクトリが生成されます。

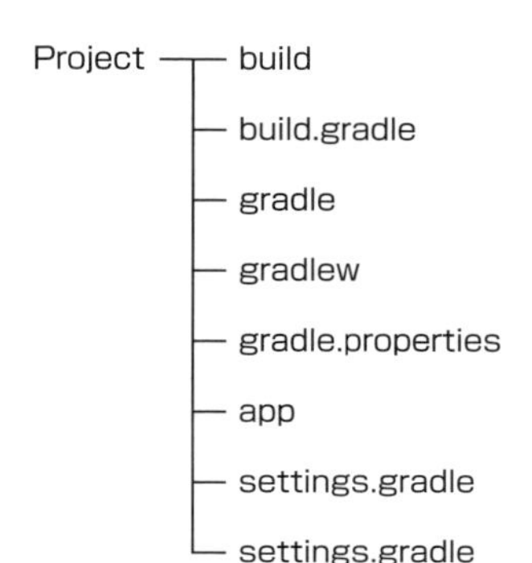

図 9.30 生成されるディレクトリ（抜粋）

Bazelでビルドするため、Android StudioのプロジェクトをBazelのワークスペース内に配置し、以下のようなディレクトリ構成にします。

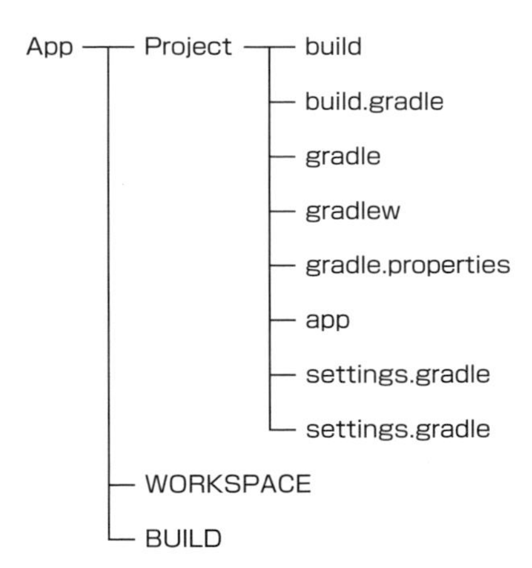

図 9.31 BazelでAndroidプロジェクトをビルドするディレクトリ構成

Android用のビルドルールがあるので、それらのルールを用いて設定ファイルを作成します。

▼**URL** Android Rules

`https://bazel.build/versions/master/docs/be/android.html`

▼コマンド　WORKSPACEファイルの編集

```
$ vi WORKSPACE
android_sdk_repository(
    name = "androidsdk",
    path = "/home/username/Library/Android/sdk",
    api_level = 23,
    build_tools_version="23.0.0"
)
```

▼コマンド　BUILDファイルの作成

```
$ vi BUILD
android_binary(
    name = "android",
    custom_package = "com.example.android",
    manifest = "Project/app/src/main/AndroidManifest.xml",
    resource_files = glob(["Project/app/src/main/res/**"]),
    deps = ["//external:android/appcompat_v7"],
)
```

前の例のように、bazelコマンドにbuildオプションと、コロンを付けたラベルを指定し、ビルドを実行します。

▼コマンド　Bazelでビルド実行

```
$ bazel build :android
```

この設定でBazelを実行すると、以下のディレクトリにビルド結果が格納されます。

▼コマンド　ファイル出力場所のファイル一覧出力

```
$ ls -l WORKSPACE/bazel-bin/android
```

ビルド後、以下のコマンドで端末にインストールできます。

▼コマンド　Bazelで端末にアプリをインストール

```
$ bazel mobile-install //android:android
```

112 単体試験しやすい実装を考える

品質を上げるためには単体試験を行うことが1つの重要なポイントになりますが、Androidアプリ開発ではUIとビジネスロジックが切り離せないような構造になりやすく、単体試験がしにくい、あるいはできないという状況になりがちです。

たとえば、Activity内でAsyncTaskを定義して非同期にデータ取得を行うといった構造にした場合、取得したデータの状態を判定するロジック（成功／失敗／データの整合性チェックなど）も必然的にActivity内に実装されることになります。

結果、以下のようなデメリットが発生します。

- Activityが肥大化する
- ビジネスロジックの単体試験ができない
- 肥大化したコードの運用（修正／追加対応）コストがかさむ

そのため、最近ではさまざまなソフトウェアアーキテクチャパターン[注2]（MVP、MVVM、DDD、UCDD）を参考にアプリを設計・実装することが増えてきています。

Webアプリケーション開発では、MVC（Model-View-Controller）というパターンがよく使用されます。MVCはViewが画面表示、Modelがビジネスロジックやアプリケーションデータ、Controllerがユーザーからのリクエストを受け取ってModelを起動する、という構造です。Androidにたとえると、ViewはActivityやFragmentで、ControllerがAsyncTaskなど、Modelは独自のビジネスロジックやデータと考えることもできます。この考えを踏まえて設計・実装しても、実際には前述のようにActivity内にビジネスロジックが含まれてしまうパターンが発生することもあり、ViewとModelが切り分けにくい場面もあります。

こういったことが起こらないようにMVP（Model-View-Presenter）のソフト

注2 ソフトウェアアーキテクチャパターンはさまざまな解釈があるので、本書の内容はその中の1解釈としてとらえてください。

ウェアアーキテクチャパターンを参考にしてAndroidを実装してみましょう。
MVPはMVCと似ています。違うのはControllerがPresenterになり、Presenterは ViewとModelの仲介役を担う点です。
MVPを使用すると以下の利点を得られます。

- UIを独立させられる
- 単体試験がしやすくなる
- フレームワークに依存しにくくなる

■ MVPパターンでAndroidアプリを実装する

Activity上でボタンを押下すると、入力した郵便番号を該当する住所に変換して画面に住所の文字が表示されるアプリをMVPパターンで作ります。
今回のサンプルでは非同期処理にRxJavaライブラリを使用します。

▼URL　RxJava

```
https://github.com/ReactiveX/RxJava
```

処理を非同期に実行することで、ロジック部分に時間のかかる処理が含まれても大丈夫になります。

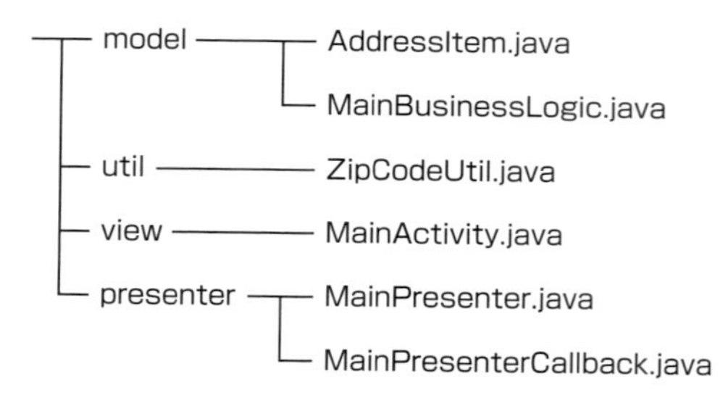

図9.32　MVPパターンでのパッケージ構成

▼リスト　住所情報を保持するAddressItemクラス

```
public class AddressItem {
    public String name;
    public AddressItem(String name) {this.name = name;}
}
```

▼**リスト** ロジック部分である住所変換を行うZipCodeUtilクラス

```
public class ZipCodeUtil {
    public static String convertAddress(String text) {
        // サンプルなので郵便番号2パターンのみ。
        if (text.equals("163-1490")) {
            return "東京都新宿区西新宿";
        } else if (text.equals("150-0042")) {
                return "東京都渋谷区宇田川町";
        } else {
            return "-";
        }
    }
}
```

▼**リスト** ロジック呼び出しや結果の管理を担うMainBusinessLogicクラス

```
public class MainBusinessLogic {
    public void convertLogic(
        final MainPresenterCallback mainActivity,
        final String zipCode) {
        Observable.create(new Observable.OnSubscribe<AddressItem>() {
            @Override
            public void call(Subscriber<? super AddressItem> subscriber) {
                AddressItem item =
                    new AddressItem(ZipCodeUtil.convertAddress(zipCode));
                subscriber.onNext(item);
                subscriber.onCompleted();
            }})
                .subscribeOn(Schedulers.newThread())
                .observeOn(AndroidSchedulers.mainThread())
                .subscribe(new Subscriber<AddressItem>() {
                    @Override
                    public void onCompleted() {
                    }
                    @Override
                    public void onError(Throwable e) {
                    }
                    @Override
                    public void onNext(AddressItem item) {
                        if (item == null || "-".equals(item.name)) {
```

```
                            mainActivity.showErrorMessage("登録されていない住⤵
所です");
                        } else {
                            mainActivity.showAddress(item);
                        }
                    }
                });
    }
}
```

▼リスト　ロジックの結果を受け取るインターフェース

```
public interface MainPresenterCallback {
    void showAddress(AddressItem item);
    void showErrorMessage(String message);
}
```

▼リスト　ロジックの呼び出し口となるMainPresenterクラス

```
public class MainPresenter {
    private MainPresenterCallback callback;
    public MainPresenter(MainPresenterCallback callback) {
        this.callback = callback;
    }
    public void convert(final String zipCode) {
        new MainBusinessLogic().convertLogic(callback, zipCode);
    }
}
```

▼リスト　画面本体のMainActivityクラス

```
public class MainActivity extends AppCompatActivity
        implements MainPresenterCallback {

    TextView mTextView;

    private static MainPresenter presenter;

    @Override
    protected void onCreate(Bundle savedInstanceState) {
        super.onCreate(savedInstanceState);
        setContentView(R.layout.activity_main);
```

```
        presenter = new MainPresenter(this);
        mTextView = (TextView) findViewById(R.id.text);
        findViewById(R.id.button).setOnClickListener(
            new View.OnClickListener() {
            @Override
            public void onClick(View view) {
                presenter.convert("163-1490");
            }
        });
    }

    @Override
    public void showAddress(@Nullable AddressItem item) {
        mTextView.setText(item.name);
    }

    @Override
    public void showErrorMessage(String message) {
        Toast.makeText(MainActivity.this, message, Toast.LENGTH_SHORT).show();
    }
}
```


■ ライブラリを使用する

MVPパターンで実装したアプリは単体試験がやりやすくなります。ロジックの単体試験はMockitoのライブラリを使用すると簡素にわかりやすくなります。モックライブラリはクラス間に依存するようなクラスに依存しないモックを作成して、戻り値を任意に設定したり検査したりすることができます。

bulid.gradleに下記を追記します。

▼リスト　bulid.gradle内dependenciesでのMockitoライブラリ指定

```
dependencies {
    androidTestCompile 'org.mockito:mockito-core:1.9.5'
    androidTestCompile 'com.google.dexmaker:dexmaker:1.2'
    androidTestCompile 'com.google.dexmaker:dexmaker-mockito:1.2'
}

@RunWith(MockitoJUnitRunner.class)
public class MainPresenterTest {
```

```
    @Mock
    MainPresenterCallback mMainPresenterCallback;

    @InjectMocks
    private MainPresenter mMainPresenter;

    @Before
    public void setUp() throws Exception {
        mMainPresenter = new MainPresenter(mMainPresenterCallback);
    }

    @Test
    public void checkItemMeet() throws Exception {
        ArgumentCaptor<AddressItem> captor = forClass(AddressItem.class);
        mMainPresenter.convert("163-1490");
        Thread.sleep(100);
        verify(mMainPresenterCallback, times(1)).showAddress(captor.capture());
        assertThat(captor.getValue().name, is("東京都新宿区西新宿"));
    }

    @Test
    public void checkItemDrink() throws Exception {
        ArgumentCaptor<AddressItem> captor = forClass(AddressItem.class);
        mMainPresenter.convert("150-0042");
        Thread.sleep(100);
        verify(mMainPresenterCallback, times(1)).showAddress(captor.capture());
        assertThat(captor.getValue().name, is("東京都渋谷区宇田川町"));
    }

    @Test
    public void checkErrorMessage() throws Exception {
        ArgumentCaptor<String> captor = forClass(String.class);
        mMainPresenter.convert("169-0072");
        Thread.sleep(100);
        verify(mMainPresenterCallback, times(1))
            .showErrorMessage(captor.capture());
        assertThat(captor.getValue(), is("登録されていない住所です"));
    }
}
```

たとえば上記テストにも含まれている下記コードは、mMainPresenterCallbackがshowAddressメソッドを1回だけ呼び出しているか検証します。その後、showAddressに渡される引数のStringの結果をArgumentCaptorクラス（例ではcaptor変数）を使用して取得し、次のassertThatメソッド内で取得した値の検証を行います。

▼リスト テストメソッド内の検証実行部分

```
verify(mMainPresenterCallback, times(1)).showAddress(captor.capture());
assertThat(captor.getValue().name, is("東京都渋谷区宇田川町"));
```

これでUIとビジネスロジックを切り離すことができました。View以外の部分の単体試験を行うことができると思います。

ただし、MVPを参考にしてAndroidを実装すると、以下のような欠点もあります。

- 実装量が増える
- 冗長的なコードが増える

小規模や少人数の開発やデモアプリ（正常系だけ動けばよいなど）を作るときには煩わしいかもしれません。しかし大人数や規模が大きい場合、冗長的な作りのため、俗人性の排除やコードレビューがしやすくなるなどの利点もあります。

設計をする場合には、まずはやりたいことの目的が大事です。たとえばMVPより生産性やコード量を減らしたい場合は、MVVMなどでDataBindingを使用することなどが考えられます。また、大人数で開発するため機能ごとの役割をしっかりしたい場合はDDD、UCDDなどのソフトウェアアーキテクチャを参考にして、ドメイン層でパッケージや処理を切り分けたりします。

Androidは開発に有効なライブラリが増えてきており、スピードやコストを求められていますが、反面、品質も求められます。どういうやり方で実現していくか考えるのも、品質を上げる有効な手です。

第10章

Google Playでアプリを安全にリリースする

113 公開制限の必要性を理解する

理想を言えば、すべてのOS、端末をサポートし、より多くのユーザーにアプリをインストールしてもらうことが望ましいでしょう。しかし、現実にはすべてをサポートすることはできません。

アプリで利用しているAPIレベルやライブラリ、ハードウェア特徴を考慮し、正しい動作を保証できないOSや端末にはインストールできないよう制限することで、保証外のOS、端末でアプリを利用した時に発生するユーザビリティの低下や不具合の発生を抑えることができます。これらは、AndroidManifest.xmlファイルで設定します。

制限を設定したうえで公開することで、指定されたOS、端末以外ではGoogle Playに表示されないようになります。ただし、設定を誤ると本来利用してもらいたいユーザーにも表示されないようになってしまいます。設定には注意が必要です。

114 API Level で公開を制限する

OSのバージョンで公開を制限する時、実際に設定する値はAPI Levelで、OSバージョンと対になっています。API Levelについては、第1章の「Androidのバージョンを選定する」とともに、以下の公式サイトを参照してください。

▼URL　Android Developers - API Level

```
https://developer.android.com/guide/topics/manifest/uses-sdk-element.
html#ApiLevels
```

API Levelの指定には、uses-sdkエレメントを利用します。

uses-sdkエレメントには、minSdkVersion、maxSdkVersion、targetSdkVersionの3つの属性があります。

▼リスト　uses-sdkエレメントの例

```
<uses-sdk
    android:minSdkVersion="8"
    android:maxSdkVersion= "10"
    android:targetSdkVersion="8" />
```

minSdkVersionとtargetSdkVersionは必ず指定します。

minSdkVersionとmaxSdkVersionは、アプリが実行可能なAPI Levelの上限と下限を示しています。minSdkVersionが下限で、maxSdkVersionが上限となり、範囲外のAPI Levelの端末ではインストールできなくなります。

minSdkVersionを指定しない時は、初期値の「1」が反映され、Android 1.0でも動作可能になってしまいます。必ず指定しましょう。

maxSdkVersionは、特別な理由がない限り、指定する必要がありません。というのも、Androidアプリは上位互換となるため、今後もAndroid OSがバージョンアップされることを考えると、不必要なmaxSdkVersionを指定すれば、新OSでアプリをインストールできないことになるからです。

targetSdkVersionは、アプリが問題なく動作することを確認した最新のAPI Levelを指定します。

115 画面サイズや密度で公開を制限する

画面サイズと画面密度の指定によって、インストールさせる端末を制限することができます。

指定の方法には、supports-screensエレメントを利用する方法と、compatible-screensエレメントを利用する方法があります。supports-screensエレメントによる指定でカバーしきれない細かな指定は、compatible-screensエレメントで指定します。

▼リスト　supports-screensエレメントの構文

```
<supports-screens android:resizeable=["true"| "false" ]
                  android:smallScreens=["true" | "false" ]
                  android:normalScreens=["true" | "false" ]
                  android:largeScreens=["true" | "false"]
                  android:xlargeScreens=["true" | "false" ]
                  android:anyDensity=["true" | "false" ]
                  android:requiresSmallestWidthDp= "integer"
                  android:compatibleWidthLimitDp= "integer"
                  android:largestWidthLimitDp="integer" />
```

対象とするおもな画面サイズには、smallScreens、normalScreens、largeScreens、xlargeScreensを指定します。これら以外の属性については、第8章の「対応する画面サイズを指定する」や以下の公式リファレンスを参照してください。

▼URL　Android Developers - <supports-screens>

```
https://developer.android.com/guide/topics/manifest/supports-screens-element.
html
```

▼リスト　compatible-screensエレメントの構文

```
<compatible-screens>
    <screen android:screenSize=["small" | "normal" | "large" | "xlarge"]
            android:screenDensity=["ldpi" | "mdpi" | "hdpi" | "xhdpi"] />
    ...
</compatible-screens>
```

▼ **URL** Android Developers - <compatible-screens>

```
https://developer.android.com/guide/topics/manifest/compatible-screens-element.
html
```

compatible-screensエレメントでは、画面サイズと画面密度を組み合わせて指定できます。screen属性の値として、screenSizeとscreenDensityがあり、それぞれの値を組み合わせます。

画面サイズごとに画面密度を組み合わせて指定できますが、細かな指定が必要ない場合は、前述のsupports-screensエレメントの指定で十分です。

■ 高解像度に注意する

現時点で、screenDensityには、フルHDの「xxhdpi」を指定できません。この高解像度に対応する場合は、おおよその閾値として「480」を指定します。

高解像度化が進み、スマートフォンでscreenSizeはnormalなのに、画面密度がxxhdpiという端末も出てきています。切り分けるには、compatible-screensエレメントの画面サイズと画面密度の組み合わせを利用した設定が必要となります。

116 搭載機能で公開を制限する

端末に搭載されたハードウェアでインストールを制限できます。

ハードウェアでの制限には、uses-configuration エレメントを利用します。制限できる要素には、キーボードを必要とするか、キーボードの種類、またはトラックボールやナビゲーションの設定などもあります。ペンによるタッチや、タッチスクリーンを必要としないものなどは、特殊なアプリを作らない限り、特に指定する必要はないものだと思います。

▼リスト　uses-configuration エレメントの構文

```
<uses-configuration
  android:reqFiveWayNav=["true" | "false"]
  android:reqHardKeyboard=["true" | "false"]
  android:reqKeyboardType=["undefined" | "nokeys" | "qwerty" | "twelvekey"]
  android:reqNavigation=["undefined" | "nonav" | "dpad" | "trackball" | "wheel"]
  android:reqTouchScreen=["undefined" | "notouch" | "stylus" | "finger"] />
```

▼URL　Android Developers - <uses-configuration>

```
https://developer.android.com/guide/topics/manifest/uses-configuration-element.html
```

117 ライブラリで公開を制限する

アプリにリンクする必要がある共有ライブラリの指定で公開を制限できます。

対象の共有ライブラリが端末に含まれていない場合は、アプリをインストールできません。ライブラリ名は「name属性」にパッケージを指定します。また、required属性にtrueを指定することで必須のライブラリとなり、インストールの制限が可能となります。

▼リスト　uses-libraryエレメントの構文

```
<uses-library android:name="string"
              android:required=["true" | "false"] />
```

▼URL　Android Developers - <uses-library>

```
https://developer.android.com/guide/topics/manifest/uses-library-element.html
```

118 公開端末一覧を確認する

Google デベロッパコンソールでバイナリをアップロードすると、AndroidManifest.xml の設定内容を元に、サポートされる端末が「端末の互換性」として自動的に一覧表示できるようになります。ここで表示される端末は、インストールが可能な端末です。

この一覧情報は、端末の発売に合わせて、定期的に Google 側が更新しています。Manifest ファイルでインストールを制限した端末は対応外となっているはずなので、確認しましょう。

図 10.1 デベロッパコンソール APK 画面

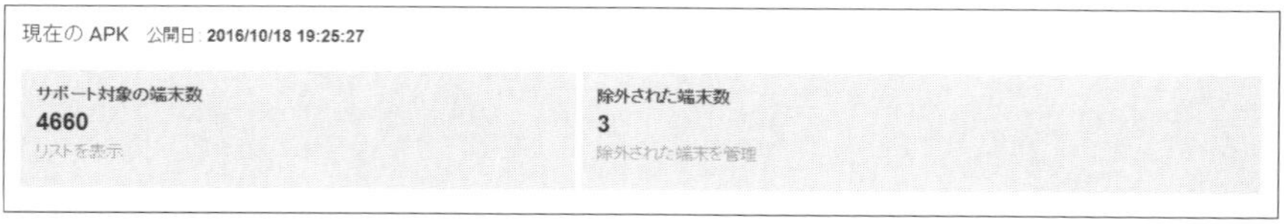

図 10.2 対応端末と除外端末

一覧には「サポート対象の端末数」と「除外された端末数」が表示され、それぞれ具体的な端末名を確認できます。

119 端末のフィルタリングを確認する

本来、対応外としたい端末がManifestファイルの制限指定から漏れて、「サポート対応」の一覧に含まれていることもあります。そんな時は、その端末を直接対応から除外できます。

端末のチェックを無効にすることで、その端末は「除外された端末」の一覧へ移り、Google Playからのインストールを制限できます。

図 10.3 デベロッパコンソール 端末の互換性一覧画面

図10.3のように、対応となった端末が一覧で表示されます。初期表示ではすべて有効となっていますが、スイッチで除外端末へ切り替えることが可能です。公開中のアプリでも、この設定変更で特定端末を対応外に変更できます。ただし、実際にGoogle Playストアに反映されるまでには、アプリ公開と同様に、時間が

かかります。

制限が反映されると、当該端末へアプリのインストールができなくなります。Google Play で検索をしても、表示されません。

アプリの詳細ページの URL を直接指定するとページは見られますが、非対応のエラー文言が表示され、インストールはできないようになります。次項で説明するテスト用配布でも、インストールできない状態となります。

図 10.4　非対応のアプリを表示

図 10.4 は、非対応端末で Google Play のアプリ画面を確認した際のイメージです。テスト配布時も、図と同じように非対応であるメッセージが表示されて、アプリをインストールできません。

■ キーワード検索で気をつけること

「端末の互換性」画面の一覧検索で「Nexus 7」というキーワードで検索すると結果が 4 件出ます。これは同じ端末でもハードウェアスペックが異なる機種が発売された場合に発生する状況です。

また、ソフトバンクの「402HW」は「MediaPad 10 Link」と登録されているなど、シリーズと機種番号のどちらかで登録されているかは実際に見てみないとわかりません。

120 テスト用バイナリを配布する

ビルドが完了し、バイナリを作成したら、テストを行います。テストのためにバイナリを端末へインストールする方法には、USB経由、SDカードの利用、またはメール添付などがあります。

もし、バイナリの配布方法に迷っていたり、現在は手間がかかる方法を採用しているなら、Google Playデベロッパコンソールで提供されている「Beta Testing」機能の利用を検討してください。Beta Testing機能では、アルファ版テスト、ベータ版テストのバイナリをGoogle Playと同じようにWeb上に公開して、特定のユーザーや、共有ユーザーにダウンロードさせることが可能です。

テスト用のバイナリ配布がかんたんにできることだけでなく、テストを完了した同じバイナリをスムーズに製品版へと移行できます。

テストの実施方法は3種類あります。

- **クローズドアルファ／ベータ版テスト**
  少人数グループ向けにテストを実施したい場合、個々のユーザーのメールアドレスを登録してテストを実施できる。最大2,000ユーザーを登録できるリストを最大50まで作成可能

- **オープンアルファ／ベータ版テスト**
  大規模グループ向けにテストを実施したい場合、URLリンクを共有してだれでもテストを実施できるようにする。テストユーザーの上限（最低1,000～上限なし）を設定することも可能

- **Googleグループまたは Google＋コミュニティを使用するアルファ／ベータ版テスト**
  特定のグループ向けにテストを実施したい場合、URLリンクを共有してGoogleグループまたはGoogle＋コミュニティのメンバーだけでテストを実施できる

アルファ版テストとベータ版テストはどちらを使用しても構いませんが、結合

試験、受け入れ試験など、フェーズごとに管理して使い分けるほうがよいでしょう。テストのクローズド、オープン、グループ指定は当然いずれか1つしか選べません。クローズドアルファ、オープンベータというように、どのフェーズでどの範囲の試験をするのか決めておき、使い分けるようにしましょう。

121 ベータ版テスト、アルファ版テストを実施する

テスト用のバイナリのアップロードは、「APK」の「ベータ版テスト」「アルファ版テスト」のそれぞれのタブ画面にて行います。テストの内容に合わせてベータ版、アルファ版を選択してください。

図 10.5　デベロッパコンソール バイナリアップロード画面

図 10.5 のように、製品版、ベータ版、アルファ版のタブ画面でバイナリをアップロードできます。

注意点として、バージョンコードの指定があります。バイナリは何度でもアップロード可能ですが、バージョンコードの管理は製品版、ベータ版、アルファ版とで共有されます。アップロードのたびにバージョンコードをインクリメントさせることに注意してください。同じバージョンコードでの再アップロードはできません。

122 テスターグループを設定する

テスターの登録はGoogle Play デベロッパコンソールで対象のアプリを選択し、「APK」→「ベータ版テスト／アルファ版テスト」で行います。

■ クローズドベータ版／アルファ版でテスターを追加する

登録を行うために、APKのベータ版／アルファ版の「クローズドベータ版／アルファ版テストを設定」を押下後、「リストを作成」のボタンを選択して、テスター追加画面を表示してください。

図 10.6 デベロッパコンソール テスターグループ追加画面

■ オープンベータ版／アルファ版でテスターを追加する

だれでも試験に参加できるようにするためには、「オープンアルファ版テストを設定」（もしくは「オープンベータ版テストを設定」ボタンを押下後、「テスターの最大数」を入力します。テスター最大数に指定できる最小の値は1,000人です。

図 10.7　デベロッパコンソール オープンアルファ／ベータテスター最大数設定画面

■ Google グループまたは Google ＋コミュニティでテスターを追加する

テスターを Google グループまたは Google ＋コミュニティ単位で追加することができます。「Google グループまたは Google ＋コミュニティでテスターを使用する」を押下後、「Google グループまたは Google ＋コミュニティ追加」でグループを入力します。

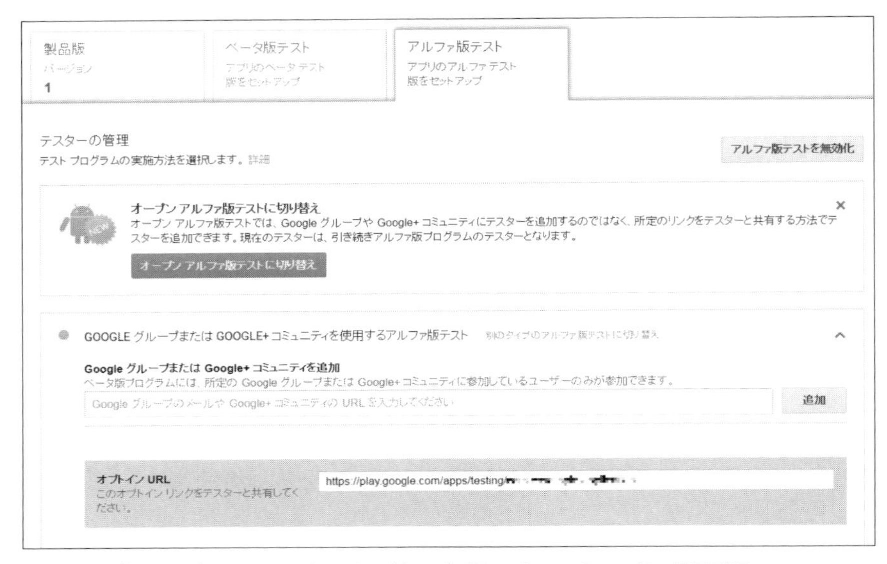

図 10.8 デベロッパコンソール Google グループ／Google+ コミュニティ追加画面

グループは複数追加可能なので、社内用、社外用、テストチーム用など、用途に応じてグループを複数分けて管理しておくとよいでしょう。

■ テスター登録

テスターになるためには、本人の承諾が必要となるので、各テスターに承諾とアプリのダウンロードリンクを送付します。以下のようなフォーマットの専用URLが表示されるので、そのURLをテスターに共有してください。

▼ **URL** 専用URLが表示される

```
https://play.google.com/apps/testing/（パッケージ名）
```

123 テスターを承認する

テスターとなるユーザーは、受け取った共有URLへアクセスして、テスターとしての承認を行います。承認は端末からURL先の画面で行います。

図10.9のような画面がブラウザで表示されるので、承認を行うために、「テスターになる」ボタンを選択してください。テスターになった後は、いつでもテスターを辞める（テストを終了する）ことが可能です。

テスターになると、Google Playで対象アプリのテスト版がダウンロードできます。ただし、テスターであり続けると、Google Playでは常にテスト版のアプリをダウンロードすることになります。製品版アプリをダウンロードしたい時は、テスターを辞める（テストを終了する）必要があります。テスターを辞めるには、図10.10の画面で「プログラムを終了」リンクを選択してください。

図10.9　端末ブラウザ テスター承認前画面

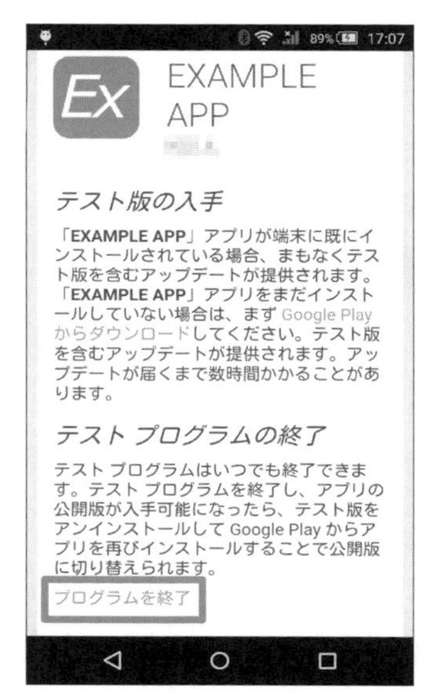

図10.10　端末ブラウザ テスター承認後画面

124 テスト版アプリをダウンロードする

テスターになったら、テスト版アプリをダウンロードします。ダウンロードURLは承認画面内にあります。

図 10.11 端末ブラウザ テスターアプリ DL リンク画面

図10.11で「Playストアから「(アプリ名)」をダウンロード」リンクを選択すると、Google Playのアプリページへ遷移します。

なお、テスターになったからといって、すぐにテスト版アプリのダウンロードが可能となるわけではありません。テスト版のアプリがGoogle Playに反映されるには、製品版同様に時間がかかるため、注意が必要です。バイナリのアップロードを行った後、十分に反映させる時間をおいてから、テスターに共有URLを送付したほうがよいでしょう。

125 バージョンアップ時の不備を避ける

アプリのバージョンアップ時には、新しいバイナリをアップロードしますが、バイナリのアップロードに失敗しないために、以下のチェックを行いましょう。「ベータ版テスト、アルファ版テストを実施する」に出てくる画面からapkをアップロードできますが、このアップロード作業にも以下のチェックが有効でしょう。

- パッケージ名が同じか
- バージョン番号がすでにアップロードされているバイナリより大きい値になっているか
- 署名が同じか
- バイナリの最適化はされているか
- リリース版とデバッグ版での処理切り替え

これらは、バイナリのアップロード時にGoogle Play側でチェックされ、問題があればエラーとなります。しかし、当然ですが、リリース版とデバッグ版の処理の切り替えはGoogle Play側でチェックしてくれませんので、前項のテスト版の配布によりしっかりと確認したうえで公開する必要があります。

126 署名を確認する

バージョンアップ時のバイナリは、すでに公開済みのバイナリと同じ署名である必要があります。署名のチェックは、以下のコマンドで確認できます。

▼実行結果

```
> jarsigner -verify -verbose -certs  Example.apk
         761 Sun Dec 08 19:31:08 JST 2013 META-INF/MANIFEST.MF
         882 Sun Dec 08 19:31:08 JST 2013 META-INF/TECHFIRM.SF
         943 Sun Dec 08 19:31:08 JST 2013 META-INF/TECHFIRM.RSA
sm      1564 Sun Dec 08 19:30:52 JST 2013 res/layout/activity_main.xml
      X.509, CN=androidman, OU=techfirm, O=techfirm, L=Tokyo, ST=Shinjyuku, C=JP

      [証明書は 13/12/08 19:18 から 41/04/25 19:18 まで有効です]
sm       464 Sun Dec 08 19:30:52 JST 2013 res/menu/main.xml
      X.509, CN=androidman, OU=techfirm, O=techfirm, L=Tokyo, ST=Shinjyuku, C=JP
      [証明書は 13/12/08 19:18 から 41/04/25 19:18 まで有効です]
sm      1696 Sun Dec 08 19:30:52 JST 2013 AndroidManifest.xml
      X.509, CN=androidman, OU=techfirm, O=techfirm, L=Tokyo, ST=Shinjyuku, C=JP
      [証明書は 13/12/08 19:18 から 41/04/25 19:18 まで有効です]
sm      2376 Sun Dec 08 19:30:52 JST 2013 resources.arsc
      X.509, CN=androidman, OU=techfirm, O=techfirm, L=Tokyo, ST=Shinjyuku, C=JP
      [証明書は 13/12/08 19:18 から 41/04/25 19:18 まで有効です]
sm      4453 Sun Dec 08 17:31:32 JST 2013 res/drawable-hdpi/ic_launcher.png
      X.509, CN=androidman, OU=techfirm, O=techfirm, L=Tokyo, ST=Shinjyuku, C=JP
      [証明書は 13/12/08 19:18 から 41/04/25 19:18 まで有効です]
sm      2018 Sun Dec 08 17:31:32 JST 2013 res/drawable-mdpi/ic_launcher.png
      X.509, CN=androidman, OU=techfirm, O=techfirm, L=Tokyo, ST=Shinjyuku, C=JP
      [証明書は 13/12/08 19:18 から 41/04/25 19:18 まで有効です]
sm      6847 Sun Dec 08 17:31:32 JST 2013 res/drawable-xhdpi/ic_launcher.png
      X.509, CN=androidman, OU=techfirm, O=techfirm, L=Tokyo, ST=Shinjyuku, C=JP
      [証明書は 13/12/08 19:18 から 41/04/25 19:18 まで有効です]
sm     13161 Sun Dec 08 17:31:32 JST 2013 res/drawable-xxhdpi/ic_launcher.png
      X.509, CN=androidman, OU=techfirm, O=techfirm, L=Tokyo, ST=Shinjyuku, C=JP
      [証明書は 13/12/08 19:18 から 41/04/25 19:18 まで有効です]
sm    689264 Sun Dec 08 19:30:52 JST 2013 classes.dex
```

```
      X.509, CN=androidman, OU=techfirm, O=techfirm, L=Tokyo, ST=Shinjyuku, C=JP
      [証明書は 13/12/08 19:18 から 41/04/25 19:18 まで有効です]
  s = 署名が検証されました。
  m = エントリがマニフェスト内にリストされます。
  k = 1 つ以上の証明書がキーストアで検出されました。
  i = 1 つ以上の証明書がアイデンティティスコープで検出されました。
jar が検証されました。
```

手動で署名を付ける場合は、二重署名などのミスが起きやすいので注意しましょう。Android Studio を使用して署名を付加した場合でも、必ずバイナリの署名を確認したほうがよいでしょう。

127 バイナリを最適化する

バイナリの最適化は、アプリ内の未圧縮データを整理し、アプリ起動時のメモリ消費量を抑える効果があります。バイナリアップロード時には最適化が必須となっています。なお、Android Studioなどで署名付きのビルドを行う場合は、最適化も一緒に行われます。

最適化は、署名済みのバイナリに対し、zipalignコマンドを実行します。対象バイナリ（Example.apk）と最適化後のバイナリ（Example_Release.apk）を指定します。

▼実行結果

```
> zipalign -f -v 4 Example.apk Example_Release.apk
Verifying alignment of Example_Release.apk (4)...
      50 META-INF/MANIFEST.MF (OK - compressed)
     529 META-INF/SACHOSTO.SF (OK - compressed)
    1070 META-INF/SACHOSTO.RSA (OK - compressed)
    1795 res/layout/activity_main.xml (OK - compressed)
    2436 res/menu/main.xml (OK - compressed)
    2747 AndroidManifest.xml (OK - compressed)
    3456 resources.arsc (OK)
    5896 res/drawable-hdpi/ic_launcher.png (OK)
   10412 res/drawable-mdpi/ic_launcher.png (OK)
   12496 res/drawable-xhdpi/ic_launcher.png (OK)
   19408 res/drawable-xxhdpi/ic_launcher.png (OK)
   32610 classes.dex (OK - compressed)
Verification succesful
```

最適化済かどうか確認するには、以下のように行います。

▼実行結果

```
> zipalign -c -v 4 Example_Relese.apk
Verifying alignment of Example_Relese.apk (4)...
      50 META-INF/MANIFEST.MF (OK - compressed)
     529 META-INF/SACHOSTO.SF (OK - compressed)
```

```
    1070 META-INF/SACHOSTO.RSA (OK - compressed)
    1795 res/layout/activity_main.xml (OK - compressed)
    2436 res/menu/main.xml (OK - compressed)
    2747 AndroidManifest.xml (OK - compressed)
    3456 resources.arsc (OK)
    5896 res/drawable-hdpi/ic_launcher.png (OK)
   10412 res/drawable-mdpi/ic_launcher.png (OK)
   12496 res/drawable-xhdpi/ic_launcher.png (OK)
   19408 res/drawable-xxhdpi/ic_launcher.png (OK)
   32610 classes.dex (OK - compressed)
Verification succesful
```

128 アプリの公開状況を確認する

Google Play にアップロードしたアプリの公開状況は、Google デベロッパコンソールで確認できます。Google デベロッパコンソールの「すべてのアプリ」では、アップロードしたアプリの一覧が表示され、その「ステータス」属性でアプリの公開状況を確認できます。

アプリ名	価格	有効/合計インストール数	平均評価 / 合計数	クラッシュと ANR	最終更新日	ステータス
EXAMPLE APP 1.0	無料	0 / 1	★ —	2	2016/10/19	公開中

1 / 1 ページ

図 10.12 デベロッパコンソール画面すべてのアプリ

Google Play にアプリを公開した後は、公開後のアプリに対する操作も押さえておきましょう。

アプリを公開した後、顧客からは公開中のアプリに対する問い合わせや不具合の調査、アプリに対する操作依頼などがあり、さまざまな対応が求められることが想定されます。じっくりと時間をかけられるものもあれば、緊急の対応が求められることもあります。

Google Play に公開すると、利用者からもフィードバックを受けることになります。多くの利用者がアプリを操作することで、試験では発見できなかった不具合や機能の追加、改善要望などが報告されることもあります。ストアのレビューを参考にすることで、不具合状況の把握や、顧客への改善策の提案などに役立ちます。公開後も気を抜くわけにはいかないのです。

Google Play での管理は、顧客が行う場合もあれば、開発会社側で行うこともあります。顧客側で行う場合でも、さまざまな機能を持つ管理画面の操作を顧客側ですべて行うのは難しいこともあり、操作方法に関する問い合わせも多いと思います。

顧客からの問い合わせには、次のようなものが考えられます。

- **Google Playの仕様について**
  「ストアの掲載情報」が実際のストア側でどのように表示されるのか？
  説明文を変更してほしい
  画面キャプチャを追加したいが、何枚まで追加できるのか？
- **アプリのダウンロード数**
  現在のアプリのダウンロード数を確認したい
- **緊急リリース**
  最新バージョンのアプリをすぐに公開してもらえないか？
- **クラッシュレポート**
  管理画面でクラッシュレポートを確認したいのだが、どうすればよいか？
- **アプリの非公開**
  すぐにアプリをストアからダウンロードできない状態にしてほしい

Google Playの仕様は、これまでも何度か変更されており、今後も変更がある可能性があります。迅速な対応ができるよう、仕様変更に注意し、顧客のサービスに影響が出るような変更の場合は、変更内容を顧客と共有しましょう。

129 アプリの公開状況を変更する

Google Playに公開したアプリをダウンロードできないようにするには、Google Playデベロッパコンソールからアプリを「非公開」にします。致命的な不具合が見つかった場合などに、ダウンロードできないようにするために、この処置を行うことがあります。なお、「非公開」にしたアプリは、再度「公開」にするとダウンロード可能にできます。

しかし、アプリの公開／非公開が反映されるには、最大で24時間かかることを前提に作業を行う必要があります。緊急とはいえ、すぐに公開／非公開が行われるわけではないのです。ちなみに、筆者の経験では、2〜4時間ほどでアプリの公開／非公開がGoogle Playに反映されています。

図10.13 デベロッパコンソール 公開ステータス画面

アプリを非公開にするには、画面左上にある「アプリの公開を停止」リンクを選択します。

なお、アプリを非公開にすることは可能でも、削除を行うことはできません。

130 レポートを確認する

「すぐアプリが落ちます」「エラーが表示されて進めません」といったレビューを見かけることがあると思います。アプリで異常が発生したことはわかりますが、どのようなエラーなのか、どの機能で発生したエラーなのかがわからないと、対応に苦慮します。

そのような場合に備え、エラーの内容を確認できる機能がGoogle Play Consoleにはあります。アプリがクラッシュした際に、エラーレポートを送信するしくみで、その結果をGoogle Play Console側で確認できるものです。とても便利な機能ですが、注意しなくてはならないのが、レポートの送信はユーザーに委ねられているという点です。アプリで発生したすべてのエラーが確認できるというわけではありません。

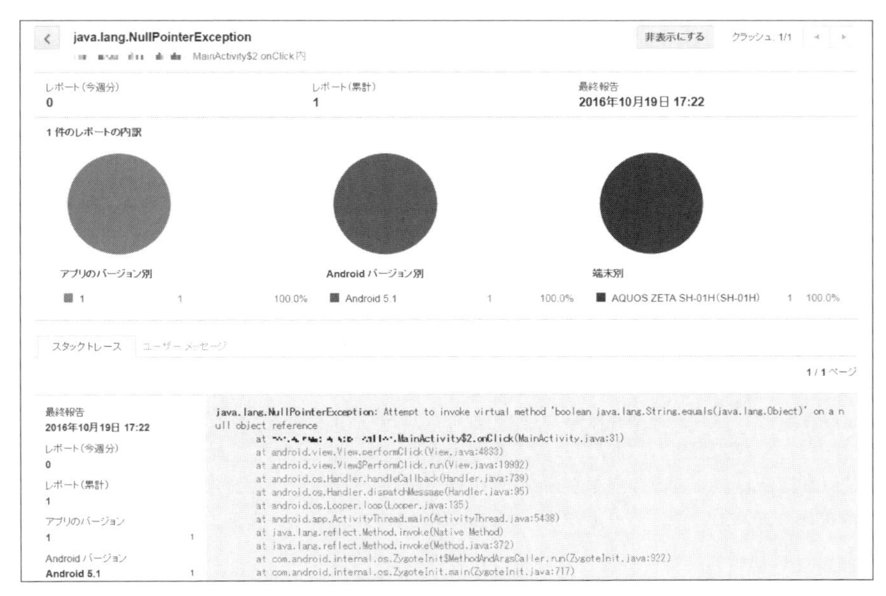

図 10.14 デベロッパコンソール ANR ログ画面

Google Play デベロッパコンソールで確認できるレポートの種類は、「クラッシュ」と「ANR」です。確認は「クラッシュと ANR」項目で行います。

確認できる内容は以下になります。

- レポート数（クラッシュとANR）
- 最終報告日
- アプリバージョン
- 端末情報
- エラー内容
- ユーザーメッセージ

エラー内容を確認する時は、対象のエラーを選択すると、「スタックトレース」タブからエラーコードが表示されます。

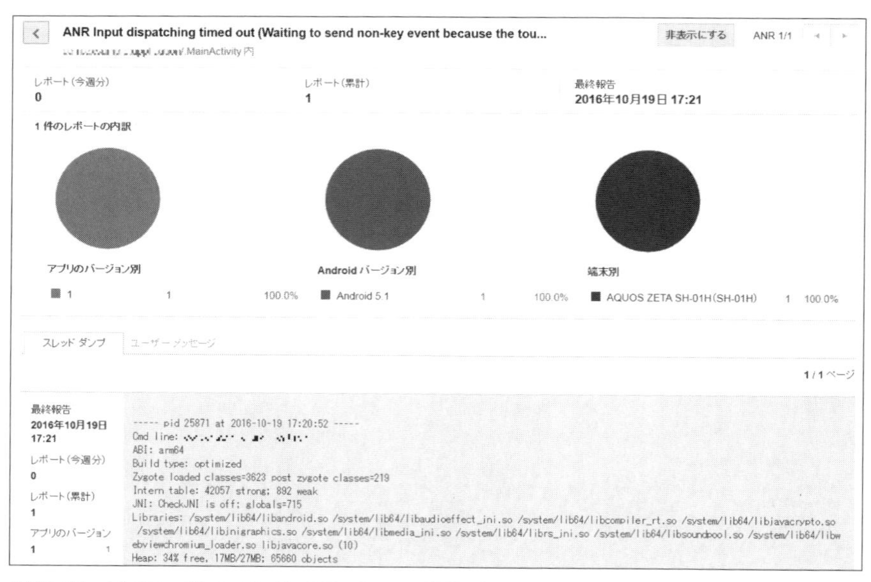

図 10.15 デベロッパコンソール クラッシュログ画面（スタックトレースタブ）

また、「ユーザーメッセージ」タブを選択すると、次の図のように、一覧でユーザーメッセージが表示されます。メッセージの入力もユーザーの任意であるため、メッセージが１つもない場合があります。

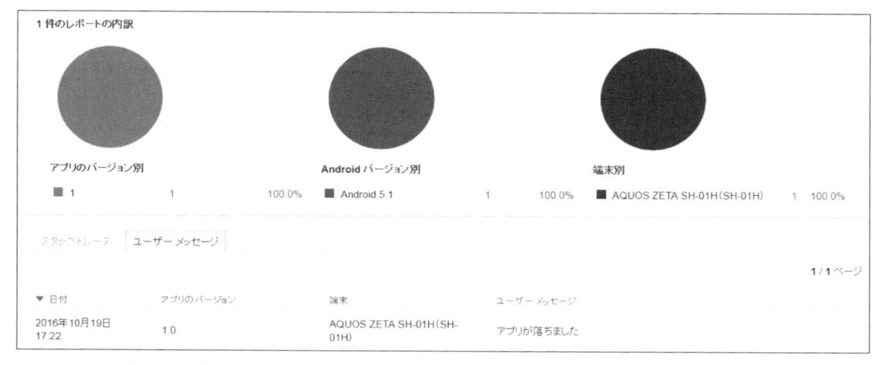

図 10.16　デベロッパコンソール ユーザーメッセージ画面

これらのデータは、以下の条件で絞り込むことができます。どのバージョンのアプリのエラーが、いつ、どんな端末で発生したかを確認できます。

- タイプ（クラッシュ｜ ANR）
- 最終報告日
- Android のバージョン
- アプリのバージョン
- 端末（フィルタ）

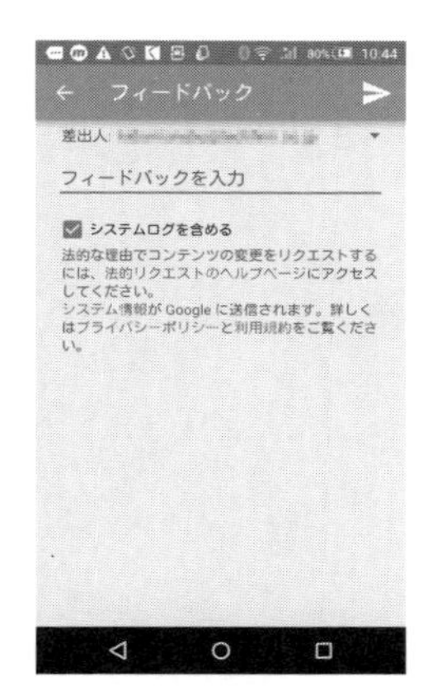

図 10.17　端末エラーフィードバック送信画面

これらは便利な機能ですが、前述のとおり、レポートの送信はユーザーに委ねられていますし、アプリ内のすべてのエラーを拾えるわけではありません。アプリの内容によって、厳密にエラーを確認する必要がある時は、エラー検知とエラー内容の送信機能をアプリ内に独自で実装することを検討したほうがよいでしょう。

索引 Index

記号・数字

A

B

C

D

E

J

K

L

M

S

T

U

V

W

X

Z

あ

い

け

こ

さ

し

す

せ

そ

は

ひ

ふ

へ

ほ

ま

め

も

ゆ

よ

ら

り

れ

ろ

わ

謝辞

まず初めに前回の改訂版のお話を持ってきてくださった技術評論社の傳様、山﨑様には感謝いたします。前回の書籍は今と環境がだいぶ変わったところがございましたので、ありがたいことに修正できる機会をいただいてたいへんうれしく思いました。

また、実際に担当していただきました山﨑様には、内容を大きな改修をしてしまい、多量チェックをしていただきましたことや、当初予定していたスケジュールよりだいぶ遅れしまったことを深くお詫びいたします。そんな中でも寛大に対応していただき、感謝の気持ちでいっぱいです。深く御礼申し上げます。本当にありがとうございました。

最後に、共同著者である岡さんに途中からスケジュールの調整や各章の見直し対応をしていただきまして本当に助かりました。岡さんがいなかったら執筆をまとめられなかったと思っております、本当に感謝しています。

著者代表　木田学

■著者紹介

木田 学（きだ まなぶ） ※3、5、6、8、9章を担当

テックファーム入社後、ずっとiアプリの開発を担当。その後、技術調査案件でスマホの素晴らしさを学ぶ。
趣味はAndroid、iOS、iアプリなど携帯アプリを作ること。一発当てようとiPhoneアプリをリリースするが泣かず飛ばず。東尋坊で崖にむかって進むことが大好き。

おかじゅん ※1、4、6、7章を担当

テックファームのゴミ係兼傘係（らしい）。フィーチャーフォン全盛期にBREW向けFeliCaアプリを書いていた化石エンジニア。
Paul Gilbertのフレーズを弾くのが趣味。ただしテンポは1/10。

渡辺 考裕（わたなべ たかひろ） ※2章を担当

テックファームに入社後、iアプリやAndroidなど、モバイルアプリの開発をメインに担当。
最近健康ブームが到来し、そこそこストイックに取り組んでいるが、健康になる兆しはなく、さっそく膝を壊す。

荒川 祐一郎（あらかわ ゆういちろう） ※10章+各章の図を担当

2006年テックファーム入社。Webアプリケーション開発を経験し、現在はAndroid、iOSのスマートフォンアプリの開発に従事。「AT-Scan」「受付はこちら」などの自社製品の開発・運用も担当。
趣味は東京タワーのぼり。上京して長い年月が経ち何度ものぼっているはずなのだが、今なおテンションが上がる。

小林 正興（こばやし まさおき） ※コラムを複数担当

iモードサービス前からスマートフォン時代まで16年、携帯電話技術の最前線で設計や開発、エンジニア組織のしくみ作りまでに従事。現在はテックファームの技術顧問として技術者のモチベーション教育に力を注いでいる。
コーヒーに魅せられ30年あまり。最高の一杯のために、日夜、豆に器具に水に厳選を重ねつつ、コンビニコーヒーも愛飲している。

◆カバーデザイン：重原隆
◆本文デザイン・DTP：株式会社トップスタジオ
◆編集：山﨑香

Android アプリ開発の極意
～プロ品質を実現するための現場の知恵とテクニック

2017年 3月29日 初 版 第1刷発行

著者 木田学、おかじゅん、渡辺考裕、
荒川祐一郎、小林正興
監修 テックファーム
発行者 片岡 巌
発行所 株式会社技術評論社
東京都新宿区市谷左内町 21-13
電話 03-3513-6150 販売促進部
03-3513-6166 書籍編集部
印刷／製本 昭和情報プロセス株式会社

定価はカバーに表示してあります。

ISBN978-4-7741-8817-1 C3055
Printed in Japan

●問い合わせについて
本書に関するご質問は、FAX か書面でお願いいたします。電話での直接のお問い合わせにはお答えできません。あらかじめご了承ください。下記の Web サイトでも質問用フォームを用意しておりますので、ご利用ください。

◆問い合わせ先
〒162-0846
東京都新宿区市谷左内町 21-13
株式会社技術評論社 書籍編集部
「Android アプリ開発の極意」係
FAX：03-3513-6183
Web：http://gihyo.jp/book/2017/978-4-7741-8817-1